U0380689

"十二五"职业教育国家规划教材

经全国职业教育教材审定委员会审定

普通高等教育"十一五"国家级规划教材

21世纪高职高专电子信息类系列教材

电子技能训练

第 3 版

主　编　邓木生　张文初

副主编　郑　斌

参　编　粟慧龙　谢永超

机械工业出版社

本书是"十二五"职业教育国家规划教材、普通高等教育"十一五"国家级规划教材，经全国职业教育教材审定委员会审定。教学内容符合高素质技能型专门人才培养目标和专业相关技能领域的岗位要求，充分体现了以培养职业能力为核心的职业教学理念，并充分考虑了学生职业生涯的需要。本书由学校与相关行业企业合作开发，以工作过程为导向，以实际工作任务为载体，实现工学结合的教学模式，教材充分体现了职业性、实践性和开放性。全书分为5章，主要内容有常用电工仪器仪表的使用、常用电子元器件检测、电子装配技能训练、电子电路设计与制作和电子电路实训。

本书适用于职业院校电子信息类专业，亦可供职业院校电气自动化技术、机电一体化技术和数控技术等专业使用，同时可供实践指导老师和从事电气、电子工作的工程技术人员参考。

为方便教学，本书配有免费电子课件、练习题答案、模拟试卷及答案等，凡选用本书作为授课教材的学校，均可来电索取，咨询电话：010-88379375。

图书在版编目（CIP）数据

电子技能训练/邓木生，张文初主编. —3版. —北京：机械工业出版社，2016.1（2022.1重印）

"十二五"职业教育国家规划教材　经全国职业教育教材审定委员会审定　普通高等教育"十一五"国家级规划教材　21世纪高职高专电子信息类系列教材

ISBN 978-7-111-52316-1

Ⅰ.①电…　Ⅱ.①邓…②张…　Ⅲ.①电子技术-高等职业教育-教材　Ⅳ.①TN

中国版本图书馆CIP数据核字（2015）第295946号

机械工业出版社（北京市百万庄大街22号　邮政编码100037）
策划编辑：于　宁　责任编辑：于　宁　冯睿娟　责任校对：樊钟英
封面设计：马精明　责任印制：张　博

北京玥实印刷有限公司印刷

2022年1月第3版·第11次印刷
184mm×260mm·13.25印张·324千字
标准书号：ISBN 978-7-111-52316-1
定价：34.00元

电话服务　　　　　　　　网络服务
客服电话：010-88361066　机　工　官　网：www.cmpbook.com
　　　　　010-88379833　机　工　官　博：weibo.com/cmp1952
　　　　　010-68326294　金　书　网：www.golden-book.com
封底无防伪标均为盗版　机工教育服务网：www.cmpedu.com

前　言

Preface

本书是"十二五"职业教育国家规划教材、普通高等教育"十一五"国家级规划教材，经全国职业教育教材审定委员会审定。本书是在高等职业教育经过多年教学改革与实践的基础上，为适应我国社会进步和经济发展的需要，以培养高职高专应用型和技能型人才为目标而编写的，理论知识以够用为度，打破学科体系，淡化行业之间、理论与实践之间的界限，保持教材内容的连贯性和稳定性，同时注重教材内容的前瞻性，定位准确。自 2002 年本书第 1 版出版以来，得到了全国广大高职高专师生的认可。

本书以高职高专岗位能力培养为主线，结合高职高专的时代背景，注意吸收目前国内外电子、电器专业电子技能训练的成功经验，具有以下特点：

1）实用性强、通俗易懂且操作性好。本书的作者都是长期在电子技能教学一线的指导老师，具有丰富的电子制作的实践经验，并且专门请教了电子行业专家，教材内容针对性强，内容通俗，易学易懂。

2）突出了实训教材的应用特点，注重动手能力的培养。第 2 章每节中设置了技能训练，第 4 章和第 5 章以实例为主线来编写，有利于学生在学习过程中牢固掌握与活学活用。

3）体现了高职特色。在第 4 章和第 5 章中编入了电子电路的设计与制作内容，有利于培养学生的创新能力和应用能力。

4）为培养学生的分析问题和解决问题的能力，选择了较多的装配、调试和检测等综合实训内容，提高了学生处理实际问题的能力，拉近了教学与现场的距离。

5）教材内容力求具有先进性。第 1 章介绍了一些比较先进的仪器仪表，第 2 章加强了新型元器件的内容，第 3 章介绍了表面贴装的工艺要求。

本书教学课时约为 94 学时，各章学时分配参考如下：

章节	内　　容	课时安排	章节	内　　容	课时安排
第 1 章	常用电工仪器仪表的使用	10	第 4 章	电子电路设计与制作	24
第 2 章	常用电子元器件检测	12	第 5 章	电子电路实训	24
第 3 章	电子装配技能训练	24	合　计		94

本书由邓木生、张文初主编，邓木生制订修订框架，邓木生修订了第 1 章，谢永超修订了第 3 章，粟慧龙、郑斌修订了第 2 章、第 4 章，张文初修订了第 5 章和附录，全书由张文初统稿、审查。

本书在编写过程中得到了湖南铁道职业技术学院电子教研室熊异、刘郁文、张敏三等老师的大力帮助，在此向他们表示感谢。

由于编者水平有限，书中若有错漏与不妥之处，恳请读者批评指正。

编　者

目 录
Contents

第1章

常用电工仪器仪表的使用

1.1 常用工具

从事电子技术工作，必须掌握各种常用工具的使用及钳工的基本操作技能。本节将介绍部分常用电装工具的特点、使用方法及基本操作技能，使学生在今后的工作中能顺利地完成各种电子设备及家用电器产品的装配和维修。

1.1.1 钳子

钳子的种类很多，按用途分为尖嘴钳、钢丝钳、剥线钳、压接钳和斜口钳等。由于用途不同，各种钳子的形状也不同，且都具有各自不同的结构特点，如图 1-1 所示。

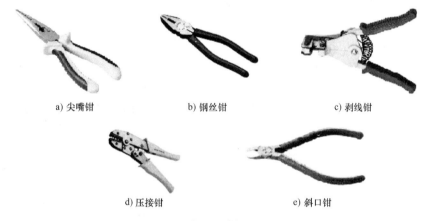

a) 尖嘴钳　　　　　　b) 钢丝钳　　　　　　c) 剥线钳

d) 压接钳　　　　　　e) 斜口钳

图 1-1　钳子

1. 尖嘴钳

尖嘴钳如图 1-1a 所示，头部尖细，一般用来夹持小螺母、小零件以及在电路焊接点上缠绕导线和夹住元器件的引线等。带有刃口的尖嘴钳能剪断细小金属丝。不能使用尖嘴钳拆装螺母及夹持较粗较硬的金属导线及其他物体，以防钳嘴端头断裂。尖嘴钳有铁柄和绝缘柄两种，绝缘柄的工作电压为 500V。尖嘴钳规格以钳身长表示，常用的有 130mm、160mm、180mm 和 200mm 四种。

2. 钢丝钳

钢丝钳又称平口钳，如图 1-1b 所示。它的用途是夹持和拧断金属薄板及金属丝。有铁柄和绝缘柄两种，带绝缘柄的钢丝钳可在带电的场合使用，工作电压一般为 500V，有的则可耐压5000V。钢丝钳的规格以钳身长表示,有150mm、175mm和200mm几种。在使用时,先根据金属丝粗细合理选用不同规格的钢丝钳,然后将金属丝放在剪口根部,不要放斜或靠近刃口前部,以防崩断刃口或卷刃。

3. 剥线钳

剥线钳如图1-1c所示,是用来剥掉电线端部的绝缘层(如橡胶、塑料等)的专用工具。剥线钳使用效率高,剥线尺寸准确,不易损坏芯线。它的手柄是绝缘的,可带电操作,工作电压为500V。剥线钳的钳口有多个不同直径的位置,可以适合不同直径的电线。剥线钳规格以钳身长表示,有140mm、180mm两种。在使用时,一手握待剥导线,一手握钳柄,将导线放入选定的钳口内,用力合拢钳柄,即可切断导线的绝缘层并将其拉出。

4. 压接钳

压接钳如图1-1d所示,它是无锡焊接中进行压接操作的专用工具,如导线与接线端子的连接、网线与水晶头的连接等都要用压接钳。压接钳种类有多种,区别主要在钳口形状不同,以适应不同的压接对象。在使用时,首先应根据不同的压接对象选择不同形状的钳口,再将待压接的导线插入端子口并放入钳口,然后用力合拢钳柄压紧接点即可实现压接。

5. 斜口钳

斜口钳俗称断线钳、剪线钳,如图1-1e所示,钳口为斜面刀刃。它的用途是剪断金属丝、剪断导线、剪除电子元器件过长的引脚线等。它的手柄是绝缘的。斜口钳不宜剪较粗、较硬的材质,如钢丝、粗铁丝等,否则会崩断刃口。

1.1.2　镊子

在电子产品制作和修理过程中,常用镊子夹取微小的元器件。在焊接时可用镊子夹持导线和元器件使它们固定不动。尤其是在修理仪表的表头和收音机的中频变压器等一些精细的部件时,更离不开镊子。在使用时,镊子的尖端要对正吻合,弹性要强。镊子的基本形状如图1-2所示。

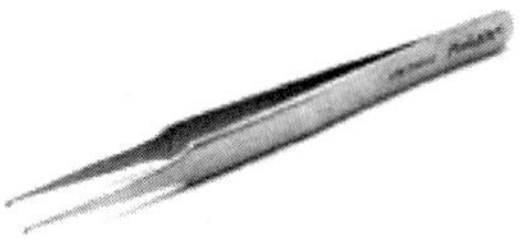

图1-2　镊子

1.1.3　螺钉旋具

螺钉旋具俗称螺丝刀、起子、改锥等,是用来紧固或拆卸螺钉的工具。它的种类很多,按头部形状的不同,分为一字形和十字形两种,如图1-3所示。按柄部材料和结构的不同分为木柄、塑料柄、夹柄等。

1. 一字形螺钉旋具

一字形螺钉旋具主要用于旋转或拆卸一字槽的螺钉和木螺钉等。其规格是用柄部以外的刀体长度表示,常用的有100mm、150mm、200mm、300mm和400mm等多种。使用时应选用头部尺寸与螺钉的槽相适应。若用小螺钉旋具拧大螺钉,则容易损坏刀体。另外,一字形螺钉旋具的端头在长时间使用后,会呈现凸形,应及时用砂轮磨平以防损坏螺钉槽。

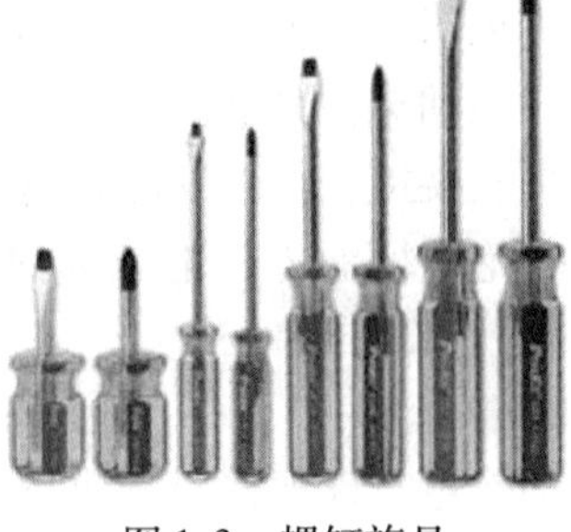

图1-3　螺钉旋具

2. 十字形螺钉旋具

十字形螺钉旋具用于旋紧或拆卸十字槽的螺钉或木螺钉。其规格也是以柄部以外的刀体长度表示。应注意在使用十字螺钉旋具时，尽量使端头部分与十字螺钉槽相吻合，否则易损坏螺钉的十字槽。

3. 无感螺钉旋具

无感螺钉旋具俗称无感起子。它是调整高、中频谐振回路的可变电感与可变电容的专用工具，如图 1-4 所示。因为高频谐振回路的工作频率较高，所以用普通金属杆螺钉旋具进行调整时，金属体以及人体会对电路产生感应，使得调整工作不能顺利进行。因此，收音机、电视机的高中频谐振回路、电感线圈、微调电容、磁心的调整都应使用这种专用工具。

常用无感螺钉旋具有两种：一种是用尼龙棒等材料制造，适用于较高频率；另一种是在塑料棒顶端镶有一块不锈钢片，适用于较低频率。

1.1.4 防静电手环

电子产品制造中，不产生静电是不可能的。产生静电不是危害所在，其危害在于静电积聚以及由此产生的静电放电。在电子产品制造过程中，一般采用防静电手环来进行静电防护，用以泄放人体的静电，可有效保护元器件，免受静电干扰。它由防静电松紧腕带、活动按扣、弹簧软线、保护电阻及夹头组成，如图 1-5 所示。防静电松紧腕带的内层用防静电纱线编织，外层用普通纱线编织。防静电手环的原理是通过腕带及接地线将人体的静电导到大地。使用时腕带与皮肤接触，并确保接地线直接接地，这样才能发挥最大功效。

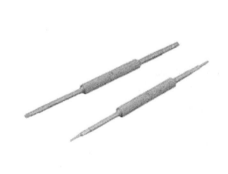

图 1-4 无感螺钉旋具

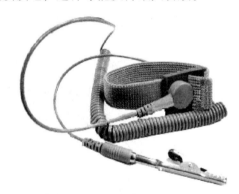

图 1-5 防静电手环

防静电手环测试：

1）将一枚 9V 的干电池置入测试仪背面的干电池槽内。

2）将接地线插头插入测试仪上端的接地线插座内。

3）将腕带扎紧在手腕上。

4）将接地线连接至腕带。

5）用手按静电测试仪（如图 1-6 所示），这时，有三种情况（见表 1-1）：

表 1-1 静电测试仪指示灯与对应电阻对照表

指示灯	电阻	指示灯	电阻
LOW	$R < 800\text{k}\Omega$	HIGH	$R > 9\text{M}\Omega$
GOOD	$800\text{k}\Omega \leq R \leq 9\text{M}\Omega$		

①如果绿色"GOOD"灯亮起，同时可听到一声鸣响，这表明接地系统是安全的，防静电手环状态良好。②如果黄色"LOW"灯亮起，需检查腕带接地线的电阻，因为其可能低于800kΩ，对人体有所影响。③如果红色"HIGH"灯亮起，需检查腕带是否扎紧在手腕上，并检查腕带接地线电阻，如果电阻值高于9MΩ，则防静电效果会减弱，甚至失去防静电的功效。

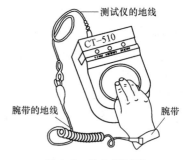

图1-6　静电测试仪

1.2　直流稳压电源

直流稳压电源是一种在电网电压或负载变化时能够自动调整并保持输出电压基本不变的电源装置。直流稳压电源在电子电路中提供能量，其输出电压的稳定度直接影响到电路的工作状态。

直流稳压电源种类繁多，但工作原理大同小异。下面介绍一种型号为XJ17232的双路可调输出、电表指示的直流稳压电源。两路可调电源可分别独立使用，也可串联、并联使用。输出有过载限流保护。

1.2.1　面板图及功能

XJ17232双路稳压电源面板图如图1-7所示。

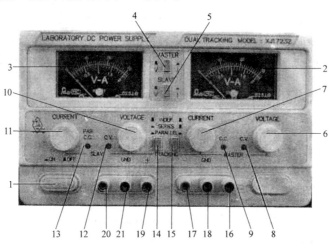

图1-7　XJ17232双路稳压电源面板

1—电源开关　2—主路电表　3—从路电表　4—主路电表指示选择开关　5—从路电表指示选择开关
6—主路电压控制旋钮　7—主路电流控制旋钮　8—主路稳压状态指示灯　9—主路稳流状态指示灯
10—从路电压控制旋钮　11—从路电流控制旋钮　12—从路稳压状态指示灯　13—从路稳流
状态指示灯　14—主路电源"独立""串联""并联"控制开关　15—从路电源"独立"
"串联""并联"控制开关　16—主路输出正端接线柱　17—主路输出负端接线柱
18—主路机壳接地接线柱　19—从路输出正端接线柱　20—从路输出负端接线柱
21—从路机壳接地接线柱

面板上各功能件的作用如下：

电源开关1：控制电源通断，按入为开，弹出为关。

主路电表2：指示主路电源输出的电压或电流。

从路电表3：指示从路电源输出的电压或电流。

主路电表指示选择开关4：选择指示主路的电压或电流。

从路电表指示选择开关5：选择指示从路的电压或电流。

主路电压控制旋钮6：用于调节主路输出电压大小，当电源置于串联或并联运行时同时调节从路输出电压大小。

主路电流控制旋钮7：用于调节主路最大输出电流，当外负载电流超过设定值时将被限制，电源置于并联运行，同时调节从路输出电流大小。

主路稳压状态指示灯8：当该灯亮时，表示主路电源输出处于稳压状态。

主路稳流状态指示灯9：当该灯亮时，表示主路电源输出处于稳流状态。

从路电压控制旋钮10：用于调节从路输出电压大小，当电源置于串联或并联运行时不起作用。

从路电流控制旋钮11：用于调节从路最大输出电流，当外负载电流超过设定值时将被限制，电源置于并联运行时不起作用。

从路稳压状态指示灯12：当该灯亮时，表示从路电源输出处于稳压状态。

从路稳流状态指示灯13：当该灯亮时，表示从路电源输出处于稳流状态。

主路电源"独立""串联""并联"控制开关14：与从路电源控制开关组合，控制主从两路电源分别置于"独立""串联"或"并联"状态。

从路电源"独立""串联""并联"控制开关15：与主路电源控制开关组合，控制主从两路电源分别置于"独立""串联"或"并联"状态。

主路输出正端接线柱16：输出电源的正极。

主路输出负端接线柱17：输出电源的负极。

主路机壳接地接线柱18：与机壳和大地相连。

从路输出正端接线柱19：输出电源的正极。

从路输出负端接线柱20：输出电源的负极。

从路机壳接地接线柱21：与机壳和大地相连。

1.2.2　使用方法

1）稳压电源使用时必须与市电电源正确相连，并确保机壳有良好的接地。

2）使用环境温度应不高于40℃，湿度不大于90%。

3）双路可调输出电源的使用：

① 独立使用：将主路电源"独立""串联""并联"控制开关14和从路电源"独立""串联""并联"控制开关15置于弹出位置，主路和从路输出可分别独立使用并相互隔离。作为稳压电源使用时，先将主路电流控制旋钮7、从路电流控制旋钮11顺时针调足，主路电压控制旋钮6、从路电压控制旋钮10逆时针调足，再调节主路电压控制旋钮6、从路电压控制旋钮10至所需电压，还可调节主路电流控制旋钮7、从路电流控制旋钮11，使输出电流限定在一个适当的数值，主路稳压状态指示灯8、从路稳压状态指示灯12灯应亮，表示输出电压处于稳压状

态。改变主路电表指示选择开关 4、从路电表指示选择开关 5 的位置，电表将分别指示主路和从路的输出电压值或电流值。

作为稳流源使用时，主路电压控制旋钮 6、从路电压控制旋钮 10 顺时针调足，主路电流控制旋钮 7、从路电流控制旋钮 11 逆时针调足，接上负载，按下主路电表指示选择开关 4、从路电表指示选择开关 5，调节主路电流控制旋钮 7、从路电流控制旋钮 11，使电流指示在所需值，主路稳流状态指示灯 9、从路稳流状态指示灯 13 灯应亮，表示输出电流处于稳流状态。

② 串联使用：按动主路电源"独立""串联""并联"控制开关 14，将双路可调电源置于串联状态，则最大输出电压为双路输出电压之和，调节主路电压控制旋钮 6 时可同时调节主路、从路电压，而从路电压控制旋钮 10 将不作用，从路电压完全跟踪主路电压，输出电流仍由主路电流控制旋钮 7、从路电流控制旋钮 11 独立控制。**注意：** 当从路电源进入限流状态时，从路电压将不跟踪主路电压。

在串联运用时，若所接负载较大，必须将主路输出负端接线柱 17 和从路输出正端接线柱 19 在外部可靠短接，否则在功率输出时，电流将流过电源内部一个开关触点，将可能引起开关损坏。

③ 并联使用：按动主路电源"独立""串联""并联"控制开关 14 和从路电源"独立""串联""并联"控制开关 15，将双路可调电源置于并联状态，则最大输出电流为双路输出电流之和，输出电压由主路电压控制旋钮 6 调节，从路电压完全跟踪主路电压，从路电压控制旋钮 10 不起作用，从路输出电流也由主路电流控制旋钮 7 控制，从路电流控制旋钮 11 不起作用。

在并联运用时，若输出电流较大，必须将主路输出正端接线柱 16 和从路输出正端接线柱 19，主路输出负端接线柱 17 和从路输出负端接线柱 20 分别在外部可靠短接，否则将引起不必要的损坏。

4）本电源所有输出端在独立运用时处于相互隔离状态，可工作于相对浮动电平上，各输出端最大对地电压或输出端之间电压为 250V。若超过最大浮动电压将导致仪器损坏。

5）本电源所有输出端都有完善的最大电流限制特性，在输出端短路时能将电源置于较低的功耗和温升，但使用中仍应避免长时期的短路状态，以免元器件加速老化，保证仪器的长期可靠性。

6）本电源的指针式电表准确度为 2.5 级，当输出电压、电流需调到较高准确度等级时，应外接更高准确度的电表监视输出。

1.3　万用表

万用表是一种最常用的测量仪表，以测量电压、电流和电阻三大参量为主，因此也称为三用表、复用表。有些万用表扩展了一些功能，使其还可以测量交流电流、电容、电感及晶体管的直流电流放大倍数等参量。

万用表的种类很多，根据测量结果的显示方法的不同，可分为模拟式（指针式）和数字式两大类。万用表的结构特点是用一块表头（指针式）或一块液晶显示屏（数字式）来指示（显示）读数，用转换器件、转换开关来实现各种不同测量项目的转换。

1.3.1　指针式万用表

指针式万用表的测量过程是先通过一定的测量电路，将被测量转换成电流信号，再由电流信号去驱动磁电式表头指针偏转，在刻度盘上指示出被测量的大小。

指针式万用表型号繁多，MF500 型万用表是被广泛使用并且具有代表性的一种指针式万用表。

1. 结构

万用表由表头、测量电路及转换开关等三个主要部分组成。

（1）表头　它是一只高灵敏度的磁电式直流电流表，万用表的主要性能指标基本上取决于表头的性能。表头的灵敏度是指表头指针满刻度偏转时流过表头的直流电流值，这个值越小，表头的灵敏度愈高。表头上有四条刻度线，它们的功能如下：第一条（从上到下）标有 R 或 Ω，指示的是电阻值，转换开关在欧姆档时，即读此条刻度线；第二条标有 $\backsimeq$ 和 VA，指示的是交、直流电压和直流电流值，当转换开关在交、直流电压或直流电流档，量程在除交流电压 10V 以外的其他位置时，即读此条刻度线；第三条标有 $10\overset{\backsim}{V}$，指示的是 10V 的交流电压值，当转换开关在交、直流电压档，量程在交流电压 10V 时，即读此条刻度线；第四条标有 dB，指示的是音频电平。

（2）测量电路　测量电路是用来把各种被测量转换成适合表头测量的微小直流电流的电路，它由电阻、半导体器件及电池组成，它能将各种不同的被测量（如电流、电压、电阻等）、不同的量程，经过一系列的处理（如整流、分流、分压等）统一变成一定量限的微小直流电流送入表头进行测量。

（3）转换开关　其作用是用来选择各种不同的测量电路，以满足不同种类和不同量程的测量要求。转换开关一般有两个，分别标有不同的档位和量程。

2. 符号含义

1）$\backsimeq$：表示交直流。

2）V-2.5kV（4000Ω/V）：表示对于交流电压及 2.5kV 的直流电压档，其灵敏度为 4000Ω/V。

3）A-V-Ω：表示可测量电流、电压及电阻。

4）45～1000Hz：表示使用频率范围为 1000Hz 以下，标准工频范围为 45～65Hz。

5）DC2000Ω/V：表示直流档的灵敏度为 2000Ω/V。

3. 仪表的测量范围及准确度等级（见表1-2）

表1-2　仪表的测量范围及准确度等级

测量范围		灵敏度/$\Omega \cdot V^{-1}$	准确度等级	基本误差表示法
直流电压	0.2.5～10～50～250～500V	20000	2.5	以刻度盘工作部分上量限的百分数表示
	2500V	4000	5.0	
交流电压	0～10～50～250～500V	4000	5.0	
	2500V	4000	5.0	
直流电流	0～50μA～1～10～100～500mA		2.5	
电阻	0～2～20～200kΩ～2～20MΩ		2.5	以刻度盘工作部分长度的百分数表示
音频电平	−10～50dB			

4. 外形图

MF500 型万用表面板的外形图如图 1-8 所示，图中旋钮及插孔的作用如下：

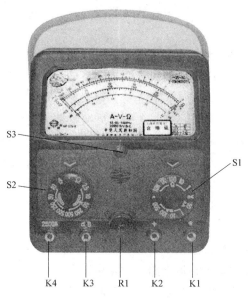

1）右旋钮 S1：用于选择电压档位和电阻、电流量程。

2）左旋钮 S2：用于选择电阻、电流档位和交直流电压量程。

3）机械调零旋钮 S3：用于调节指针，使其在自然状态下指示在标度尺的零位。

4）红表笔插孔 K1：测电压、电阻、电流红色表笔插孔。

5）黑表笔插孔 K2：测电压、电阻、电流黑色表笔插孔。

6）红表笔插孔（音频电平测量）K3：测量音频电平时，红表笔插孔。

图 1-8   MF500 型万用表面板

7）红表笔插孔（高电压测量）K4：测量交直流电压大于 500V 时，红表笔插孔，此时万用表量程为 2500V。

8）欧姆调零旋钮 R1：用于在测量电阻时，两表笔短接，使指针向右偏转到 0Ω 位置。

5. 使用方法

（1）调零   使用之前须调整机械调零旋钮"S3"，使指针准确地指示在标度尺的零位上。

（2）直流电压测量   将黑、红色表笔短杆端分别插在"K1"和"K2"内，转换旋钮"S1"至"V"位置上、旋钮"S2"至欲测直流电压的预计量程位置上，再将红、黑色表笔长杆端跨接在被测电路两端，红色表笔接高电位，黑色表笔接低电位；当不能预计被测直流电压大约数值时，将"S2"旋钮转换至最大量程的位置，然后根据指示值的大约数值选择量程，量程的选择应尽量使指针偏转到满刻度的 2/3 左右。测量 2500V 电压时将红表笔短杆端插在"K4"插口中。

（3）交流电压测量   将旋钮"S1"转换至"V̰"位置上，旋钮"S2"转换至欲测交流电压预计的量程位置上，测量方法与直流电压测量方法相同，万用表两表笔和被测电路或负载并联即可。50V 与 50V 以上各量程读"≈"刻度，10V 量程限用"10V̰"专用刻度。

（4）直流电流测量   将旋钮"S2"转换至"A"位置上，旋钮"S1"转换至欲测直流电流相应的量程位置上，测量时必须先断开电路，然后按照电流从"＋"到"－"的方向，将万用表串联到被测电路中，即电流从红色表笔流入，从黑色表笔流出，就可测量被测电路中的直流电流。指示值见"≈"刻度。如果误将万用表与负载并联，因表头的内阻很小，则会造成短路烧毁仪表。

（5）电阻测量   将旋钮"S2"转换到"Ω"位置上，旋钮"S1"转换到"Ω"量限内，先将两测试杆短路，使指针向满刻度偏转，然后调节旋钮"R1"使指针指示在欧姆标度尺"0Ω"位置上（当调节旋钮"R1"不能使指针指示到欧姆零位时，表示电池电压不足，应更换新电池），再将测试杆串接在被测电阻两端，即可测量被测电阻的阻值。由于万用表欧姆档的刻度线是不均匀的，所以测量时倍率档的选择应使指针停留在刻度线较稀的部分为宜，且指针越接近刻度尺的中间，读数越准确。一般情况下，应使指针指在刻度尺的1/3～2/3间。并且每换一次倍率档，都要再次进行欧姆调零，以保证测量准确。指示值见"Ω"刻度。

（6）音频电平测量　将测试杆插在"K1"、"K3"插口内，旋钮"S1"、"S2"分别转换在"$\underset{\sim}{V}$"和相应的交流电压量程位置上。音频电平刻度是根据0dB=1mW/600Ω输送标准而设计的。标度尺指示值为－10～22dB（10V量程），在50V或250V量程进行测量时，指示值应按表1-3所示数值进行修正。

表1-3　音频电平测量值修正

交流电压量程/V	按电平刻度增加值/dB	电平的范围/dB
50	14	4～36
250	28	18～50

6. 使用注意事项

为了使测量获得良好效果，仪表在使用时，应遵守下列事项：

1）仪表在测量时，不能转换旋钮。

2）当被测量不能确定其大约数值时，应先将量程转换旋钮转换到最大量程的位置上，然后再根据指示值选择适当的量程，直至指针得到最大的偏转。

3）测量电路中的电阻阻值时，应将被测电路的电源切断，如果电路中有电容器，应先将其放电后才能测量。切勿在电路带电的情况下测量电阻。

4）仪表在携带时或每次用毕后，最好将旋钮"S1"、"S2"转换至"·"位置上。

5）为了确保安全，测量交、直流2500V高压时，应将测试杆一端固定接在电路地线上，将测试杆的另一端去接触被测高压电源，测试过程中应严格执行高压操作规程，双手应带高压绝缘橡胶手套，地板上应铺置高压绝缘橡胶板。

6）一旦因量程选择错误，保护电路开始工作而使万用表输入（＋）端与内部电路断开，可打开万用表背面的电池盒盖，取出电池，更换熔丝管（熔丝管规格应为250V/0.5A，$R<0.5\Omega$），使万用表恢复正常。

1.3.2　数字万用表

数字万用表是目前使用最广泛的一种数字化仪表之一。它具有以下特点：灵敏度高，准确度高，显示清晰，过载能力强，便于携带，使用简单，读取直观、准确，分辨率高，测量速度快，输入阻抗高，测试功能较全，功耗小，抗干扰能力强，保护电路齐全等。

数字万用表是在直流数字电压表的基础上扩展而成的。数字万用表主要由模-数转换器、计数器、译码显示器和控制器等组成。下面以V88A型数字万用表为例介绍数字万用表的使用方法。

1. V88A型数字万用表的特点

V88A型数字万用表采用$3\frac{1}{2}$位自动极性大屏LCD显示，采用双积分式A-D转换测量方式，采样速率约3次/s，超量程则显示"1"。它可以测量直流电压、电流，交流电压、电流，电阻，电容，二极管，晶体管，通断测试及相线识别等参数。

2. V88A 型数字万用表的操作面板（见图 1-9）

V88A 型数字万用表操作面板上各开关、旋钮、插孔、符号及说明如下。

POWER：电源开关。

B/L：LCD 屏背光开关，用于光线较暗的环境或者夜间。

TEST：相线识别指示灯。

HODE：保持开关，按下该开关，屏上显示数字保持不变。

旋钮：用于改变测量功能及量程。

VΩ：用于测电压、电阻或相线识别的红色表笔插孔。

COM：公共地插孔（即黑色表笔插孔）。

mA：用于测量小于 2A 电流的红色表笔插孔。

20A：用于测量大于 2A 且小于 20A 电流的红色表笔插孔。

图 1-9　V88A 型数字万用表

3. V88A 型数字万用表的使用方法

（1）直流电压测量

1）将黑色表笔插入"COM"插孔，红色表笔插入"VΩ"插孔。

2）将量程旋钮转至相应的 DCV 量程上，然后将测试表笔跨接在被测电路上，红色表笔所接的该点电压值与极性显示在屏幕上。

3）输入电压切勿超过 1000V，如超过，则有损坏万用表的危险。

4）当测量高电压电路时，注意避免身体触及高电压电路。

（2）交流电压测量

1）将黑色表笔插入"COM"插孔，红色表笔插入"VΩ"插孔。

2）将量程旋钮转至相应的 ACV 量程上，然后将测试表笔跨接在被测电路上。

3）输入电压切勿超过 750V（有效值），如超过则有损坏万用表的危险。

4）当测量高电压电路时，注意避免身体触及高电压电路。

（3）直流电流测量

1）将黑色表笔插入"COM"插孔，红色表笔插入"mA"插孔，或红色表笔插入"20A"插孔。

2）将量程旋钮转至相应的 DCA 档位上，然后将万用表串入被测电路中，被测电流值及红色表笔点的电流极性将同时显示在屏幕上。

3）最大输入电流为 2A 或者 20A（视红色表笔插入位置而定），过大的电流会将熔丝熔断，在测量 20A 时要注意，该档位无保护，连续测量大电流将会使电路发热，影响测量准确度甚至损坏仪表。

（4）交流电流测量

1）将黑色表笔插入"COM"插孔，红色表笔插入"mA"插孔，或红色表笔插入"20A"插孔。

2）将量程旋钮转至相应的 ACA 档位上，然后将万用表串入被测电路中。

3）最大输入电流为 2A 或者 20A（视红色表笔插入位置而定），过大的电流会将熔丝熔断，在测量 20A 时要注意，该档位无保护，连续测量大电流将会使电路发热，影响测量准确度甚至损坏仪表。

注意：在测试电压、电流时，如果事先不能对被测电压或电流范围进行估计，应将量程旋钮转到最高档位，然后按显示值转至相应档位上。

（5）电阻测量

1）将黑色表笔插入"COM"插孔，红色表笔插入"VΩ"插孔。

2）将量程旋钮转至相应的电阻量程上，将两表笔跨接在被测电阻上。

3）测量电阻时，要确认被测电路所有电源已关断而且所有电容都已完全放电时，才可进行。

4）请勿在电阻量程输入电压！

测量时应注意以下几点：

1）使用 200Ω 量程时，应先将两表笔短路，测得引线电阻，然后在实测中减去。

2）使用 200MΩ 量程时，将两表笔短路，仪表将显示 0.1MΩ，这是正常现象，不影响测量准确度，实测时应减去。例：被测电阻为 100MΩ，读数应为 100.1MΩ，则正确值应从显示读数减去 0.1，即 100.1MΩ − 0.1MΩ = 100.0MΩ。

3）测量电阻时，红色表笔为正极，黑色表笔为负极，这与指针式万用表正好相反。因此，测量半导体管、电解电容器等有极性的元器件时，必须注意表笔的极性。

（6）电容测量

1）将量程旋钮转换至相应的电容量程上，将表笔插入"COM"和"mA"插孔。

2）将测试表笔跨接在电容两端进行测量，测电解电容时注意极性。

测量时应注意以下几点：

① 所测电容超过所选量程的最大值时，显示器将只显示"1"，此时则应将量程旋钮转高一档。

② 测电容之前，显示器可能尚有残留读数，属正常现象，它不会影响测量准确度。

③ 当电容严重漏电或击穿时，将显示一个不稳定的数字值。

④ 测量电容容量之前，电容应短接放电，以防止损坏万用表。

（7）晶体管 h_{FE} 测量

1）将量程旋钮转换至 h_{FE} 档。

2）确定所测晶体管为 NPN 型或 PNP 型，将发射极、基极、集电极分别插入相应插孔。

（8）二极管及电路通断测试

1）将黑色表笔插入"COM"插孔，红色表笔插入"VΩ"插孔（注意红色表笔极性为"＋"）。

2）将量程旋钮转换至 ▶┤ 档位上，并将表笔连接到待测二极管两端，红色表笔接二极管正极，黑色表笔接二极管负极，读数为二极管正向压降的近似值。

3）将表笔连接到待测电路的两点，如果内置蜂鸣器发声，则两点之间电阻值小于（70 ±10）Ω，即表明两点导通。

（9）相线识别

1）将黑色表笔插入"COM"插孔，红色表笔插入"VΩ"插孔。

2）将量程旋钮转换至 TEST 档位上，将红色表笔接在被测电路上，黑表笔接大地。

3）如果显示器显示"1"，且有声光报警，则表明红色表笔所接的被测线为相线；如果没有任何变化，则表明红色表笔所接的被测线为中性线。

测试时应注意以下几点：

① 仅能检测标准交流市电相线（AC110～380V）。

② 必须要按规程操作。

（10）保持　按下保持开关，当前数据就会保持在显示器上；弹起开关后保持取消。

（11）自动断电　当万用表停止使用（20±10）min 后，它便自动断电进入休眠状态；若要重新启动电源，再按两次"POWER"键，就可重新接通电源。

（12）背光显示　按下"B/L"键，背光灯亮，约15s后自动关闭背光显示功能。

注意： 背光灯亮时，工作电流增大，会造成电池使用寿命缩短及个别功能测量时误差变大。

（13）万用表保养　该系列万用表是精密仪器，使用者不要随意更改电路。此外，在使用时还应注意如下问题：

1）注意防水、防尘、防摔。

2）不宜在高温高湿、易燃易爆和强磁场的环境下存放、使用万用表。

3）请使用湿布和温和的清洁剂清洁万用表外表，不要使用研磨剂及酒精等烈性溶剂。

4）如果长时间不使用，应取出电池，防止电池漏液腐蚀万用表。

5）注意电池使用情况，当屏幕显示出 ▰ 符号时，应更换电池。

6）如果无法预先估计被测电压或电流的大小，则应先将量程旋钮旋至最高量程档测量一次，再视情况逐渐把量程减小到合适位置。测量完毕后，应将量程旋钮转换至最高量程档，并关闭电源。

7）当误用交流电压档去测量直流电压，或者误用直流电压档去测量交流电压时，显示屏将显示"000"，或低位上的数字出现跳动。

8）禁止在测量高电压（220V 以上）或大电流（0.5A 以上）时转换量程，以防止产生电弧，烧毁开关触点。

1.4　绝缘电阻表

传统的绝缘电阻表是用来测量被测设备的绝缘电阻和高值电阻的仪表，它由一个手摇发电机、表头和三个接线柱（即线路端 L、接地端 E、屏蔽端 G）组成。现代的绝缘电阻表为数字式绝缘电阻表，它的主要用途是测量各种变压器的绝缘电阻，电动机的绝缘电阻，电缆、电气设备及绝缘材料的绝缘电阻。显示的阻值一般以兆欧为单位，故又称兆欧表。

1.4.1　手摇式绝缘电阻表

图 1-10 是使用很广泛的 IC 系列手摇式绝缘电阻表，它的主要组成部分是手摇直流发电机和磁电式流比计。测量阻值范围为 0.2～2000MΩ。

使用绝缘电阻表时，首先连接好被测绝缘电阻，然后

图 1-10　手摇式绝缘电阻表

摇动手柄,此时发电机产生的电流流过被测绝缘电阻,该电流大小与被测绝缘电阻大小有关,它会使流比计指针在标度尺上指示出相应的阻值。由于绝缘电阻表内没有游丝,在不摇动发电机时,指针可以停留在标度尺的任意位置上,这时的读数没有任何意义。

要注意的是,使用绝缘电阻表测量绝缘电阻时,被测设备必须与电源断开。

1. 绝缘电阻表的选用原则

(1)额定电压等级的选择 一般情况下,额定电压在500V以下的设备,应选用500V或1000V的兆欧表;额定电压在500V以上的设备,应选用1000~2500V的绝缘电阻表。

(2)电阻量程范围的选择 绝缘电阻表的表盘刻度线上有两个小黑点,小黑点之间的区域为准确测量区域。所以在选表时应使被测设备的绝缘电阻值在准确测量区域内。

2. 绝缘电阻表的使用

1)校表。测量前应将绝缘电阻表进行一次开路和短路试验,检查绝缘电阻表是否良好。将两连接线开路,摇动手柄,指针应指在"∞"处,再把两连接线短接一下,指针应指在"0"处,符合上述条件者即良好,否则不能使用。

2)测量时被测设备应该与电路断开,对于大电容设备还要进行放电。

3)选用符合测试电压等级的绝缘电阻表。测试电压等级有100V、250V、500V、1000V、2500V等几种。

4)测量绝缘电阻时,一般只用"L"和"E"端,但在测量电缆对地的绝缘电阻或被测设备的漏电流较严重时,就要使用"G"端,并将"G"端接屏蔽层或外壳。电路接好后,可按顺时针方向转动手柄,摇动的速度应由慢到快,当转速达到120r/min左右时,保持匀速转动,1min后读数,并且要边摇边读数,不能停下来读数。

5)拆线放电。读数完毕,一边慢摇,一边拆线,然后将被测设备放电。放电方法是将测量时使用的地线从绝缘电阻表上取下来与被测设备短接一下即可(不是绝缘电阻表放电)。

3. 注意事项

1)禁止在雷电时或在高压设备附近测量绝缘电阻,只能在被测设备不带电,也没有感应电的情况下测量。

2)摇测过程中,被测设备上不能有人工作。

3)绝缘电阻表线不能绞在一起,要分开。

4)绝缘电阻表未停止转动之前或被测设备未放电之前,严禁用手触及。拆线时,也不要触及引线的金属部分。

5)测量结束后,对于大电容设备要放电。

6)要定期校验绝缘电阻表的准确度。

1.4.2 数字式绝缘电阻表

传统的绝缘电阻表已逐渐被数字式绝缘电阻表等新型绝缘电阻测试仪取代。数字式绝缘电阻表利用电子电路产生高压电流,测量结果用数显电路显示。有的还采用独立的CPU,使其功能更完善,例如,高压可分档调节,测量阻值范围更宽,准确度更高,可以计时测量,可以存储测量值,可以与计算机等设备相连等。该类产品形式繁多,功能、性能各异,在使用时要按使用说明操作。YZ2039型数字式绝缘电阻表是一种功能较单一的绝缘电阻测试仪,外形如图 1-11 所示。

1. 主要技术指标

测试电压：直流 500V 和 1kV 两档。

测试范围：500V 档：1～100MΩ。

1kV 档：2～2000MΩ。

测量准确度：±5%。

使用电源：AC（1±10%）220V，频率为 50Hz。

2. 数字式绝缘电阻表使用方法

数字式绝缘电阻表的接线柱共

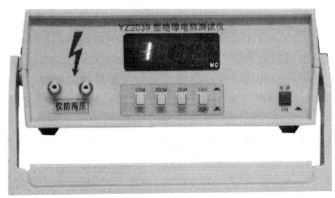

图 1-11　YZ2039 型数字式绝缘电阻表

有两个：一个为"L"即线端，另一个为"E"即地端。被测绝缘电阻都接在"L"、"E"端之间，当用数字式绝缘电阻表测量电器设备的绝缘电阻时，一定要注意"L"和"E"端不能接反。正确的接法是："L"端接被测设备导体，"E"端接设备外壳。

开启电源开关，选择所需要的电压等级，指示灯亮代表所选电压档，再轻按一下高压起停键，高压指示灯亮，显示的稳定数值即为被测的绝缘电阻值，关闭高压时只需再按一下高压起停键，关闭整机电源时只需按一下电源按钮。

3. 数字式绝缘电阻表操作注意事项

1）测量前必须将被测设备电源切断，并对地短路进行放电，决不允许对带电设备进行测量，以保证人身和设备的安全。

2）对可能感应出高压电的设备，测量时必须消除这种可能性后，才能进行测量。

3）被测设备表面要清洁，减小接触电阻，确保测量结果的准确性。

4）数字式绝缘电阻表使用时应放在平稳、牢固的地方，且远离大的外电流导体和外磁场。

1.5　信号发生器

信号发生器又叫信号源，它是为电子测量提供符合一定技术要求的电信号的仪器。信号发生器可产生不同波形、频率和幅度的电信号，用来测试放大器的放大倍数、频率特性以及元器件的参数等，还可以用来校准仪表以及为各种电路提供交流电信号。

1.5.1　信号发生器的分类与一般要求

信号发生器用途广泛、种类繁多，有各种各样的分类方法，常见的分类方法有如下几种。

1. 按输出信号的波形分类

1）正弦信号发生器，产生正弦波或调制波。

2）脉冲信号发生器，产生不同脉宽的重复脉冲或脉冲链。

3）函数信号发生器，产生幅度与时间成一定函数关系的信号，包括正弦波、三角波、方波等各种电信号。

4）噪声信号发生器，产生各种模拟干扰的电信号。

2. 按输出信号的频率范围分类

1）超低频信号发生器，输出信号频率范围为 $1/1000 \sim 1000Hz$。

2）低频信号发生器，输出信号频率范围为 $1Hz \sim 1MHz$。

3）视频信号发生器，输出信号频率范围为 $20Hz \sim 10MHz$。

4）高频信号发生器，输出信号频率范围为 $200kHz \sim 30MHz$。

5）甚高频信号发生器，输出信号频率范围为 $30 \sim 300MHz$。

6）超高频信号发生器，输出信号频率范围为 $300MHz$ 以上。

3. 对信号发生器的一般要求

1）输出信号的波形失真小，正弦信号发生器的非线性失真系数为 $1\% \sim 3\%$，有时要求低于 0.1%。

2）输出信号的频率稳定并且在一定范围内连续可调。一般信号发生器的频率稳定度为 $1\% \sim 10\%$，标准信号发生器应小于 1%。

3）输出电压稳定并且在一定范围内连续可调。一般最小可达毫伏级，最大可达几十伏。对于低频信号发生器，要求在整个频率范围内输出电压幅度不变，一般要求变化小于 $1dB$，否则会给测试工作带来麻烦。

4）输出阻抗要低，与负载容易匹配。一般信号发生器输出阻抗较低，低频信号发生器输出阻抗多为 600Ω 左右，高频信号发生器输出阻抗多为 50Ω 或 75Ω。有功率输出时可配接 8Ω、16Ω、150Ω、600Ω、5000Ω 等负载。

5）调制特性：对高频信号发生器一般要求有调幅和调频信号输出。调制频率：调幅信号一般为 $100Hz$ 和 $400Hz$，调频信号为 $10Hz \sim 110kHz$。调制范围：调幅信号调幅度为 $0 \sim 80\%$，调频信号的频偏不低于 $75kHz$。

6）对于脉冲信号发生器，输出脉冲信号的脉冲宽度应可调节。

1.5.2　低频信号发生器

低频信号发生器对输出的正弦波信号的频率、电压或功率均要求有一定的连续可调的范围，波形失真要小，其输出频率和电压有相应的读数指示装置。下面以 DF1026 型低频信号发生器为例介绍低频信号发生器的使用方法。

DF1026 型低频信号发生器是一种便携式 *RC* 振荡器，可以输出正弦波及方波信号。

（1）主要技术性能

1）频率范围：$10Hz \sim 1MHz$，分 $\times 1$、$\times 10$、$\times 100$、$\times 1k$、$\times 10k$ 五个频段，频段内连续可调节的范围为 $10 \sim 100Hz$ 乘以频率倍乘。

2）输出功率：最大功率 $5W$。

3）最大输出电压：$7V$（正弦波）、$10V$（方波）。

4）输出阻抗：600Ω。

5）输出衰减：分 6 档，以 $-10dB$ 步进递减。

6）频率准确度：$\pm 3\%$。

（2）面板图　图 1-12 所示为 DF1026 型低频信号发生器面板图。

（3）使用方法

1）波形的选择。波形选择开关处于弹起位置，则输出正弦波；处于按下位置，则输出方波。

2）频率的调节。输出信号的频率由面板上的"频率倍乘"指示值和"频率度盘"读数值两者乘积得到。如"频率倍乘"置"×10"，"频率度盘"读数为"80"，则输出信号频率为 80 × 10Hz =800Hz。

3）输出电压的调节。输出电压的大小通过旋转面板上的"输出调节"旋钮作从零到最大输出的连续调节，通过旋转"输出衰减器"旋钮以 −10dB 作步进式衰减调节，进行0 ~ −50dB衰减，实现输出 7 ~0V 的电压。

级差与电压比（U_o/U_i）的关系为 $20\lg\dfrac{U_o}{U_i}$dB，U_i 是输入到衰减器的电压，U_o 是衰减器输出的电压。级差与电压比换算关系见表1-4。

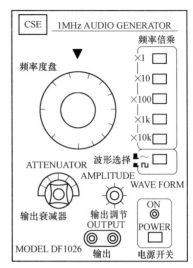

图 1-12　DF1026 型低频信号发生器面板图

表1-4　级差与电压比的换算关系表

级差/dB	0	−10	−20	−30	−40	−50
电压比(U_o/U_i)	1	0.3163	0.1	0.03163	0.01	0.003163
输出电压范围	0 ~7V	0 ~2V	0 ~0.7V	0 ~200mV	0 ~70mV	0 ~20mV

例如：将输出电压调到 10mV，方法如下：选择适当的衰减档，在此选择 −50dB 档，然后调节"输出调节"旋钮，同时用交流毫伏表观测输出电压，使电压达到 10mV。

（4）注意事项

1）通电前将"输出调节"旋钮逆时针旋转到底，使输出电压为零，然后再缓慢增加输出电压。另外在切换衰减档位时，应先将"输出调节"旋钮置于最小，然后再进行切换，要养成这种操作习惯。

2）仪器在使用前，先应预热几分钟，使仪器工作稳定。

3）注意不要将输出端短接，以免损坏仪器。

4）注意输出端有信号和接地两个不同端，使用时不可错接。

1.5.3　高频信号发生器

高频信号发生器型号很多，技术指标也不尽相同，但多数都有调频、调幅信号输出。下面介绍 YB1051 型高频信号发生器，其外形如图 1-13 所示。

1. 产品特点

1）输出信号的频率和幅度分别用数

图 1-13　YB1051 型高频信号发生器

字显示。

2）有调幅、调频、稳幅功能。

3）有内部调幅、调频信号，也可外接调幅、调频信号。

4）有400Hz和1kHz低频输出信号（2V、600Ω）。

2. 主要技术指标

1）频率范围：100kHz~40MHz，分5档调节。

2）输出幅度：0~1V（有效值）。

3）输出阻抗：500Ω。

4）内部调幅、调频信号频率：400Hz、1kHz。

3. 使用方法简介

（1）高频信号输出　根据所选信号频率按下1~5号按键中对应的键，调节频率旋钮显示所选择的频率。再调节幅度旋钮和衰减按键，确定所选信号的输出幅度。

（2）调幅、调频信号输出

① 内调制。首先选择调制频率为400Hz或1kHz，再选择调幅还是调频，然后调节幅度旋钮和调频宽度旋钮进行幅度、频率调制，以达到要求。

② 外调制。在低频输出/输入插口输入调制信号，信号幅度及频率不超过产品说明书标注的范围，同时按下输入按键。

（3）低频信号输出　在低频输出/输入插口接出低频信号，选择按键不按下，再选择频率，频率按键不按下为1kHz，按下则为400Hz。

1.5.4 直接数字合成信号发生器

SFG-1003型信号发生器（见图1-14），使用直接数字合成（Direct Digital Synthesizer，DDS）的方式，这是一种新的频率合成技术，可产生高分辨率、稳定的输出信号，其主要产生正弦波、方波和三角波等波形信号。

1. 主要特征

1）DDS技术提供了高质量的波形。

2）高稳定度和精确度：0.002‰。

3）低失真度：-55dBc。

4）数字化操作方式。

5）输出的波形有正弦波、方波和三角波。

6）全频段频率分辨率均可达100mHz。

7）TTL输出。

8）可变的直流偏置电压控制。

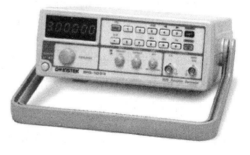

图1-14　SFG-1003型信号发生器

9）输出过载保护。

10）输出开关控制。

2. 基本工作特性指标

1）工作频率范围：0.5Hz~3MHz。

2）正弦波和同步TTL方波输出频率可达3MHz。

3）频率显示分辨率：0.50Hz~999.99999kHz时，0.01Hz；1~3MHz时，0.1Hz。

4）微调频率最小可达 0.01Hz。

5）输出特性

① 同步 TTL 电平输出端：可输出方波、脉冲波，前后沿小于等于10ns。

② 源阻抗 50Ω 输出端：可输出正弦波、方波、脉冲波（占空比为 10.0%～90.0% 可调）、三角波。

③ 输出幅度误差［以 1kHz 正弦波为例，6V（有效值）输出为基准］：基本误差为 ±0.2dB。

④ 输出保护：大于等于 −35V、小于等于短路保护。

⑤ 电源电压：（1±10%）220V，50Hz/60Hz。

⑥ 功率消耗：约10W。

3. 控制面板描述

DDS 信号发生器控制面板图如图 1-15 所示。

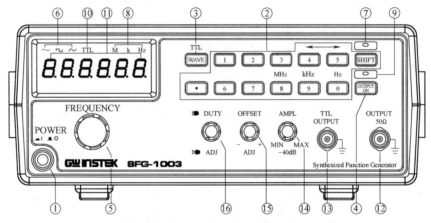

图 1-15　DDS 信号发生器控制面板图

① POWER 按钮：按此钮打开电源，数码管开始显示。再按一次，则关闭电源。

② 设置输出频率：按 0 到 9 和 · 键来输入数值，然后按次功能键完成数值设定。

次功能键：次功能键由 SHIFT 和一些蓝色字体的数字键的复合键来组成，具体如下。

MHz（SHIFT + 8）：以 MHz 作为输入频率值的单位。

kHz（SHIFT + 9）：以 kHz 作为输入频率值的单位。

Hz（SHIFT + 0）：以 Hz 作为输入频率值的单位。

◄（SHIFT + 4）：光标左移一位。

►（SHIFT + 5）：光标右移一位。

③ WAVE 功能键：按 WAVE 键以正弦波、方波和三角波的顺序选择主输出波形，并且相对应的 LED 会依次亮起。

次功能键：TTL（SHIFT + WAVE），TTL 输出的状态（ON 或 OFF）切换。

注意：主输出为方波时，TTL 输出无法关闭。

④ 输出开关控制键：OUTPUT ON 完成主输出以及 TTL 输出的状态（ON 或 OFF）切换。

⑤ 频率调节旋钮：调节旋钮可增大或减小频率值。

⑥ 波形的 LED 指示灯：这些 LED 指示灯表示主输出波形。

⑦ 次功能的 SHIFT 键的 LED 指示灯：当按下 SHIFT 键时，机器会选择次功能，并且此 LED 指示灯会亮起。

⑧ 单位的 LED 指示灯：MHz、kHz 和 Hz 的 LED 指示灯用于显示目前设定数值的单位。

⑨ 主输出的 LED 指示灯：OUTPUT ON 上方的 LED 指示灯亮时，表示已开启主输出。

⑩ TTL 的 LED 指示灯：TTL 的 LED 指示灯亮时，表示 TTL 输出功能已开启。

⑪ 数码管：6 位数码管显示当前设定的频率值或者错误信息。

⑫ 主输出插口：主输出（输出阻抗为 50Ω）。

⑬ TTL 输出插口：输出 TTL 兼容的信号。按下 SHIFT + WAVE 键，且 TTL 的 LED 指示灯亮时，会从此输出端输出和 TTL 兼容的波形。

⑭ 输出振幅控制和衰减的控制旋钮：顺时针旋转此钮以取得最大输出，逆时针旋转此钮可取得最小输出。拉此钮可得到 -40dB 的输出衰减。

⑮ 直流偏置控制旋钮：拉起此钮，在 5V 和 -5V 电压之间（加 50Ω 负载）调整波形的直流偏置，顺时针旋转此钮可设定正向的直流准位波形，逆时针旋转此钮可设定负向的直流准位波形。

⑯ DUTY 功能控制旋钮：拉起此钮，可以调整方波的占空比（DUTY）。

4. 操作方法

1）仪器使用的第一步

① 确认主电源电压可与仪器兼容。

② 使用电源线连接仪器到主电源。

③ 打开电源，默认主输出和 TTL 输出都为 OFF，频率设定为 1kHz，波形为正弦波。

2）输出功能的设定。按 WAVE 键选择主输出波形。每按一次这个键，就会以正弦波、方波和三角波的顺序改变波形，并且相对应的 LED 指示灯会以上述的输出波形顺序亮起。

3）频率的设定

① 确定 SHIFT 键的 LED 指示灯不亮，即不是次功能键输入状态。

② 输入所需的频率值。

③ 通过 SHIFT + 8 、9 或 0 功能键输入适当的单位标示频率值。

④ 此外，可选择 SHIFT + 4 或 5 并旋转频率调节旋钮来调整所需的频率值。

4）振幅和衰减的设定

① 旋转输出振幅控制和衰减的控制旋钮来控制波形的振幅使其符合要求。

② 拉起输出振幅控制和衰减的控制旋钮以获取 -40dB 衰减。

5）偏置电压的设定

① 拉起直流偏置控制旋钮启动直流偏置的功能，可在 5V 和 -5V 电压之间（加 50Ω 负

载）选择任一个波形的直流准位。

② 顺时针旋转此钮可设定波形的正向直流准位，逆时针旋转此钮则可设定波形的负向直流准位。

③ 加在直流准位的信号仍然限制在 ±20V（空载）或 ±10V（50Ω 负载）。

6）占空比（DUTY）的设定（只适用于方波）。拉起 DUTY 功能控制旋钮启动 DUTY 控制功能，可调整频率在 1MHz 以下的方波的占空比在 25% ~ 75% 之间变化。

7）TTL 信号输出功能。SFG-1003 型信号发生器由 TTL 输出插口提供一个与 TTL 电平兼容的信号。TTL 信号输出的频率由主输出信号的频率决定。若需修改信号的频率，请参考上文"3）频率的设定"中的操作方法。

按 SHIFT + WAVE 键，TTL 的 LED 指示灯亮起表示 TTL 输出功能开启，并且可以从 TTL 输出插口获得一个与 TTL 电平兼容的信号。

注意：TTL 的运转会影响主输出波形（正弦波和三角波）的品质。所以若需要一个高质量的正弦波或三角波，请先关闭这个功能。选择方波时，若主输出打开，TTL 功能会一直开启。

1.6 数字频率计

数字频率计又称电子计数器，是一种能测量频率或计数的电子仪表。数字频率计具有测量准确度高、速度快、操作简便、直接数字显示等特点。

1.6.1 ZWF-3B 型数字频率计概述

ZWF-3B 型数字频率计具有频率测量、脉冲计数及晶振、彩电中频变压器校准等功能，并有三档时间闸门、五档功能供选择，采用八位 LED 数码显示，频率为 10Hz ~ 2400MHz，其全部功能是用一个单片微处理器（CPU）来完成的，整机性能稳定，体积小，使用携带方便，是一种高性能、低价位的理想智能数字频率计，如图 1-16 所示。

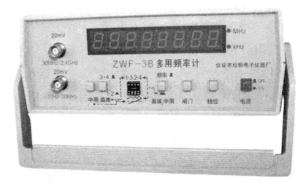

1.6.2 技术条件及说明

1. 输入端口

1）30MHz ~ 2.4GHz 的高频通道端口。

2）10Hz ~ 30MHz 的低频通道端口。

3）晶振插孔为晶体测量端口。

2. 频率测量

1）量程档位选择：

C0 为"0"档，测量频率为 30 ~ 2400MHz。

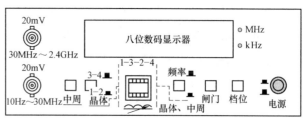

图 1-16　ZWF-3B 型数字频率计

C1 为 "1" 档，测量频率为 30 ~ 800MHz。

C2 为 "2" 档，测量频率为 100kHz ~ 30MHz。

C3 为 "3" 档，测量频率为 10Hz ~ 30MHz。

2）分辨率：1Hz、10Hz、100Hz。

3）准确度：±计数值末位值±基准时间误差×频率。

4）闸门时间选择：0. 1s、1s、10s。

5）输入灵敏度：20mV。

6）输入阻抗：50Ω/1MΩ。

7）最大输入电压：30V。

3. 计数测量

在 "4" 档位（C4）由 10Hz ~ 30MHz 插口输入，分辨率为±输入计数值末位值。

4. 晶振测量

在 "2" 和 "3" 档位上从面板晶振输入插孔插入要测量的晶振，测试晶振范围为100kHz ~ 40MHz。

5. 中频变压器（又称中周）校准

（1）频率范围

1）单片机芯、四片机芯的视频检波中周为 37.8MHz，AFT（自动频率微调）为 37MHz。

2）两片机芯的视频检波中周为 38.7MHz，AFT（自动频率微调）为 37.8MHz。

（2）频率误差　±0.2MHz。

6. 电源电压

电压为 AC(1 ± 10%) 220V；频率为 50Hz。

7. 功耗

功耗为 3W。

8. 温度

使用范围：−5 ~ 50℃；存放运输：−40 ~ 60℃。

9. 湿度

使用环境湿度范围：10% RH ~ 90% RH；存放运输环境湿度范围：5% RH ~ 90% RH。

10. 预热时间

预热时间为 10min。

11. 尺寸

尺寸为 200mm × 60mm × 160mm。

12. 重量

重量约 0. 5kg。

1. 6. 3　使用方法

（1）频率的测量　当测量的频率为 10Hz ~ 30MHz 时，"晶体、中周" 键弹出，将随机所配的测试线插入低频通道插座中，按动 "档位" 按钮到 "2" 档或 "3" 档，按动 "闸门" 按钮，当测试频率为 800MHz 以上时，可选用本机高频插座，按动 "档位" 按钮到

"0"档。当频率小于800MHz时，请选用"1"档，同时选用适当的闸门时间，频率越低，选用的闸门时间越长，反之越短。

由于低频率时是高阻抗，而测试的频率为低阻抗（如测试50Hz交流电源），此时会产生阻抗严重失配，可在低频的探头上串接一个1MΩ的电阻。

（2）晶体的测量 将"晶体、中周"按钮按下，"档位"按钮到"2"档或"3"档，测量100kHz～3MHz，面板插孔为1、2孔，3～24MHz，面板插孔为3、4孔。

（3）中周校准 将"晶体、中周"按钮按下，"档位"按钮到"0"档，将中周插入面板插座的下方。两片机芯中频中周频率范围大约是38.9MHz，单片机芯和四片机芯大约为37.8MHz，AFT中周单片机芯大约为37MHz，两片机芯大约为37.8MHz（根据实践经验确定）。拆下电视机的图像中频中周或AFT中周，将与中周线圈并联的瓷管电容拆开，选择一只电容（47～75pF）并接在中周的脚上，再将中周相应的脚插入面板插座下面的插孔中，此时即显示频率值，用无感螺钉旋具缓慢调节磁心，到相应的数值。AFT检波线圈应显示在37.8MHz上。

注意：有的电视机的中周壳中不带谐振电容，而是安装在电路板上，这种情况应将中周和电容一起拔下，并联好后再调校（校后装入电视机上，有的需要左右微动磁心少许）。

（4）计数 在10Hz～30MHz插口，接入电脉冲，"档位"选至"4"档，即可计数。

1.7 示波器

示波器是电子设备检测中必不可少的测试设备，是一种图形显示设备，用来显示电信号的波形曲线。用它可以直接观察电路中各点的波形，并且可以对信号参数进行各种测量。示波器分为模拟和数字两种类型。

1.7.1 DF4321型双踪模拟示波器（见图1-17）

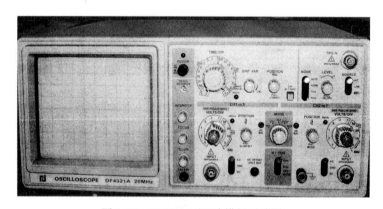

图1-17 DF4321型双踪模拟示波器

1. 主要技术参数

1）带宽（-3dB）：DC/20MHz。

2）垂直灵敏度：5mV/div～5V/div，共分10档。

3）准确度：±3%。

4）扫描时间：$0.2\mu s/div \sim 0.2s/div$，共分 19 档。

5）工作方式：CH1、CH2、ALT、CHOP、ADD。

6）校正信号：对称方波（0.5V，1kHz）。

2. 面板图及各控制件功能

（1）面板图　DF4321 型双踪模拟示波器面板如图 1-18、图 1-19 所示。

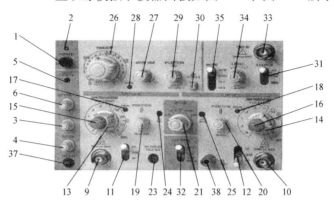

图 1-18　前面板

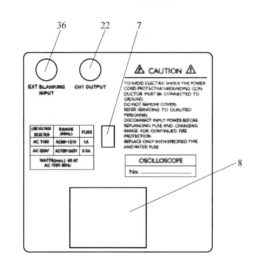

图 1-19　后面板

（2）面板上控制件的名称及功能（见表 1-5）

表 1-5　DF4321 整机面板上控制件名称及功能

序号	面板标志	名　称	功　能
1	POWER	电源开关	按下时电源接通，弹出时关闭
2	POWER LAMP	电源指示灯	当电源在"ON"状态时，指示灯亮
3	FOCUS	聚焦控制旋钮	调节光点的清晰度，使其圆又小
4	ILLUM	刻度照明控制旋钮	在黑暗的环境或照明刻度线时调此旋钮
5	TRACE ROTATION	轨迹旋转控制旋钮	调节扫描线和水平刻度线的平行
6	INTENSITY	辉度控制旋钮	调节轨迹亮度
7	POWER SOURCE SELECT	电源选择开关	110V 或 220V 电源选择
8	AC INLET	电源插座	交流电源输入插座

（续）

序号	面板标志	名 称	功 能
9	CH1 INPUT	通道1输入插口	被测信号的输入插口,当仪器工作在X-Y方式时,此插口输入的信号变为X轴信号
10	CH2 INPUT	通道2输入插口	与CH1相同,但当仪器工作在X-Y方式时,此插口输入的信号变为Y轴信号
11 12	AC-GND-DC	输入耦合开关	CH1和CH2输入耦合开关,用于选择输入信号馈至Y轴放大器之间的耦合方式。AC:输入信号通过电容器与垂直轴放大器连接,输入信号的DC成分被截止,且仅有AC成分显示。GND:垂直轴放大器的输入接地。DC:输入信号直接连接到垂直轴放大器,包括DC和AC成分
13 14	VOLTS/div	垂直灵敏度选择开关	CH1和CH2垂直灵敏度调节,当10:1的探头与仪器组合使用时,读数倍乘10
15 16	VAR PULL×5GAIN	微调扩展控制旋钮	CH1和CH2微调扩展控制旋钮,当旋转此旋钮时,可小范围地改变垂直灵敏度,当逆时针旋转到底时,其变化范围应大于2.5倍,通常将此旋钮顺时针旋转到底。当旋钮处于拉出状态时,垂直轴的增益扩展5倍,且最大灵敏度为1mV/div
17 18	UNCAL	衰减未校正指示灯	CH1和CH2的衰减未校正指示灯,灯亮表示微调扩展控制旋钮没有处在校准位置
19	POSITION PULL DC OFFSET	CH1垂直方向位移控制旋钮	此旋钮用于调节CH1垂直方向位移。当旋钮处于拉出状态时,垂直轴的轨迹调节范围可通过DC偏置功能扩展,可测量大幅度的波形
20	POSITION PULL INVERT	CH2垂直方向位移控制旋钮	位移功能与CH1相同,但当旋钮处于拉出状态时,用来倒置CH2上的输入信号极性。此控制件用于方便地比较不同极性的两个波形,利用ADD功能键还可获得CH1和CH2的信号和
21	MODE	垂直工作方式选择开关	此开关用于选择垂直偏转系统的工作方式。CH1:只有加到CH1的信号显示在屏幕上。CH2:只有加到CH2的信号显示在屏幕上。ALT:加到CH1和CH2通道的信号能交替显示在屏幕上,这个工作方式通常用于观察加到两通道上信号频率较高的情况。CHOP:在这个工作方式时,加到CH1和CH2的信号受250kHz自激振荡电子开关的控制,同时显示在屏幕上,这个方式用于观察两通道信号频率较低的情况。ADD:加到CH1和CH2输入信号的代数和显示在屏幕上
22	CH1 OUTPUT	通道1输出插口	输出CH1通道信号的取样信号
23	DC OFFSET VOLT OUT	直流电压偏置输出插口	当仪器设置为直流偏置方式时,该插口可配接数字万用表,读出被测量电压值
24 25	DC BAT	直流平衡调节旋钮	CH1和CH2的直流平衡调节旋钮,用于直流平衡调节
26	TIME/div	扫描时间选择开关	扫描时间为19档,范围为0.2μs/div～0.2s/div。X-Y:此位置用于仪器工作在X-Y状态,在此位置时,X轴的信号连接到CH1输入,Y轴信号加到CH2输入,并且偏转范围为1mV/div～5V/div
27	SWP VAR	扫描微调控制开关	(当开关不在校正位置时)扫描因素可连续改变。当开关按箭头的方向顺时针旋转到底时,为校正状态,此时扫描时间由扫描时间选择开关(TIME/div)准确读出。逆时针旋转到底时,扫描时间扩大到校正状态的2.5倍

（续）

序号	面板标志	名　称	功　能
28	UNCAL	扫描未校正指示灯	灯亮表示扫描因素不校正
29	POSITION PULL × 10MAG	水平方向位移控制旋钮	此旋钮用于水平方向移动扫描线，在测量波形时适用。当旋钮顺时针旋转时，扫描线向右移动，逆时针旋转时，扫描线向左移动。拉出此旋钮，扫描速度倍乘 10
30	CH1 ALT MAG	通道 1 交替扩展开关	CH1 输入信号能以"×1"（常态）和"×10"（扩展）两种状态交替显示
31	TRIG SOURCE	触发源选择开关	内（INT）：取加到 CH1 和 CH2 上的输入信号为触发源。外（EXT）：取加到 TRIG 和 INPUT 上的外接触发信号为触发源，用于垂直方向上特殊的信号触发
32	INT TRIG	内触发选择开关	此开关用来选择不同的内部触发源。CH1：取加到 CH1 上的输入信号为触发源。CH2：取加到 CH2 上的输入信号为触发源。VERT/MODE：用于同时观察两个不同频率的波形，同步触发信号交替取自于 CH1 和 CH2
33	TRIG IN	外触发输入插口	该输入插口用于外接触发信号
34	TRIG LEVEL	触发电平控制旋钮	通过调节本旋钮控制触发电平的起始点，并且能控制触发极性。按进去（常用）是正极性，拉出来是负极性
35	TRIG MODE	触发方式选择开关	AUTO（自动）：仪器始终自动触发，并能显示扫描线。当有触发信号存在时，同正常的触发扫描，波形能稳定显示。该功能使用方便　　NORM（常态）：只有当触发信号存在时，才能触发扫描，在没信号和非同步状态情况下，没有扫描线。该工作方式，适合信号频率较低的情况（25Hz 以下）　　TV-V（电视场）：本方式能观察电视信号的场信号波形　　TV-H（电视行）：本方式能观察电视信号中的行信号波形
36	EXT BLANKING INPUT	外增辉插座	本输入端辉度调节。它是直流耦合，加入负信号使辉度增加
37	PROBE ADJUST	校正信号	提供幅度为 0.5V，频率为 1kHz 的方波信号，用于调整探头的补偿和检测垂直和水平电路的基本功能
38	GND	接地端	示波器的接地端

3. 基本操作方法

（1）预设　使用前请先将各调整开关、旋钮预设成表 1-6 所示的状态。

表 1-6　各开关、旋钮预设状态

开关、旋钮	预设状态	开关、旋钮	预设状态
电源开关（POWER）	关	触发方式选择开关（TRIG MODE）	自动
辉度控制旋钮（INTEN SITY）	逆时针旋到底	触发源选择开关（TRIG SOURCE）	内
聚焦控制旋钮（FOCUS）	居中	内触发选择开关（INT TRIG）	CH1
输入耦合开关（AC-GND-DC）	GND	扫描时间选择开关（TIME/div）	0.5ms/div
垂直位移控制旋钮（POSITION）	居中（旋钮按进）	水平位移控制旋钮（POSITION）	居中
垂直工作方式选择开关（MODE）	CH1		

在完成了以上准备工作后，打开电源。15s 后，顺时针旋转辉度控制旋钮，扫描线将出现，并调节聚焦控制旋钮使扫描线最细。

如果打开电源而仪器不使用，应逆时针旋转辉度控制旋钮，降低亮度。

（2）观察一个波形（单通道操作）

1）当选用 CH1 时，相关控制件的状态如下。

垂直工作方式选择开关（MODE）：通道 1（CH1）。

触发方式选择开关（TRIG MODE）：自动（AUTO）。

触发信号源（TRIG SOURCE）：内（INT）。

内触发选择开关（INT TRIG）：通道 1（CH1）。

输入耦合开关（AC-GND-DC）：AC 或 DC。

在 CH1 输入要观察的信号，再分别调整 VOLTS/div（垂直灵敏度选择开关）和 TIME/div（扫描时间选择开关），使波形大小适宜，以便观察。并可调节垂直位移及水平位移使波形置于屏幕最佳位置。

2）当选用 CH2 时，相关控制件的状态如下。

垂直工作方式选择开关（MODE）：通道 2（CH2）。

触发源（INT SOURCE）：内（INT）。

内触发选择开关（INT TRIG）：通道 2（CH2）。

其余同 CH1。

（3）观察两个波形（双通道操作）　垂直工作方式选择开关（MODE）置于交替（ALT）（波形频率较高时）或断续（CHOP）（波形频率较低时），就可以同时观察两个波形。其余控制件状态及操作可参照单通道操作。

注意： 当波形在水平方向移动时，可调节触发电平控制旋钮（TRIG LEVEL）使波形停止移动。

（4）信号波形的测量

1）在熟悉示波器面板各旋钮的位置和作用的基础上，开启电源，调节辉度、聚焦、Y轴移位和 X 轴移位，将触发电平控制旋钮、扫描时间选择开关和触发电平控制旋钮等置于适当位置，使荧光屏上出现一条清晰均匀的扫描亮线。上述操作要反复练习，以求熟练。

2）电压测量（电压 U_{p-p} 的测量）。测量前对示波器进行增益校准，测量电压过程中使该微调扩展控制旋钮始终处于"校准"位置上。

① 将 Y 输入耦合方式开关置于"AC"。由低频信号发生器输出 0.2V（有效值）、$f =$ 1kHz 的正弦信号，经示波器探头输入 Y 轴。

② 根据被测信号的幅度和频率，合理选择 Y 轴衰减和 X 轴扫描时间的档位，并调节触发电平控制旋钮，使荧光屏上出现 1~2 个稳定的正弦波组形。

③ 读出被测信号的峰-峰值电压 U_{p-p}。

如果荧光屏上信号波形的峰-峰值为 1div，示波器探头衰减为 10∶1，Y 轴灵敏度为 0.02V/div，则所测电压的峰-峰值为

$$U_{p-p} = 0.02V/div \times 1div \times 10 = 0.2V$$

式中，0.02V/div 是示波器无衰减时的灵敏度，即每格代表 20mV；10 为探头的衰减量；1div 为被测信号在 Y 轴方向上峰-峰之间的距离，单位为格（div）。

④ 由低频信号发生器输出 $f =$ 1kHz，电压有效值分别为 1V、2V、3V、4V 的正弦信号，

测出相应的电压峰-峰值。

（5）信号周期的测量　时间测量时在 X 轴上读数，量程由 X 轴的扫描时间选择开关决定。

1）测量前对示波器进行扫描时间校准，测量时间过程中使扫描微调控制旋钮始终处于"校准"位置上。

2）测量信号波形任意两点间的时间间隔 t。

① 将被测信号送入 Y 轴，调节有关旋钮使荧光屏上出现 1~2 个稳定波形，然后测量两点的时间间隔 t。

② 测出两点在 X 轴上的距离为 B。

③ 记录扫描时间选择开关档位上的指示值，如为 A，然后利用公式 $t = AB$，计算时间间隔。

（6）测量频率　根据 $f = 1/T$，先按时间的测量方法，测出周期，便可求得频率。

（7）用示波器测量矩形波信号

1）调节函数信号发生器，使其输出周期为 0.1ms，峰-峰值为 2V，占空比为 50%，不含直流成分的矩形波形信号，用示波器观测此信号，记录其实际频率值，并记录示波器上显示的被测信号波形。

2）调节函数信号发生器，使其输出频率为 0.2ms，峰-峰值为 3V，占空比为 50%，含 1V 直流成分的矩形波信号，用示波器观测此信号，记录其实际频率值，并记录示波器上显示的被测信号波形。

3）调节函数信号发生器，使其输出周期为 1ms，低电平为 0V，高电平为 3V，占空比为 20% 的矩形波信号，用示波器观测此信号，记录其实际频率值，并记录示波器上显示的被测信号波形。

（8）用示波器测量两个信号的相位差　用 1kΩ 的电阻和 0.1μF 的电容组成一个 RC 网络，输入 1kHz 的正弦信号，用示波器分别测量从电阻上和电容上输出的信号与输入信号的相位差。用双踪示波器观测其波形，并记录示波器上显示的波形，计算相位差。电路连线示意图如图 1-20 所示。

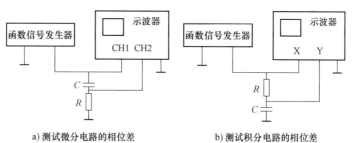

图 1-20　测量 RC 网络相位差连线示意图

1.7.2　数字存储示波器

数字存储示波器是以数字编码的形式来储存、处理信号的。被测信号进入数字存储示波器，到达显示电路之前，数字存储示波器将按一定的时间间隔对信号电压进行采样，然后经

ADC（模-数转换）电路对这些瞬时值或采样值进行变换，产生代表每一个采样电压的二进制数码，并将获得的二进制数码储存在存储器中，再经处理后，由DAC（数-模转换）电路将二进制数码转换成电压，送入显示电路显示出波形来。

数字存储示波器的特点：

1）可以长期储存多组波形。

2）波形信息可以进行数字化处理，如数字运算处理等。

3）可以用新采集的波形和以前采集的波形进行对比。

4）可以方便地连接计算机、打印机、绘图仪等设备。

数字存储示波器在研究低重复率的现象或者完全不重复的现象时具有特别宝贵的价值，如测量一个电系统的冲击电流、破坏性试验等只能进行一次的测量的场合。数字存储示波器由于可以对波形进行数字化处理，因此在采集分析波形细节方面是首屈一指的。

数字存储示波器具有波形触发、采集、存储、显示、波形数据分析处理等独特优点，在使用上也有和模拟示波器很大不同的特点。

下面介绍一款具有一流水平的国产数字存储示波器——DS1102型宽带数字存储示波器。

1. 外形图（见图1-21）

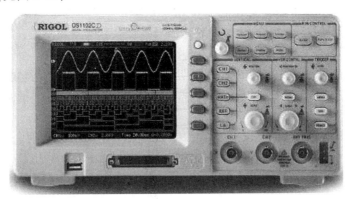

图1-21　DS1102型宽带数字存储示波器

2. 主要性能及指标

1）垂直系统

通道：CH1、CH2。

输入耦合：AC、DC、GND。

频带宽度：DC/100MHz/50Ω 阻抗。

带宽限制：约30MHz（−3dB）。

上升时间：输入阻抗为50Ω 对应的上升时间为0.7ns，输入阻抗为1MΩ 对应的上升时间为1.2ns。

偏转系统：输入阻抗为50Ω 对应为2mV/div ~ 0.5V/div，1-2-5 进制（误差为±3%）；输入阻抗为1MΩ 对应为2mV/div ~ 5V/div，1-2-5 进制（误差为±3%）。

垂直分辨率：8bits。

输入阻抗：1MΩ（12pF）或50Ω，手动可选。

工作方式：CH1，CH2，CH1 ± CH2，CH1 × CH2、CH1 ÷ CH2。

2）水平系统

实时采样：500×10^6 次/s，等效采样为 50×10^9 次/s。

水平扫描方式：主扫描、主扫描加延迟扩展扫描、滚动扫描、X-Y 扫描。

主扫描时基范围：1ns/div ~ 50s/div，1-2-5 步进。

延迟扩展扫描时基：1ns/div ~ 20ms/div，1-2-5 步进。

时间分辨率：20ps。

X-Y 特性：X 频带宽度为（DC）125MHz，−3dB。

相位差：在 5MHz 时，小于等于 3°。

参考点位置：可以设定在显示屏的左边、中心或右边。

延迟范围：正延迟。

3. 面板介绍（图 1-22）

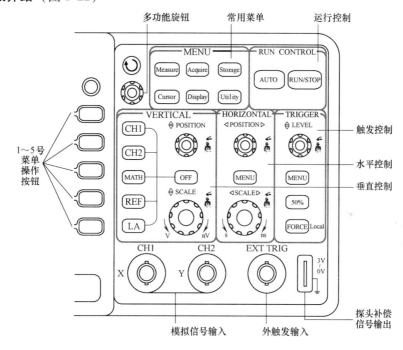

图 1-22　DS1102 型宽带数字存储示波器面板示意图

面板操作旋钮及按钮分为以下几个部分：运行控制部分（RUN CONTROL）、常用菜单部分（MENU）、垂直系统（VERTICAL）、水平系统（HORIZONTAL）以及触发系统（TRIGGER）。

另外，面板上有两个模拟信号输入和一个外触发输入插口，并具有 USB 接口。屏幕显示界面如图 1-23 所示。

4. 基本操作

一般性使用和模拟示波器的使用方法类似，需要了解自动设置、垂直系统、水平系统和触发系统。

（1）波形显示的自动设置　DS1000 系列数字示波器具有自动设置的功能。根据输入的

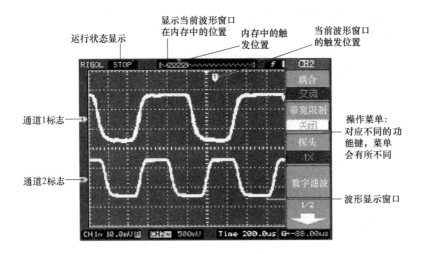

图 1-23   屏幕显示界面

信号，可自动调整电压倍率、时基，以及触发方式至最好形态显示。应用自动设置要求被测信号的频率大于或等于 50Hz，占空比大于 1%。

使用自动设置的步骤如下：

1）将被测信号连接到信号输入通道。

2）按下 AUTO 按钮。

示波器将自动设置垂直、水平和触发控制。如需要，可手工调整这些控制使波形显示达到最佳。

（2）垂直系统   如图 1-24 所示，在垂直系统（VERTICAL）有一系列的按钮、旋钮。

1）使用垂直位置（POSITION）旋钮使波形窗口居中显示信号。POSITION 旋钮控制被测信号的垂直显示位置。当转动 POSITION 旋钮时，指示通道的标识（GROUND）跟随波形而上下移动。转动 POSITION 旋钮不仅可以改变通道的垂直显示位置，还可以通过按下该旋钮这一快捷键使通道垂直显示位置恢复到零点。

2）改变垂直档位设置。可以通过波形窗口下方的状态栏显示的信息，确定任何垂直档位的变化。

转动垂直档位（SCALE）旋钮改变"V/div（伏/格）"垂直档位，状态栏对应通道的档位显示发生了相应的变化。

按 CH1、CH2、MATH、REF 按钮可以使屏幕显示对应通道的操作菜单、标志、波形和档位状态信息。按 OFF 按钮可以关闭当前选择的通道。

（3）水平系统   如图 1-25 所示，在水平系统（HORIZONTAL）有一个按钮、两个旋钮。

1）水平档位（SCALE）旋钮改变水平档位设置。转动 SCALE 旋钮改变"s/div（秒/格）"水平档位，可以发现状态栏对应通道的档位显示发生了相应的变化。水平扫描速度从 5ns 至 50s，以 1-2-5 的形式步进。

2）使用水平位置（POSITION）旋钮调整信号在波形窗口的水平位置。POSITION 旋钮控制被测信号的触发位移。当需要水平位移时，转动 POSITION 旋钮，可以观察到波形随旋钮转动而水平移动。

3）按 MENU 按钮，显示 TIME 菜单。在此菜单下，可以开启/关闭延迟扫描或切换Y-T、X-Y 和 ROLL 模式，还可以设置水平触发位移复位。

（4）触发系统　如图 1-26 所示，在触发系统（TRIGGER）有一个旋钮、三个按钮。

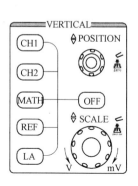

图 1-24　垂直系统示意图

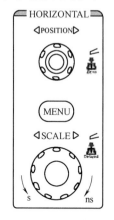

图 1-25　水平系统示意图

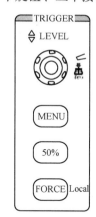

图 1-26　触发系统示意图

LEVEL 旋钮可以改变触发电平设置。转动 LEVEL 旋钮，可以发现屏幕上出现一条橘红色（单色液晶系列为黑色）的触发线以及触发标志，随旋钮转动而上下移动。停止转动旋钮，此触发线和触发标志会在 5s 后消失。在移动触发线的同时，可以观察到屏幕上触发电平的数值发生了变化。

使用 MENU 调出触发操作菜单（见图 1-27），在此可以改变触发的设置。

图 1-27　触发操作菜单

- 按 1 号菜单操作按键，选择边沿触发。
- 按 2 号菜单操作按键，选择"信源选择"为 CH1。
- 按 3 号菜单操作按键，设置"边沿类型"为上升沿。
- 按 4 号菜单操作按键，设置"触发方式"为自动。
- 按 5 号菜单操作按键，进入"触发设置"二级菜单，对触发的耦合

方式、触发灵敏度和触发释抑时间进行设置。

按 50% 按钮，可以设置触发电平在触发信号幅值的垂直中点。

按 FORCE 按钮，强制产生一个触发信号，主要应用于触发方式中的"普通"的"单次"模式。

数字示波器的高级使用，可参阅具体型号的使用手册。

1.8　半导体管特性图示仪

半导体管特性图示仪简称为图示仪，是一种能在示波管屏幕上直接显示出各种半导体器件的特性曲线的测量仪器。通过测试开关的转换，图示仪可以测定各种二极管的伏安特性，晶体管在共集、共基、共射状态下的输入输出特性，场效应晶体管的转换以及极限特性等。此外，它还可测量出其他半导体器件的有关特性。图示仪在半导体器件的测量中可谓是用途最广、使用最多。下面以 XJ4810 型半导体管特性图示仪为例介绍图示仪的使用

方法。

XJ4810 型半导体管特性图示仪是 JT-1 型图示仪的更新换代产品，与后者比较，具有下列特点：采用集成电路；增设集电极双向扫描电路，能在屏幕上同时观察到二极管的正、反向特性曲线；具有双簇曲线显示功能，易于对晶体管进行配对。此外，本仪器与扩展功能件配合，还可将测量电压升高至 3kV；可对各种场效应晶体管配对或单独测试；可测量 TTL、CMOS 数字集成电路的电压传输特性及有关参数。

1.8.1 主要技术指标

正向集电极电流范围：$10\mu A/div \sim 0.5A/div$，分 15 档。

反向集电极电流范围：$0.2 \sim 5\mu A/div$，分 5 档。

基极阶梯电流范围：$0.2\mu A/级 \sim 50mA/级$，分 17 档。

正向集电极电压范围：$0.05 \sim 50V/div$，分 10 档。

基极阶梯电压范围：$0.05 \sim 1V/div$，分 5 档。

集电极扫描电压范围：$0 \sim 500V$，分 10V、50V、100V、500V 共 4 档。

1.8.2 面板说明

XJ4810 型半导体管特性图示仪的面板图如图 1-28 所示。

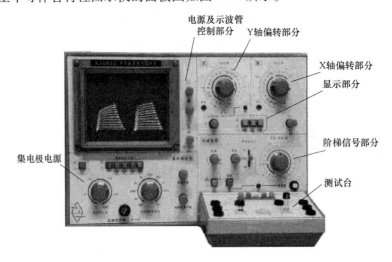

图 1-28 XJ4810 型半导体管特性图示仪的面板图

面板上的开关、旋钮按功能可划分为七个部分：即电源及示波管控制部分、集电极电源、Y 轴偏转部分、X 轴偏转部分、显示部分、阶梯信号部分及测试台。现将各部分的主要开关及旋钮的作用说明如下。

1. 电源及示波管控制部分

这一部分包括"聚焦"、"辅助聚焦"、"辉度"及"电源开关"。其中"辉度"与"电源开关"由一个推拉式旋钮控制，旋钮拉出时电源接通，指示灯亮。

2. 集电极电源

（1）"峰值电压范围"开关 用于选择集电极电源电压的最大值。其中"AC"档能使集电极电源变为双向扫描，使屏幕同时显示出被测二极管的正、反向特性曲线。当峰值电压范围由低档换向高档时，应先将"峰值电压%"旋钮旋至 0。

（2）"峰值电压%"旋钮　使集电极电源在已确定的峰值电压范围内连续变化。

（3）"＋、－"极性按钮　按下时集电极电源极性为负，弹起时为正。

（4）"电容平衡"、"辅助电容平衡"旋钮　调节仪器内部的电容性电流，使之当 Y 轴为较高电流灵敏度时电容性电流最小，即屏幕上的水平线基本重叠为一条。一般情况下无须经常调节这两个旋钮。

（5）"功耗限制电阻"开关　用于改变集电极回路电阻的大小。测量被测管的正向特性时应置于低阻档，测量反向特性时应置于高阻档。

3. Y 轴偏转部分

（1）"电流/度"开关　是测量二极管反向漏电流 I_R 及晶体管集电极电流 I_C 的量程开关。该开关具有 22 档，四种偏转作用，可以进行集电极电流、基极电压、基极电流和外接电信号的不同转换。

（2）移位旋钮　除作垂直移位外，还兼作倍率开关，即当旋钮拉出时（电流/度 × 0.1 倍率指示灯亮），可将 Y 轴偏转因数缩小为原来的 1/10。

（3）"增益"旋钮　用于调整 Y 轴放大器的总增益，即 Y 轴偏转因数。一般情况下不需要经常调整。

4. X 轴偏转部分

（1）"电压/度"开关　它是集电极电压 U_{CE} 及基极电压 U_{BE} 的量程开关。该开关可以进行集电极电压、基极电流、基极电压和外接电信号四种功能的转换，共 17 档。

（2）"增益"旋钮　用于调整 X 轴放大器的总增益，即 X 轴偏转因数。一般情况下不需要经常调整。

5. 显示部分

（1）"转换"开关　用于同时转换集电极电源及阶梯信号的极性，以简化 NPN 型管与 PNP 型管转换测试时的操作手续。

（2）"⊥"按钮　按钮按下时，可使 X、Y 轴放大器的输入端同时接地，以确定 0 的基准点。

（3）"校准"按钮　用于校准 X 轴及 Y 轴放大器的增益。按钮按下时，光点应在屏幕有刻度的范围内从左下角准确地跳向右上角，否则应通过调节 X 轴或 Y 轴的"增益"旋钮来校准。

6. 阶梯信号部分

（1）"电压-电流/级"开关　即阶梯信号选择开关，用于确定每级阶梯的电压值或电流值。

（2）"串联电阻"开关　用于改变阶梯信号与被测管输入端之间所串接的电阻的大小，但只有当"电压-电流/级"开关置于电压档时，本开关才起作用。

（3）"级/簇"旋钮　用于调节阶梯信号一个周期的级数，可在 1~10 级之间连续调节。

（4）"调零"旋钮　用于调节阶梯信号起始级的电平，正常时该级应为零电平。

（5）"＋、－"极性开关　用于确定阶梯信号的极性。

（6）"重复-关"按钮　当按钮弹起时，阶梯信号重复出现，用作正常测试；当按钮按下时,阶梯信号处于待触发状态。

(7)"单簇"按钮 与"重复-关"按钮配合使用。当阶梯信号处于调节好的待触发状态时,按下该按钮,对应指示灯亮,阶梯信号出现一次,然后又回至待触发状态。

7. 测试台

图 1-29 是 XJ4810 型半导体管特性图示仪测试台的面板图,各按钮作用如下。

(1)"左"按钮 该按钮按下时,接通测试台左边的被测管。

(2)"右"按钮 该按钮按下时,接通测试台右边的被测管。

(3)"二簇"按钮 该按钮按下时,图示

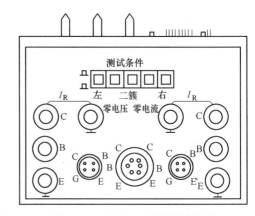

图 1-29 XJ4810 型半导体管特性
图示仪测试台的面板图

仪自动地交替接通左、右两边的被测管,此时可从屏幕上同时观测到两管的特性曲线,以便对它们进行比较。

(4)"零电压"按钮 该按钮按下时,将被测管的基极接地。

(5)"零电流"按钮 该按钮按下时,将被测管的基极开路,可用于测量 I_{CEO}、$U_{(b)}$ 等参数。

1.8.3 使用方法

1)开启电源,指示灯亮,预热 10min 再进行测试。

2)调节"辉度"、"聚焦"、"辅助聚焦"旋钮,使屏幕上的光点或线条清晰。

3)X、Y 轴灵敏校准。将"峰值电压%"旋钮旋至 0,屏幕上的光点移至左下角,按下显示部分中的"校准"按钮,此时光点应准确地跳向右上角,若跳偏该位置,则应通过调节 X 轴或 Y 轴的"增益"旋钮来校准。

4)阶梯调零。当测试中需要用到阶梯信号时,必须先进行阶梯调零,其过程如下:将阶梯信号及集电极电源均置于"+"极性,"电压/度"开关置于"1V/度","电流/度"开关置于"1mA/度","电压-电流/级"开关置于"0.05/级","重复-关"按钮置于重复,"级/簇"旋钮置于适中位置,"峰值电压范围"开关置于 10V 档,调节"峰值电压%"旋钮使屏幕上的扫描满度,然后按下"⊥"按钮,观察此时光点在屏幕上的位置,再将按钮复位,调节"调零"旋钮使阶梯波的起始级处于光点的位置,这样,阶梯信号的零电平即被调准。

1.8.4 使用举例

1. 整流二极管的测量

下面以硅整流二极管 2CZ82B 为例,说明二极管的测量方法。2CZ82B 的参数指标见表 1-7。

表 1-7 2CZ82B 的参数指标

型号	额定正向整流电流 (平均值)I_F/A	正向压降(平均值) U_F/V	最高反向峰值电压 U_{RM}/V	反向电流(平均值) I_R/μA
2CZ82B	0.1	≤1.0	50	100

（1）正向特性的测量　测量时，将屏幕上的光点移至左下角，图示仪面板上的有关开关、旋钮置于如下位置。

"峰值电压范围"开关：$0 \sim 10V$。

集电极电源部分"＋、－"极性按钮：＋（正）。

"功耗限制电阻"开关：50Ω。

Y 轴偏转部分—"电流/度"开关：I_C，$10mA$/度。

X 轴偏转部分—"电压/度"开关：U_{CE}，$0.1V$/度。

阶梯信号部分—"重复-关"按钮：关。

被测二极管按图 1-30 连接，调节"峰值电压%"旋钮使峰值电压逐渐增大，则屏幕上将显示出如图 1-31 所示的正向特性曲线，由该曲线即可进行正向压降 U_F 及正向电流 I_F 的测量。当没有给定测试条件时，一般是以相关的待测参数指标作为测试条件。测量时，在曲线上电流为 $100mA$ 处所对应的 X 轴上读测电压，即可得被测管的正向压降 U_F（参见图 1-31 中虚线）。图 1-31 中，$U_F = 0.921V$，故符合参数指标所规定的要求。显然，正向电流 I_F 也能符合参数指标规定的要求。

图 1-30　二极管的连接

（2）反向特性的测量　将屏幕上的光点移至右上角，图示仪面板上的有关开关、旋钮置于如下位置。

"峰值电压范围"开关：$0 \sim 200V$。

集电极电源部分"＋、－"极性按钮：－（负）。

"功耗限制电阻"开关：25Ω。

Y 轴偏转部分—"电流/度"开关：I_C，$10\mu A$/度。

X 轴偏转部分—"电压/度"开关：U_{CE}，$20V$/度。

阶梯信号部分—"重复-关"按钮：关。

被测二极管仍按图 1-30 连接，逐渐增大峰值电压，则屏幕上将显示出如图 1-32 所示的曲线，即二极管的反向特性曲线。在曲线拐弯处所对应的 X 轴上读测电压值，即得到被测二极管的反向击穿电压 $U_{(BR)}$（图 1-32 中 $U_{(BR)} = 112V$），而二极管的最高反向峰值电压 U_{RM} 约为 $U_{(BR)}$ 的 $1/2$，故 $U_{RM} = 56V$。反向电流 I_R 是在 U_{RM} 条件下测得，显然，图中的 $I_R \ll 10\mu A$，符合参数指标的要求。

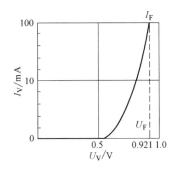

图 1-31　正向特性曲线

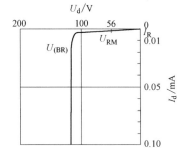

图 1-32　反向特性曲线

2. 晶体管的测量

下面以 NPN 型晶体管 3DK2A 为例，说明晶体管的测量方法。NPN 型晶体管 3DK2A 的直流及极限参数见表 1-8。

表 1-8 3DK2A 的直流及极限参数

项目	h_{FE}	$I_{CBO}/\mu A$	$I_{CEO}/\mu A$	$U_{(BR)CBO}/V$	$U_{(BR)CEO}/V$
测试条件	$I_C = 10mA$ $U_{CE} = 10V$	$U_{CB} = 10V$	$U_{CE} = 10V$	$I_{CB} = 100\mu A$	$I_{CE} = 200\mu A$
规范参数	≥30	≤0.1	≤0.1	≥30	≥20

项目	$U_{(BR)EBO}/V$	$U_{CE(SAT)}/V$	I_{CM}/mA	P_{CM}/mW
测试条件	$I_{EB} = 100\mu A$	$I_B = 1mA$ $I_C = 10mA$		
规范参数	4	≤1	30	200

（1）h_{FE} 和 β 的测量 将屏幕上的光点移至左下角，对阶梯信号调零，将面板上的有关开关、旋钮置于如下位置。

"峰值电压范围" 开关：0～10V。

" ＋ 、－ " 极性按钮：＋（正）。

"功耗限制电阻" 开关：50Ω。

Y 轴偏转部分—"电流/度" 开关：I_C，1mA/度。

X 轴偏转部分—"电压/度" 开关：U_{CE}，0.2V/度。

阶梯信号部分—"重复-关" 按钮：重复。

阶梯信号部分—" ＋ 、－ " 极性按钮：＋（正）。

"电压-电流/级" 开关：20μA/级。

先将 "级/簇" 旋钮旋至适中位置，晶体管按图 1-33 连接，逐渐增大峰值电压，则屏幕上将显示出一簇输出特性曲线；再调节 "级/簇" 旋钮使屏幕上在 $I_C = 10mA$ 附近存在曲线，如图 1-34 所示。h_{FE} 是晶体管的直流电流放大系数，其定义是在规定的 U_{CE} 及 I_C 条件下，集电极电流 I_C 与基极电流 I_B 之比，即

$$h_{FE} = \frac{I_C}{I_B} \quad (U_{CE} = 常数, I_C = 常数) \tag{1-1}$$

图 1-33 晶体管的连接

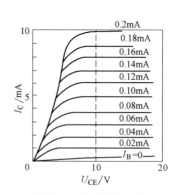

图 1-34 输出特性曲线

因此，根据测试条件，从曲线簇中读出 $U_{CE} = 10V$、$I_B = 0.2mA$ 所对应的 I_C 值，按式（1-1）即可求得 h_{FE}。由图可见，本例被测管的 h_{FE} 为

$$h_{FE} = \frac{9.8}{0.2} = 49$$

β 是晶体管的交流电流放大系数，其定义是在规定的 U_{CE} 条件下，集电极电流变化量 ΔI_C 与基极电流变化量 ΔI_B 之比，即

$$\beta = \frac{\Delta I_C}{\Delta I_B} \quad (U_{CE} = 常数) \tag{1-2}$$

交流电流放大系数 β 的大小与工作点有关，因此，测量 β 时要在规定的工作点 Q 附近进行。例如，假设工作点 Q 为 $U_{CE} = 1.0V$，$I_B = 0.12mA$，取 $\Delta I_B = 0.04mA$（$\Delta I_B = 0.14mA - 0.10mA$），由图 1-34 可知，$I_B = 0.14mA$ 时，$I_C = 7mA$，$I_B = 0.10mA$ 时，$I_C = 4.8mA$。则根据式（1-2）可知

$$\beta = \frac{7 - 4.8}{0.14 - 0.10} = \frac{2.2}{0.04} = 55 \quad (U_{CE} = 10V)$$

（2）反向电流及反向击穿电压的测量　表 1-9 给出了反向电流、反向击穿电压的定义及测量时的连接方法。反向电流 I_{CBO}、I_{CEO} 的测量过程可按表 1-10 所示进行，其测量曲线如图 1-35 所示。反向击穿电压 $U_{(BR)CBO}$、$U_{(BR)CEO}$ 及 $U_{(BR)EBO}$ 的测量过程可按表 1-11 所示进行，其测量曲线如图 1-36 所示。

表 1-9　反向电流、反向击穿电压的定义及测量时的连接方法

反 向 电 流	反向击穿电压
I_{CBO}：E 极开路，C-B 极之间的反向电流	$U_{(BR)CBO}$：E 极开路，C-B 极之间的反向击穿电压
I_{CEO}：B 极开路，C-E 极之间的反向电流	$U_{(BR)CEO}$：B 极开路，C-E 极之间的反向击穿电压
I_{EBO}：C 极开路，E-B 极之间的反向电流	$U_{(BR)EBO}$：C 极开路，E-B 极之间的反向击穿电压

表 1-10　I_{CBO}、I_{CEO} 的测量过程

操作步骤	I_{CBO}	I_{CEO}
"峰值电压范围"	$0 \sim 50V$	$0 \sim 50V$
"功耗限制电阻"	$25k\Omega$	$25k\Omega$
Y 轴偏转部分—"电流/度"	$I_C 10\mu A/度$	$I_C 10\mu A/度$
X 轴偏转部分—"电压/度"	$U_{CE} 2V/度$	$U_{CE} 2V/度$
阶梯信号部分—"重复-关"	关	关
Y 轴倍率	×0.1	×0.1
逐渐增大峰值电压，并适当调整有关旋钮	在 I_{CBO} 曲线上电压 $U_{CB} = 10V$ 处所对应的 Y 轴电流即为 I_{CBO}	在 I_{CEO} 曲线上电压 $U_{CE} = 10V$ 处所对应的 Y 轴电流即为 I_{CEO}

表 1-11　$U_{(BR)CBO}$、$U_{(BR)CEO}$ 及 $U_{(BR)EBO}$ 的测量过程

操作步骤	$U_{(BR)CBO}$	$U_{(BR)CEO}$	$U_{(BR)EBO}$
"峰值电压范围"	$0 \sim 100V$	$0 \sim 100V$	$0 \sim 10V$
"功耗限制电阻"	$25k\Omega$	$25k\Omega$	$25k\Omega$
Y 轴偏转部分—"电流/度"	$I_C 0.1mA/度$	$I_C 0.1mA/度$	$I_C 0.1mA/度$
X 轴偏转部分—"电压/度"	$U_{CE} 10V/度$	$U_{CE} 5V/度$	$U_{CE} 1V/度$
阶梯信号部分—"重复-关"	关	关	关
逐渐增大峰值电压，并适当调整有关旋钮	$U_{(BR)CBO}$ 曲线上电流 $I_{CBO} = 0.1mA$ 处所对应的 X 轴电压即为 $U_{(BR)CBO}$	$U_{(BR)CEO}$ 曲线上电流 $I_{CEO} = 0.2mA$ 处所对应的 X 轴电压即为 $U_{(BR)CEO}$	$U_{(BR)EBO}$ 曲线上电流 $I_{EBO} = 0.1mA$ 处所对应的 X 轴电压即为 $U_{(BR)EBO}$

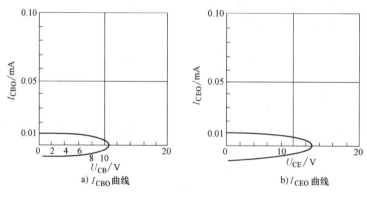

图 1-35 反向电流的测量曲线

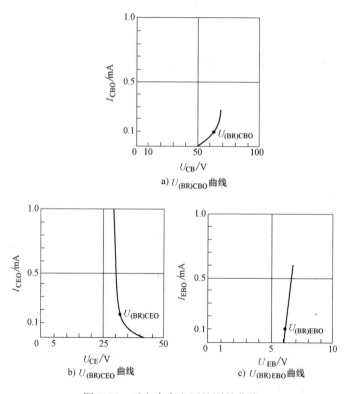

图 1-36 反向击穿电压的测量曲线

（3）饱和压降 $U_{CE(SAT)}$ 及 $U_{BE(SAT)}$ 的测量 测量过程可按表 1-12 所示进行，被测管仍按图 1-33 所示连接。$U_{CE(SAT)}$ 及 $U_{BE(SAT)}$ 的测量曲线如图 1-37 所示。

表 1-12 $U_{CE(SAT)}$ 及 $U_{BE(SAT)}$ 的测量过程

操作步骤	$U_{CE(SAT)}$	$U_{BE(SAT)}$
"峰值电压范围"	$0 \sim 10V$	$0 \sim 10V$
"功耗限制电阻"	250Ω	250Ω
Y 轴偏移部分—"电流/度"	I_C 1mA/度	基极电流或基极源电压

（续）

操作步骤	$U_{CE(SAT)}$	$U_{BE(SAT)}$
X轴偏移部分—"电压/度"	U_{CE} 0.05V/度	U_{BE} 0.1V/度
阶梯信号部分—"电压-电流/级"	0.1mA/级	0.1mA/级
阶梯信号部分—"重复-关"	重复	重复
逐渐增大峰值电压，并适当调整有关旋钮	调"级/簇"旋钮使屏幕有十条曲线，则第十条曲线上 $I_C = 10$mA 处所对应的X轴电压即为 $U_{CE(SAT)}$	在测 $U_{CE(SAT)}$ 基础上只调节"电流/度"、"电压/度"两开关，其余不变，则屏幕上边曲线右端点所对应的X轴电压即为 $U_{BE(SAT)}$

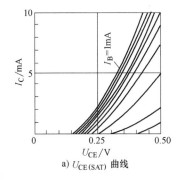 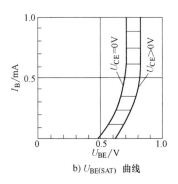

a) $U_{CE(SAT)}$ 曲线　　b) $U_{BE(SAT)}$ 曲线

图 1-37　饱和压降的测量曲线

PNP型晶体管与NPN型晶体管的测量方法相似，差别仅在于集电极电源和阶梯信号的极性不同，以及屏幕上光点的起始位置不同，这里不再赘述。

1.9　频率特性测试仪

放大器的幅频特性是指放大器电压放大倍数和频率之间的关系曲线，它反映了电压放大倍数随频率变化而变化的规律。放大器幅频特性曲线的测量方法主要有点频法和扫频法两种。点频法的优点是可以采用常用仪器来进行测试，缺点是操作繁琐费时，还可能因为取点不足而漏掉某些重要细节，并且点频法不能反映电路的动态幅频特性。扫频法可以通过频率特性测试仪（扫频仪）在屏幕上直观地显示出幅频特性曲线。用扫频仪就可以很方便地对电路进行扫频法测试。

1.9.1　频率特性测试仪工作原理简介

扫频仪输出一个幅度大小一定且不变，而频率由低到高重复变化的信号电压，并加到被测放大器输入端，由于被测放大器对不同频率信号的放大倍数不同，因而在被测放大器输出端得到另一个信号波形，该信号波形包络的变化规律与被测放大器的幅频特性相一致。该信号经包络检波器取出包络，再由荧光屏显示出来的图形，就是被测放大器的幅频特性曲线。

1.9.2　BT-3W型频率特性测试仪

1. 技术特点

BT-3W型频率特性测试仪采用1~300MHz全景扫频技术，实现了集成化、超小型化，性能稳定可靠，并配有矩形内刻度示波管显示器。

2. 技术参数

1）扫频范围：1~300MHz。

2）扫频宽度：最宽为300MHz，最窄为1MHz。

3）扫频非线性：扫宽300MHz小于等于12%；扫宽20MHz小于等于5%。

4）输出电压：大于等于0.1V。

5）扫频信号寄生调幅系数：全频段优于10%。

6）输出阻抗：75Ω。

7）频标：50~10MHz、10Hz~1MHz组合、外接。

8）输出衰减：70dB，1dB步进。

9）工作电压：AC 220（1±10%）V，功耗25W。

3. BT-3W型频率特性测试仪外形（如图1-38所示）

图1-38　BT-3W型频率特性测试仪外形

4. 使用方法简介

1）通电预热15min左右，调好辉度和聚焦。

2）根据被测电路的工作频率或带宽，将频标选择开关置于合适档位，通过调节频标幅度旋钮，使其大小合适。

3）将频率特性测试仪自环，即频率特性测试仪的输出探头与输入探头短接（**注意**：输入、输出探头的接地应尽量短，输入探头的探针也不应另加接导线），将输出衰减置0dB，调节Y增益旋钮至合适的大小，荧光屏上将出现图1-39a所示的两条光迹，调节中心频率旋钮，顺时针旋转，光迹将向右移动，直至荧光屏上显示图1-39b所示图形，即光迹上出现一个凹陷点，这个凹陷点就是扫频信号的零频率点。

4）0dB校正：频率特性测试仪自环，将输出衰减置0dB，调节Y增益旋钮使荧光屏上显示的两条光迹间有一个确定的高度，如5个格，这两条光迹称为0dB校正线，此后Y增益旋钮不能再动。

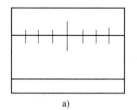
a)

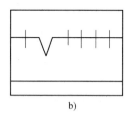
b)

图1-39　频率特性测试仪自环时荧光屏显示图形

5）增益测试：频率特性测试仪的扫频输出接被测电路的输入端，被测电路的输出接频率特性测试仪的Y输入探头，调节频率特性测试仪的输出衰减，使荧光屏上显示的频率特性曲线的高度处于0dB附近，如果高度正好与0dB校正线等高，则输出衰减粗、细调旋钮所指的分贝数之和即为被测电路的增益值。如果幅频特性曲线的高度不在0dB校正线上，则可以粗略估计增益值。

6）带宽的测量：用上面的方法，使荧光屏显示出高度合适的幅频特性曲线，然后调节Y增益旋钮，使曲线顶部与某一个水平刻度线AB相切，如图1-40a所示，此后Y增益旋钮不能再动，然后通过调节频率特性测试仪输出衰减细调旋钮使衰减减小3dB，则荧光屏上显示的曲线高度升高，与水平刻度线 *AB* 有两个交点，则两交点处的频率即为频率特性的下截止频率 f_L 和上截止频率 f_H，如图 1-40b 所示。

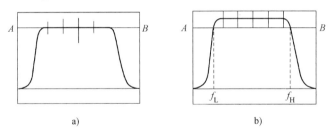

图 1-40　频率特性测试仪测量带宽时荧光屏上显示的图形

本 章 小 结

本章主要介绍了普通电工工具的性能、使用方法和注意事项。对于这些常用电工工具，要求学生会熟练使用。

介绍了常用电工仪器仪表的特点、技术指标、使用方法和注意事项。常用电工仪器仪表主要包括：直流稳压电源、万用表、绝缘电阻表、信号发生器、数字频率计、示波器、半导体管特性图示仪和频率特性测试仪等。对于这些常用电工仪器仪表，要求学生了解技术指标，能熟练使用。

练 习 题

1. 尖嘴钳有什么用途？使用中有哪些注意事项？
2. 无感螺钉旋具的作用是什么？常用的有哪两种？
3. 简述用万用表判别二极管、晶体管极性的方法。
4. 简述指针式万用表和数字式万用表的使用。
5. 简述直流稳压电源的使用。
6. 简述信号发生器的使用。
7. 简述示波器的使用。
8. 简述半导体管特性图示仪的使用。
9. 简述频率特性测试仪的使用。

10. 简述如何使用示波器和数字式万用表同时测量低频信号发生器的输出电压。信号发生器的输出电压可用数字式万用表准确测出。调节信号发生器输出信号的频率为 1kHz，然后改变"输出调节"和"输出衰减"档，使输出信号电压分别为 3V、0.3V、100mV（用数字式万用表监测）。含 1V 直流成分的正弦信号，用万用表测量其直流成分，再用示波器测量这些电压，画出波形并将结果填入表 1-13 中，并加以比较。

表 1-13

信号发生器"输出衰减"档	0dB	−10dB	−20dB	−30dB
数字式万用表读数/V				
示波器测量电压峰-峰值/V				
示波器测量电压有效值/V				
万用表测量直流电压/V				

11. 将信号发生器输出电压固定为某一数值。用示波器分别测量信号发生器的频率指示为 1kHz、

5kHz、100kHz 时的信号周期 T，并换算出相应的频率值 f，记入表 1-14 中。为了保证测量的准确度，应使屏幕上显示波形的一个周期占有足够的格数；或测量 2~4 个周期的时间，再取其平均值。

表 1-14

信号发生器的频率指示/kHz	1	5	100
"扫描时间"标称值/(t/div)			
一个周期占有水平方向的格数			
信号周期 $T/\mu s$			
信号频率 f/Hz			

第 2 章

常用电子元器件检测

任何电子电路都是由元器件组成的，而常用的元器件主要有电阻器、电容器、电感器及各种半导体器件（如二极管、晶体管、集成电路等）。学习和掌握这些常用元器件的类别、型号、性能、判别与选用方法，才能在电路中正确地选择和使用它们。

2.1 电阻器与电位器

电阻器简称电阻，它是电路元件中应用最广泛的一种，其质量的好坏对电路工作的稳定性有极大影响。电阻器的主要用途是稳定和调节电路中的电流和电压，在电路中常用于分流、分压、滤波（与电容器组合）、耦合、阻抗匹配等。电阻器用符号 R 表示。

电位器是一种具有三个引线的可变电阻器。在使用中，通过调节电位器的转轴，不但能使电阻值在最大值和最小值之间变化，而且还能调节滑动接头与两个固定接头之间的电位高低，故称电位器。电位器在收录机、电视机等电子设备中用于调节音量、音调、亮度、对比度和色饱和度等。

2.1.1 电阻器

1. 电阻器的分类

由于新材料、新工艺的不断出现，电阻器的品种不断增多，常用的分类方法有以下两种。

（1）按电阻体的材料和结构特征分　有线绕电阻器、非线绕电阻器以及敏感电阻器。

线绕电阻器是用电阻丝绕在绝缘骨架上构成的。

非线绕电阻器又可分为膜式电阻器、实心电阻器、金属玻璃釉电阻器。其中膜式电阻器又可分为碳膜电阻器、金属膜电阻器、金属氧化膜电阻器、块金属膜电阻器等。

敏感电阻器主要指电特性对于温度、光、电压、机械力、磁场等物理量表现敏感的元件，如光敏、热敏、压敏、力敏、磁敏电阻器。由于它们几乎都是由半导体材料做成的，因此这类电阻器也称为半导体电阻器。

（2）按电阻器的用途分　有通用电阻器、精密电阻器、高阻电阻器、高压电阻器和高频电阻器等。常用电阻器的性能特点及用途见表 2-1。

表 2-1　常用电阻器的性能特点及用途

名　称	符号	性　能　特　点	用　途
线绕电阻器	RX	阻值精度极高,噪声小,稳定可靠,耐热性好,体积大,阻值较低	不能用于高频电路,通常在大功率电路中作负载
碳膜电阻器	RT	稳定性好,高频特性好,噪声小,阻值范围宽,温度系数小,价格低廉	广泛应用于一般电子电路中

（续）

名　称	符号	性　能　特　点	用　途
金属膜电阻器	RJ	精密度高,稳定性好,阻值范围和工作频率宽,耐热性好,体积较小	应用于质量要求较高的电路中
金属氧化膜电阻器	RY	耐压、耐热性能好,负载能力强	可与金属膜电阻器互换使用
水泥电阻器	RX	体积较大、功率大,绝缘性能好,散热、耐热性好,阻燃、防爆特性好	用于高压大功率电路

部分电阻器的外形示意图及有关图形符号如图 2-1 所示。

2. 电阻器的主要参数

（1）标称阻值（简称标称值） 标称值是产品标识的"名义"阻值,其基本单位为欧姆（Ω）。常用单位还有千欧（kΩ）、兆欧（MΩ）。为了便于工业生产和使用者在一定范围内选用,国家规定了一系列的标称值。任何固定电阻器的阻值都应符合表 2-2 所列数字乘以 10^n Ω,其中 n 为整数。

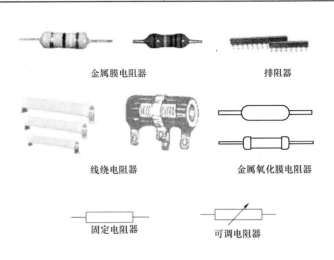

金属膜电阻器　　　　　排阻器

线绕电阻器　　　金属氧化膜电阻器

固定电阻器　　　　可调电阻器

图 2-1　部分电阻器外形示意图及有关图形符号

（2）允许误差 允许误差表示电阻器实际阻值对于标称阻值的最大允许偏差范围。它表示产品的精度。精密电阻的允许误差分为 ±0.5%、±1%、±2% 三个等级。随着电阻器生产工艺的改进,一般的金属膜电阻器的精度都可达到 ±1%,允许误差大于 ±5% 的电阻器已基本退出市场。

表 2-2　通用电阻器的标称值系列

系　列	电阻标称值
E24	1.0　1.1　1.2　1.3　1.5　1.6　1.8　2.0　2.2　2.4　2.7　3.0　3.3　3.6　3.9　4.3　4.7　5.1　5.6　6.2　6.8　7.5　8.2　9.1
E12	1.0　1.2　1.5　1.8　2.2　2.7　3.3　3.9　4.7　5.6　6.8　8.2
E6	1.0　1.5　2.2　3.3　4.7　6.8

（3）额定功率 额定功率是指电阻器在规定环境条件下,长期连续负荷所允许消耗的最大功率。电路中电阻器的实际功率必须小于其额定功率,否则,电阻器的阻值及其他性能将会发生改变,甚至烧毁。常用电阻器的额定功率见表 2-3。

表 2-3　常用电阻器的额定功率

名　称	额定功率/W															
线绕电阻器	0.05　0.125　0.25　0.5　1　2　4　8　10　16　25　40　50　75　100　150　250　500
非线绕电阻器	0.05　0.125　0.25　0.5　1　2　5　10　16　25　50　100

电阻器的额定功率与体积大小有关，电阻器的体积越大，额定功率数也越大，2W 以下的电阻器以自身体积大小表示功率值。电阻器体积与功率的关系见表 2-4。

表 2-4　电阻器体积与功率的关系

额定功率/W	碳膜电阻器 RT		金属膜电阻器 RJ	
	长度/mm	直径/mm	长度/mm	直径/mm
1/8	11	3.9	0 ~ 8	2 ~ 2.5
1/4	18.5	5.5	7 ~ 8.3	2.5 ~ 2.9
1/2	28.0	5.5	10.8	4.2
1	30.5	7.2	13.0	6.6
2	48.5	9.5	18.5	8.6

在电路中，常用图 2-2 所示的符号表示电阻器的额定功率。

图 2-2　电阻器的额定功率符号

3. 电阻器的判别与选用

（1）电阻器的识读方法

1）直标法。在电阻器表面直接用数字标出电阻值及允许误差，如图 2-3 所示。

2）文字符号法。有的电阻器表面用文字符号表示阻值。具体方法为：阻值的整数部分写在阻值单位标志符号的前面，阻值的小数部分写在阻值单位标志符号的后面。如 1k6 表示阻值为 1.6kΩ，3M3 表示 3.3MΩ。其中单位标志符号有以下 5 种：

图 2-3　电阻器的直标法

欧姆（$10^0\Omega$），用 R 表示。

千欧（$10^3\Omega$），用 k 表示。

兆欧（$10^6\Omega$），用 M 表示。

吉欧（$10^9\Omega$），用 G 表示。

太欧（$10^{12}\Omega$），用 T 表示。

3）色标法。体积小的电阻器常在其表面上用不同颜色的色环排列标识阻值和允许误差，即色标法。一般在电阻体上有五道色环，第一、二、三道色环分别表示阻值的第一位数、第二位数、第三位数，第四道色环表示倍乘，即 10 的几次方，第五道色环表示阻值的允许误差。如图 2-4 所示，表示阻值为 33.2kΩ，允许误差为 ±1%。

图 2-4　五环法示意图　　　　图 2-5　四环法示意图

有的电阻器还用四环法表示。如图2-5所示，表示阻值为27kΩ，允许误差为±5%。表2-5是色标法的规则。

色标法的规则也可通过以下口诀熟记：

棕一红二橙三，黄四绿五六蓝。

紫七灰八白九，金五银十黑零。

表2-5　色标法的规则

颜色	左第一位	左第二位	左第三位	右第二位（倍乘）	右第一位（允许误差）
棕	1	1	1	10^1	F ±1%
红	2	2	2	10^2	G　±2%
橙	3	3	3	10^3	
黄	4	4	4	10^4	
绿	5	5	5	10^5	D ±0.5%
蓝	6	6	6	10^6	G ±0.25%
紫	7	7	7	10^7	B ±0.1%
灰	8	8	8	10^8	
白	9	9	9	10^9	
黑	0	0	0	10^0	
金				10^{-1}	J ±5%
银				10^{-2}	K ±10%
无色				10^{-3}	M ±20%

（2）电阻器的检测　电阻器的主要故障是：过流烧毁、变值、断裂、引脚脱焊等。

1）外观检查。对于电阻器，通过目测可以看出引线是否松动、折断或电阻体烧坏等外观故障。

2）阻值测量。通常可用万用表欧姆档对电阻器进行测量，若需要精确测量阻值，则可以通过万用电桥进行测量，测量方法在此不作详细介绍。值得注意的是，测量时不能用双手同时捏住电阻器或测试笔，否则，人体电阻与被测电阻器并联，影响测量准确度。

（3）电阻器的选用

1）类型选择：对于一般的电子电路，若没有特殊要求，可选用普通的碳膜电阻器，以降低成本；对于高品质的收录机和电视机等，应选用较好的碳膜电阻器、金属膜电阻器或线绕电阻器；对于测量电路或仪表、仪器电路，应选用精密电阻器；在高频电路中，应选用表面型电阻器或无感电阻，不宜使用合成电阻器或普通的线绕电阻器；对于工作频率低，功率大，且对耐热性能要求较高的电路，可选用线绕电阻器。

2）阻值及允许误差选择：阻值应按标称系列选取。有时需要的阻值不在标称系列内，此时可以选择最接近这个阻值的标称值电阻，当然我们也可以用两个或两个以上的电阻器的串并联来代替所需的电阻器。

允许误差应根据电阻器在电路中所起的作用来选择，除一些对精度有特别要求的电路

（如仪器仪表、测量电路等）外，一般电子电路中所需电阻器的允许误差选用 ±5% 即可。

3）额定功率的选取：电阻器在电路中实际消耗的功率不得超过其额定功率。为了保证电阻器长期使用不会损坏，通常要求选用的电阻器的额定功率为实际消耗功率的两倍以上。

2.1.2 电位器

1. 电位器的分类

（1）按电位器的材料分　有碳膜电位器、碳质实心电位器、金属膜电位器、玻璃釉电位器、线绕电位器等。

（2）按电位器的结构特点分　有单圈电位器，多圈电位器，单联、双联、多联电位器，带开关电位器，锁紧和非锁紧型电位器等。

常用电位器的性能特点及用途见表 2-6。

表 2-6　常用电位器的性能特点及用途

名　称	型号	性　能　特　点	用　途
线绕电位器	WX	体积较小,噪声小,精度高,耐热性好,功率较大,分辨率低,价格高	不能用于频率较高的电路
碳膜电位器	WT	分辨率高,阻值范围宽,功率不太高,耐温和耐湿性较差,价格低廉	广泛应用于电子仪器中
有机实心电位器	WS	耐热性好,功率大,可靠性高,耐磨性好,温度系数较大,耐潮性能差,精度低	用于高耐磨的电子设备
数字电位器		调节准确方便,使用寿命长,受物理环境影响小,性能稳定,体积小	应用包括电源调节、音量控制、亮度控制、增益控制等

部分电位器的外形示意图及图形符号如图 2-6 所示。

微调电位器　　碳膜电位器　　同轴电位器　　多圈电位器　　电位器符号

图 2-6　部分电位器的外形示意图及图形符号

2. 电位器的主要参数

电位器除与电阻器有相同的主要参数外，还有几个特有的参数。

（1）阻值变换特性　阻值变换特性指电位器的阻值随活动触点的旋转角度变化而变化的关系，这种关系可以是任何函数关系。常见的有直线式、对数式和反转对数式，分别用 A、B、C 表示。它们的变换规律如图 2-7 所示。

（2）滑动噪声　由于电位器电阻分配不当、转动系统配合不当和电位器接触电阻等原因，会使电位器的电接触刷在移动时，输出端除有用信号外，还会有随着信号的起伏而不定的噪声，这就是滑动噪声。

3. 电位器的判别与选用

（1）电位器的识读方法　电位器一般均采用直标法，在表面上直接标出型号和最大阻值。另外，在旋转式电位器中，有时用字母 ZS-1 表示轴端没有经过特殊加工，ZS-3 表示轴端开槽，ZS-5 表示轴端铣成平面。

（2）电位器的检测　电位器经常发生滑动触头与电阻片接触不良等情况。对于电位器，应检查引出端子是否松动，接触是否良好，转动转轴时应感觉平滑，不应有过松或过紧等情况。当要检查电位器的阻值时，可先用万用表欧姆档测量总阻值，然后将表笔接于活动端子和引出端子，反复慢慢旋转电位器转轴，观察万用表指

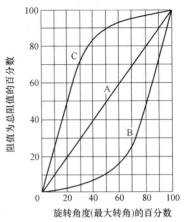

图 2-7　电位器的阻值变换规律
A—直线式　B—对数式　C—反转对数式

针是否连续均匀变化，如指针平稳移动而无跳跃、抖动现象，则说明电位器正常。电位器使用过久时，滑动噪声会过大，一般是由于滑动触头与电阻体接触不良造成的。此时可卸下电位器，用酒精清洗滑动触头与电阻体，一般可大大减小滑动噪声。

（3）电位器的选用

1）电位器结构和尺寸的选择：选用电位器时应注意尺寸大小和旋转轴柄的长短，轴端式样和轴上是否需要紧锁装置等。经常调节的电位器，应选用轴端铣成平面的，以便安装旋钮；不经常调节的，可选用轴端带刻槽的；一经调好就不再变动的，可选择带紧锁装置的电位器。

2）阻值变化规律的选择：用作分压器或示波器的聚焦电位器和万用表的调零电位器时，应选用直线式；收音机的音量调节电位器应选用反转对数式，也可以用直线式代替；音调调节电位器和电视机的黑白对比度调节电位器应选用对数式。

2.1.3 技能训练

1. 电阻器阻值的识别

1）制作色环电阻板若干块，每块可放置不同阻值的色环电阻器，并互相交换，反复练习识别速度。

2）制作标志具体阻值的电阻板若干块，每块放置不同阻值的电阻器20只，由学生注明该阻值电阻器的色环，并互相交换，反复练习识别速度。

2. 用万用表测量电阻器

选择无色环、无阻值标志的不同阻值的电阻器若干个，通过万用表的测量，按 E24 系列区分。要求达到测量快速、准确，区分正确。

3. 用万用表测量电位器

1）测量两固定端间的电阻值。

2）测中间滑动片与固定端间的电阻值，旋转电位器，观察阻值变化情况。

4. 将识别、测量结果填入表 2-7 中

表 2-7 电阻器识别、测量技能训练表

由色环写出具体阻值				由具体阻值写出色环			
色环	阻值	色环	阻值	阻值	色环	阻值	色环
棕黑黑		棕黑红		0.5Ω		2.7kΩ	
红黄黑		绿棕棕		1Ω		3kΩ	
橙橙黑		棕黑绿		36Ω		5.6kΩ	
黄紫橙		蓝灰橙		220Ω		6.8kΩ	
灰红红		黄紫棕		470Ω		8.2kΩ	
白棕黄		红紫黄		750Ω		24kΩ	
黄紫棕		紫绿棕		1kΩ		47kΩ	
橙黑棕		棕黑橙		1.2kΩ		39kΩ	
紫绿红		橙橙橙		1.8kΩ		100kΩ	
白棕棕		红红红		2kΩ		150kΩ	
1min 内读出色环电阻器数（只）				注:20 只满分,错一只扣 5 分			
3min 内测量无标志电阻器数（只）				注:20 只满分,错一只扣 5 分			
测量电位器	固定端之间阻值		阻值是否均匀变化		阻值是否突变		指针是否跳动
识别、测量中出现的问题							

2.2 电容器

电容器简称电容，它由两个导体及它们之间的介质组成。由于电容器有充、放电和隔直、通交特性，其在电路中常用于调谐、滤波、耦合、旁路及能量转换等。电容器用符号 C 表示。

2.2.1 电容器基本知识

1. 电容器的分类
电容器的种类很多，性能各不相同，常见的分类方法有以下几种。

（1）按电容器结构分　有固定电容器、半可变电容器、可变电容器三大类。

固定电容器的电容量不能改变，大多数电容器都是固定电容器，如纸介电容器、云母电容器、电解电容器等。

半可变电容器又称微调电容器，其特点是电容量可以在较小范围内变化（通常在几皮法至十几或几十皮法之间）。适用于整机调整后电容量不需经常改变的场合。

可变电容器是电容量可在一定范围内调节的电容器，常有单联电容器、双联电容器等。适用于一些需要经常调整电容量的电路，如接收机的调谐回路等。

（2）按电容器介质材料分　有电解电容器、有机介质电容器、无机介质电容器三大类。

有机介质电容器包括纸介电容器、塑料薄膜电容器等。其中塑料薄膜电容器包括聚苯乙烯薄膜电容器、聚四氟乙烯电容器等。

无机介质电容器包括瓷介电容器、云母电容器、玻璃釉电容器等。

几种常见电容器的外形如图 2-8 所示，相应符号如图 2-9 所示。

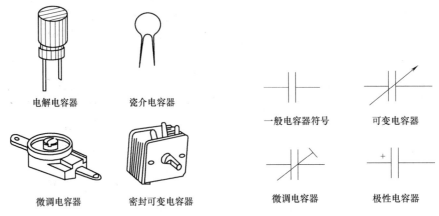

电解电容器	瓷介电容器
微调电容器	密封可变电容器

一般电容器符号	可变电容器
微调电容器	极性电容器

图 2-8　几种常见电容器的外形　　　　　图 2-9　常见电容器符号

常见电容器的特点及用途见表 2-8。

表 2-8　常见电容器的特点及用途

名　称	型号	特　点	用　途
纸介电容器	CZ	体积小,容量和工作电压范围宽,精度不易控制,介质易老化,损耗大,成本低	用于低频电路
独石电容器	CT	容量大,体积小,可靠性高,稳定性好,耐高温耐湿性好等	广泛应用于电子精密仪器,用作谐振、耦合、滤波、旁路
瓷介电容器	CC 或 CT	电气性能优异,体积很小,绝缘性好,稳定性好,损耗小,但容量小,易碎易裂	用于高频电路、高压电路、温度补偿电路、旁路或耦合电路
玻璃釉电容器	CI	体积小,重量轻,抗潮性好,能在 200~250℃ 高温下工作	用于小型电子仪器的交、直流电路和脉冲电路
聚酯(涤纶)电容器	CL	体积小,容量大,耐热耐湿性好,稳定性差	用于对稳定性和损耗要求不高的低频电路
聚苯乙烯电容器	CBB	绝缘电阻大,电气性能好,在很宽的频率范围内性能稳定,损耗小但耐热性较差	用于谐振回路,滤波、耦合回路等
铝电解电容器	CD	容量大,正负极不能接错,绝缘性好,漏电及损耗大,误差较大	用于电源滤波,低频耦合,去耦,旁路等
钽电解电容器	CA	损耗、漏电小于铝电解电容器	在要求高的电路中代替铝电解电容器
铌电解电容器	CN		

2. 电容器的主要参数

电容器的主要参数有标称容量、允许误差和额定工作电压。

（1）标称容量　标称容量是标志在电容器上的"名义"电容量，其数值也有标称系列，该标称系列同电阻器阻值标称系列一样，可参考表 2-2。

电容量的单位是法拉（F）、微法（μF）和皮法（pF）。

$$1F = 10^6 \mu F = 10^{12} pF$$

（2）允许误差　允许误差是指实际电容量对于标称电容量的最大允许偏差范围。常用字母代表允许误差，B 表示允许误差为 ±0.1%，C 表示允许误差为 ±0.25%，D 表示允许误差为 ±0.5%，F 表示允许误差为 ±1%，G 表示允许误差为 ±2%，J 表示允许误差为 ±5%，K 表示允许误差为 ±10%，M 表示允许误差为 ±20%，N 表示允许误差为 ±30%，Z 表示允许误差为 -20% ~ 80%。如 334K，334 表示容量（见下文数码法），K 表示允许误差为 ±10%。

（3）额定工作电压　电容器的额定工作电压是指电容器在规定的工作温度范围内，长期可靠地工作所能承受的最高直流电压，又称耐压值。其值通常为击穿电压的一半。固定电容器的额定工作电压系列如表 2-9 所示。

表 2-9　固定电容器的额定工作电压系列　　　　　　　　（单位：V）

1.6	5	6.3	10	16
25	32 *	40	50 *	63
100	125 *	160	250	300 *
400	450 *	500	630	1000
1600	2000	2500	3000	4000
5000	6300	8000	10000	15000
20000	25000	30000	35000	40000
45000	50000	60000	80000	100000

注：1. 有 * 者限电解电容器采用。

　　2. 数值下有 "＿" 者建议优先选用。

3. 电容器的判别与选用

（1）识读方法

1）直标法。电容量数值、耐压值等参数直接标在电容器表面，如图 2-10 所示。

2）数码法。采用数码法标志容量时，标在电容器表面上的是三位整数，其中第一、二位数字分别表示容量的第一、二位有效数字，第三位数字则表示容量的有效数字加零的个数。数码法表示电容量时，单位一律为 pF。例如电容器上标有 "103" 字样，则该电容器容量为 10000pF（或 0.01μF）。

注意： 当第三个数字是 9 时是个特例，如 "229" 表示的容量不是 $22 \times 10^9 pF$，而是 $22 \times 10^{-1} pF$（2.2pF）。

图 2-10　电容器的直标法

3）文字符号法。采用这种方法标志电容量时，将容量的整数部分写在容量单位标志前面，小数部分写在容量单位标志后面。例如 0.33pF 写为 p33，2.2μF 写为 2μ2。其中容量单位标志有以下 5 种：

皮法（$10^{-12} F$），用 p 表示。

纳法（$10^{-9} F$），用 n 表示。

微法（$10^{-6} F$），用 μ 表示。

毫法（$10^{-3} F$），用 m 表示。

法拉（$10^0 F$），用 F 表示。

（2）电容器的检测　电容器的主要故障是：击穿、短路、漏电、容量减小、变质及破损等。

1）外观检查。观察外表应完好无损，表面无裂口、污垢和腐蚀，标志应清晰，引出电极无折伤；对可变电容器而言，应转动灵活，动定片间无碰、擦现象，各联间转动应同步等。

2）测试漏电电阻值。用万用表欧姆档（$R \times 10k$ 档），将表笔接触电容器的两引线。刚搭上时，表头指针将发生摆动，然后再逐渐返回电阻值为无穷大处，这就是电容器的充放电现象（对 $0.1\mu F$ 以下的电容器观察不到此现象）。指针的摆动越大容量越大，指针稳定后所指示的值就是漏电电阻值。其值一般为几百到几千兆欧，阻值越大，电容器的绝缘性能越好。检测时，如果表头指针指到或靠近欧姆零点，则说明电容器内部短路；若指针不动，始终指向电阻值为无穷大处，则说明电容器内部开路或失效。

3）电解电容器的极性检测。电解电容器的正负极性是不允许接错的，当极性标记无法辨认时，可根据正向连接时漏电电阻值大，反向连接时漏电电阻值小的特点来检测判断。交换表笔前后两次测量漏电电阻值大的一次，黑色表笔接触的是正极（因为指针式万用表黑色表笔与表内的电池的正极相接）。

4）电容器碰片或漏电的检测。万用表拨到 $R \times 10$ 档，两表笔分别搭在可变电容器的动片和定片上，缓慢旋动动片，若表头指针始终静止不动，则无碰片现象，也不漏电；若旋转至某一角度，表头指针指到 0Ω，则说明此处碰片；若表头指针有一定指示或细微摆动，则说明有漏电现象。

（3）电容器的选用

1）选择合适的型号。根据电路要求，用于低频耦合、旁路去耦等电气性能要求较低的电路时，一般可以采用纸介电容器、电解电容器等；在中频电路中，可选用 $0.01 \sim 0.1\mu F$ 的纸介、金属化纸介、有机薄膜等电容器；在高频电路中应选择高频瓷介质电容器；若要求在高温下工作，则应选玻璃釉电容器等。

在电源滤波和退耦电路中，可选用电解电容器。因为在这些使用场合，对电容器性能要求不高，只要体积不大，容量够用就可以。

对于可变电容器，应根据电容调节的级数，确定应采用单联或多联可变电容器，然后根据容量变化范围、容量变化曲线、体积等要求确定相应品种的电容器。

2）合理确定电容器的容量和误差。电容器容量的数值，必须按规定的标称值来选择。电容器的误差等级有多种，在低频耦合、去耦、电源滤波等电路中，电容器可以选 $\pm 5\%$、$\pm 10\%$、$\pm 20\%$ 等误差等级，但在振荡回路、延时电路、音调控制电路中，电容器的精度要稍高一些；在各种滤波器和各种网络中，要求选用高精度的电容器。

3）耐压值的选择。为保证电容器的正常工作，被选用的电容器的耐压值不仅要大于其实际工作电压，而且还要留有足够的余地，一般选用耐压值为实际工作电压两倍以上的电容器。

4）注意电容器的温度系数、高频特性等参数。在振荡电路中的振荡元件、移相网络元件、滤波器等，应选用温度系数小的电容器，以确保其性能。

在高频应用时，由于电容器自身电感、引线电感和高频损耗的影响，电容器的性能会变坏。表 2-10 列出了一些电容器的最高使用频率范围，供选用电容器时参考。

表 2-10　电容器的最高使用频率范围

电容器类型	最高使用频率范围/MHz	等效电感/ $\times 10^{-3}$ μH
小型云母电容器	150 ~ 250	4 ~ 6
圆片形瓷介电容器	200 ~ 300	2 ~ 4
圆管形瓷介电容器	150 ~ 200	3 ~ 10
圆盘形瓷介电容器	2000 ~ 3000	1 ~ 1.5
小型纸介电容器(无感卷绕)	50 ~ 80	6 ~ 11
中型纸介电容器(0.022μF)	5 ~ 8	30 ~ 60

2.2.2　技能训练

（1）电容器容量的识别　选用不同标称值的电容器若干，由学生反复判别电容器的容量并注明全称。

（2）用万用表测量电容器的漏电电阻

1）小电容器漏电电阻值的测量（以 0.01 ~ 0.047μF 为例）：用万用表的 $R \times 10k$ 档，将表笔接触电容器的两极，表针先沿顺时针跳动一下，后逆时针复原，即退回到电阻值为无穷大处，如不能复原，则稳定后的读数表示电容器漏电电阻值。

2）大电容器漏电电阻值的测量（以 100 ~ 1000μF 为例）：用万用表的 $R \times 1k$ 档，将表笔接触电容器的两极，当表针已偏转到最大值时，迅速从 $R \times 1k$ 档拨到 $R \times 1$ 档，片刻后再拨回 $R \times 1k$ 档，表针最后停止在某一刻度上，其读数即漏电电阻值。

（3）将识别、测量结果填入表 2-11 中。

表 2-11　电容器识别、测量技能训练表

电容器容量识别							
标值	全　称	标值	全　称	标值	全　称		
2.7		10000		2P2			
3.3		0.01		1n			
6.8		0.015		6n8			
20		0.022		10n			
27		0.033		22n			
200		0.068		100n			
300		0.22		220n			
1000		0.47		103			
68000		P33		104			

小电容器测量 （以 0.01 ~ 0.047μF 为例）	万用表档位	充电时表针偏转角度	实测漏电电阻值
大电容器测量 （以 100 ~ 1000μF 为例）			
识别、测量中出现的问题			

2.3　电感器与变压器

电感线圈是应用电磁感应原理制成的电子元件。通常分为两类：一类是应用自感作用的电感器，另一类是应用互感作用的变压器。

2.3.1 电感器

电感器简称为电感，是用漆包线在绝缘骨架上绕制而成的一种能够存储磁场能的电子元件，具有阻交流通直流、阻高频通低频的作用。

1. 电感器的分类

电感器是根据电磁感应原理制成的元件。它的应用很广泛，如 LC 滤波器、调谐放大器或振荡器中的谐振回路、均衡电路、去耦电路等。电感器用符号 L 表示。电感器的分类有如下几种。

（1）按电感线圈圈心性质分　有空心电感器和带磁心的电感器。

（2）按绕制方式不同分　有单层电感器、多层电感器、蜂房电感器等。

（3）按电感量变化情况分　有固定电感器和微调电感器等。

常见电感器的外形如图 2-11 所示，符号如图 2-12 所示。

固定电感器　　可调磁心电感器　　空心电感器

电感器符号　　带磁心微调　　带铁心电感器
　　　　　　　电感器符号　　　符号

图 2-11　常见电感器的外形　　　　图 2-12　常见电感器的符号

2. 电感器的主要参数

（1）电感量　电感量可以反映电感器储存磁场能的本领，它的大小与电感器线圈的匝数、几何尺寸、磁心的磁导率有关。电感量的单位为亨（H）、毫亨（mH）和微亨（μH），它们之间的关系是

$$1H = 10^3 mH = 10^6 \mu H$$

（2）品质因数　电感器中储存能量与消耗能量的比值称为品质因数，又称 Q 值。Q 值高表示电感器的损耗功率小，效率高。电感器的 Q 值一般为 50～300。

（3）额定电流　电感器能够长期工作而不损坏所允许通过的最大电流称为额定电流。它是高频、低频扼流电感器和大功率谐振电感器的重要参数。

（4）分布电容　分布电容是指电感器线圈匝间形成的电容，即由空气、导线的绝缘层、骨架所形成的电容。它降低了电感器的品质因数，通常应减小分布电容。

3. 电感器的判别与选用

（1）识读方法　体积较大的电感器，其电感量及额定电流均在外壳上标出。

一种小型固定高频电感器，常用在彩色电视机中，过去在其外壳上标以色环以示电感量。色码标示规则与电阻器、电容器色码标示规则相同，统称色码电感器。目前我国生产的固定电感器不采用色码标志法，而是在电感器实体上直接标出数值，即采用直标法，但习惯上仍称为色码电感器。

（2）电感器的检测

1）外观检查。检查表面有无发霉现象，线圈有无松散现象，引脚有无折断或生锈等现象。如果电感器带有磁心，还要检查磁心的螺纹是否配合，有无松脱现象。

2）测量。用万用表的欧姆档测电感器的直流电阻值，若直流电阻值为无穷大，则表明线圈间或线圈引出线间已经断路；若直流电阻值与正常值相比小得多，则说明线圈间有局部短路。

此外，对于有屏蔽罩或多线圈电感器，还要测量其绝缘性能。测量时可用万用表 $R \times 10k$ 档测线圈与屏蔽罩之间的绝缘电阻值，此值应趋于无穷大。

（3）电感器的选用

1）按工作频率的要求选择某种结构的电感器。用于音频段的电感器一般要用带铁心（硅钢片或坡莫合金）或低氧铁体磁心的。用于几百千赫到几兆赫间的电感器最好用铁氧体磁心，并以多股绝缘线绕制。用于几兆赫到几十兆赫的电感器时，宜选用单股镀银粗铜线绕制，且磁心要采用短波高频铁氧体的，也常用空心电感器。在一百兆赫以上时一般不能选用铁氧体磁心的电感器，只能用空心电感器。如要作微调，可用铜心的电感器。

2）因为电感器的骨架材料与电感器的损耗有关，因此用在高频电路里的电感器，通常应选用高频损耗小的高频瓷作骨架。对于要求不高的场合，可选用塑料、胶木和纸作骨架的电感器，它们不仅价格低廉，而且制作方便，重量小。

3）在选用电感器时必须考虑机械结构是否牢固，不应使线圈松脱，引线接点活动等。

2.3.2 变压器

变压器是将两组或两组以上的线圈绕在同一个线圈骨架上，或绕在同一铁心上制成的。

1. 变压器的分类

变压器是利用两个线圈绕组的互感原理来传递交流电信号和电能，同时能变换前、后级阻抗的元件。

（1）按变压器的铁心和线圈结构分 有心式变压器和壳式变压器等。

大功率变压器以心式结构为多，小功率变压器常采用壳式结构。

（2）按变压器的使用频率分 有高频变压器、中频变压器和低频变压器。

高频变压器一般在收音机和电视机中做阻抗变换器，如收音机的天线线圈等；常见的中频变压器又称中周，工作于收音机或电视机的中频放大电路中；常见的低频变压器又可分为音频变压器和电源变压器两种。

常见变压器的符号如图 2-13 所示，常见变压器的外形如图 2-14 所示。

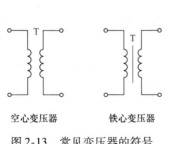

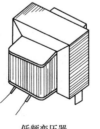

空心变压器　　　铁心变压器

低频变压器　　　高频变压器　　中频变压器

图 2-13　常见变压器的符号　　　　　图 2-14　常见变压器的外形

2. 变压器的命名

变压器的型号由三部分组成：

第一部分：主称，用字母表示，见表2-12。

第二部分：功率，用数字表示，计量单位用 V·A 或 W 标志。

第三部分：序号，用数字表示。

示例：DB-60-2 表示为60V·A 电源变压器。

表2-12 变压器型号主称字母的含义

字　母	含　义
DB	电源变压器
CB	音频输出变压器
RB	音频输入变压器
GB	高压变压器
HB	灯丝变压器
SB 或 ZB	音频(定阻式)输送变压器
SB 或 EB	音频(定压式或自耦式)输送变压器

3. 变压器的主要参数

（1）额定功率　额定功率是指在规定的频率和电压下，变压器长期工作而不超过规定的温升的最大输出功率，单位为 V·A（伏·安）。

（2）额定电压比 n　额定电压比是指变压器一、二次绕组的额定电压比。此值近似等于一、二次绕组的匝数比，这个参数表明了该变压器是升压变压器还是降压变压器。

（3）效率 η　在额定负载时，变压器输出功率占输入功率的百分数称为变压器的效率。

（4）温升　温升指变压器通电后，温度上升到稳定值时，变压器温度高出环境温度的数值。这一参数的大小关系到变压器的发热程度，一般要求其值越小越好。变压器的温升一般是55℃，如果外界温度是30℃，则最高温度就是85℃。

变压器的额定功率、额定电压比和效率也都标在外壳上。

4. 变压器的检测

（1）外观检查　外观检查包括能够看得见、摸得到的项目，如电感器引脚是否断线、脱焊，绝缘材料是否烧焦，机械是否损伤和表面破损等。

（2）开路检查　一般中、高频变压器的线圈匝数不多，其直流电阻值应很小，在零点几欧姆至几欧姆之间。音频变压器和电源变压器由于线圈匝数较多，直流电阻值可达几百欧至几千欧以上。用万用表测变压器的直流电阻值只能初步判断变压器是否正常，还必须进行短路检查。

（3）短路检查　高频变压器的局部短路要用专门测量仪器判断。中、高频变压器内部局部短路时，表现为线圈的空载 Q 值下降，整机特性变坏。

由于变压器一、二次绕组之间为交流耦合，所以直流之间是开路的，如果变压器两绕组之间发生短路，那么会造成直流电压直通，可用万用表检测出来。

（4）以小功率电源变压器为例加以说明

1）测直流电阻值。用万用表的 $R\times1$ 档测变压器的一、二次绕组的直流电阻值，可判断绕组有无断路或短路现象。

2）测绝缘电阻值。用绝缘电阻表测绝缘电阻值，其值应大于1MΩ。

3）测输出电压。将电源变压器一次绕组与正弦交流电源（交流50Hz、220V）相连，用万用表测变压器的输出电压。

4）温升。让变压器在额定输出电流下工作一段时间，然后切断电源，用手摸变压器的外壳，即可判断温升情况。如温热，则表明变压器温升符合要求；若感觉非常烫手，则表明变压器温升指标不合要求。

2.3.3 技能训练

1）用万用表测量电感器和变压器。

2）绕制一个电感器。选取直径为 0.12~0.52mm 的漆包线若干米，用一根木棒或纸棒作为骨架，将漆包线按一个方向绕于骨架上，就自制了一个电感器。用 LCR 电桥测量其电感值。

2.4 半导体器件

导电能力介于导体和绝缘体之间的物质称为半导体。例如：锗、硅、硒及大多数金属氧化物。PN 结是由两种不同导电类型的半导体材料组成的，它具有单向导电性。半导体器件都是利用半导体材料和 PN 结的特殊性组成的，包括二极管、晶体管、特殊半导体和集成电路。它们都是组成电子电路的核心器件。

2.4.1 二极管

二极管具有单向导电性，可用于整流、检波、稳压及混频电路中。

1. 分类

（1）按材料来分 二极管按材料可分为锗管和硅管两大类。两者性能区别在于：锗管正向压降比硅管小（锗管为 0.2V，硅管为 0.5~0.8V）；锗管的反向漏电流比硅管大（锗管约为几百微安，硅管小于 1μA）；锗管的 PN 结可承受的温度比硅管低（锗管约为 100℃，硅管约为 200℃）。

（2）按用途来分 二极管按用途不同可分为普通二极管和特殊二极管。普通二极管包括检波二极管、整流二极管、开关二极管；特殊二极管包括稳压二极管、变容二极管、光敏二极管、发光二极管等。

常用二极管的外形及图形符号如图 2-15 所示，特性见表 2-13。

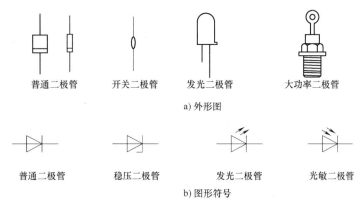

图 2-15　常用二极管的外形及图形符号

表 2-13　常用二极管特性表

名称	原理特性	用途	常用型号
整流二极管	多用硅半导体制成，利用 PN 结单向导电性	把交流电变成脉动直流，即整流	2CP、2CZ、1N4001～4007、1N5391～5399、1N5400～5408
检波二极管	常用点接触式，高频特性好	把调制在高频电磁波上的低频信号检出来	2AP、1N34A、1N60P、KV1471
稳压二极管	利用二极管反向击穿时，两端电压不变原理	稳压限幅，过载保护，广泛用于稳压电源装置中	2CW、2DW、1N708～728、1N748、1N752～755
开关二极管	利用正偏压时二极管电阻值很小，反偏压时电阻值很大的单向导电性	在电路中对电流进行控制，起到接通或关断的开关作用	2AK1～14、2CK9～19、1N4148、1N4448
变容二极管	利用 PN 结电容随加到管子上的反向电压大小而变化的特性	在调谐等电路中取代可变电容器	2CC12A、BB910、BB202、BB729、KV1330A-2、KV1310-3
发光二极管	正向电压为 1.5～3V 时，只要正向电流通过，就可发光	用于指示，可组成数字或符号的 LED 数码管	2EF 系列、BT 系列、FG 系列
光敏二极管	将光信号转换成电信号，有光照时其反向电流随光照强度的增加而正比上升	用于光的测量或作为能源即光电池	BPW34、BPX48、2CU2、2CU3S、2CU3C、2CU3、2CU5、2CU5S、2CU8、2AU、PD204-6B、BPD-BQA331

2. 二极管的型号命名

根据国家 GB/T 249—1989，二极管和晶体管的型号由五部分组成，详见表 2-14。

表 2-14　半导体分立器件型号命名方法

第一部分		第二部分		第三部分		第四部分	第五部分
用数字表示器件的电极数		用字母表示器件的材料和极性		用字母表示器件的类别		用数字表示器件的序号	用字母表示规格号
符号	含义	符号	含义	符号	含义	含义	含义
2	二极管	A	N 型锗材料	P	小信号管		
		B	P 型锗材料	V	混频检波管		
		C	N 硅材料	W	电压调整管和电压基准管		
		D	P 硅材料	C	变容管		
3	晶体管	D	P 型,硅材料	Z	整流管		
		A	PNP 型,锗材料	L	整流堆		
		B	NPN 型,锗材料	S	隧道管		
		C	PNP 型,硅材料	K	开关管		
		D	NPN 型,硅材料	X	低频小功率晶体管 $(f_a<3\text{MHz},P_c<1\text{W})$		
		E	化合物材料	G	高频小功率晶体管 $(f_a<3\text{MHz},P_c<1\text{W})$		
				D	低频大功率晶体管 $(f_a<3\text{MHz},P_c\geq1\text{W})$		
				A	高频大功率晶体管 $(f_a\geq3\text{MHz},P_c\geq1\text{W})$		
				T	闸流管		
				Y	体效应管		
				B	雪崩管		
				J	阶跃恢复管		

3. 主要技术参数

反映二极管性能的参数较多，且不同类型二极管的主要参数种类也不一样，下面以普通二极管为例，介绍几个主要电参数。

（1）最大整流电流 I_F　在正常工作的情况下，二极管允许通过的最大正向平均电流称为最大整流电流 I_F。使用时二极管的平均电流不能超过这个数值。

（2）最高反向电压 U_{RM}　反向加在二极管两端，而不致引起 PN 结击穿的最大电压称为最高反向电压 U_{RM}，工作电压仅为击穿电压的 1/2 ~ 1/3，工作电压的峰值不能超过 U_{RM}。

（3）最大反向电流 I_{RM}　因载流子的漂移作用，二极管截止时仍有反向电流，该电流受温度及反向电压的影响。I_{RM} 越小，二极管质量越好。

（4）最高工作频率　指保证二极管单向导电作用的最高工作频率，若信号频率超过此值，则二极管的单向导电性将变坏。

4. 判别与选用

（1）极性识别方法　常用二极管的外壳上均印有型号和标记，标记箭头所指的方向为阴极。有的二极管只有一个白色环，有色环的一端为阴极，如图 2-16a 所示。有的带定位标志，如图 2-16b 所示，判别时，观察者面对管底，由定位销起，按顺时针方向，引出线依次为阳极和阴极。有的二极管管壳是透明玻璃管，则可看到连接触丝的一端为阳极。

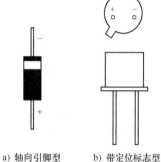

a) 轴向引脚型　　b) 带定位标志型

图 2-16　二极管极性识别示意图

（2）检测方法

1）单向导电性的检测。用万用表同一欧姆档测量二极管的正、反向电阻值，有以下几种情况：

① 若测得的反向电阻值（几百千欧）和正向电阻值（几千欧）之比值在 100 以上，则表明二极管性能良好。

② 若测得反、正向电阻值之比为几倍甚至几十倍，则表明二极管单向导电性不佳，不宜使用。

③ 若测得正、反向电阻值为无限大，则表明二极管断路。

④ 若测得正、反向电阻值均为零，则表明二极管短路。测量时需注意，检测小功率二极管时应将万用表置于 $R \times 100$ 或 $R \times 1k$ 档，检测中、大功率二极管时，可将量程置于 $R \times 1$ 或 $R \times 10$ 档。

2）二极管极性判断。当二极管外壳标志不清楚时，可以用万用表来判断极性。以指针式万用表为例，将万用表的两只表笔分别接触二极管的两个电极，若测出的电阻值为几十欧、几百欧或几千欧，则黑色表笔所接触的电极为二极管的阳极，红色表笔所接触的电极是二极管的阴极，如图 2-17a 所示。若测出来的电阻值为几十千欧至几百千欧，则黑色表笔所接触的电极为二极管的阴极，红色表笔所接触的电极为二极管的阳极，如图 2-17b 所示。若万用表为数字式万用表，则用测量二极管的档位（ ➡ 档）测量，若读数为二极管正向压降的近似值（硅整流二极管为几百毫伏），则红表笔所接触的电极为二极管的阳极，黑表笔所接触的电极是二极管的阴极；若读数为无穷大，则红表笔对应着二极管的阴极，黑表笔对应着二极管的阳极。

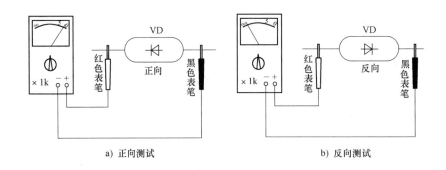

a) 正向测试　　　　　　　　　　　　　b) 反向测试

图 2-17　二极管极性判断示意图

（3）二极管的选用

1）类型选择：按照用途选择二极管的类型。如用作检波可以选择点接触型普通二极管；用作整流可以选择面接触型普通二极管或整流二极管；用作光电转换可以选用光敏二极管；在开关电路中应选用开关二极管等。

2）参数选择：用在电源电路中的整流二极管，通常考虑两个参数，即 I_F 与 U_{RM}。在选择的时候应适当留有余量。

3）材料选择：选择硅管还是锗管，可以按照以下原则决定：要求正向压降小的选锗管；要求反向电流小的选择硅管；要求反向电压高、耐高压的选择硅管。

2.4.2　桥堆

1. 桥堆的结构特点

为了方便地完成整流，一般通过将多个整流二极管组合在一起而构成桥堆来实现。桥堆分为全桥与半桥，半桥是由两只整流二极管封装在一起并引出三个引脚；全桥是由四只整流二极管按桥式全波整流电路的形式连接并封装为一体构成的。最常用的是四脚桥堆，如图2-18所示，其中有两个脚标示"～"，是交流电压输入端，还有两个脚是"＋"和"－"端，为整流后输出电压的输出端，其中"＋"为输出电压的正极，"－"为负极。

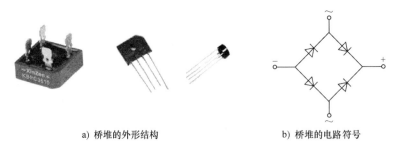

a) 桥堆的外形结构　　　　　　　　　　b) 桥堆的电路符号

图 2-18　桥堆的外形结构及电路符号

2. 桥堆的故障现象

桥堆的常见故障有开路故障和击穿故障。

（1）开路故障　当桥堆的内部有一只或两只二极管开路时，整流输出的直流电压将明显降低。

（2）击穿故障　若桥堆中有一只二极管击穿，会造成交流回路中的熔丝管烧坏，导致电源变压器发烫甚至烧坏。

3. 桥堆的判别与检测

（1）桥堆的极性识别　桥堆的外壳上一般都标识出引脚的极性，例如：交流输入端标识为"AC"或"～"，直流输出端标识为"＋"和"－"。

（2）桥堆的检测　万用表置 $R \times 1k$ 档，黑色表笔接桥堆的任意引脚，红色表笔先后测其余三只脚，如果读数均为无穷大，则黑色表笔所接引脚为桥堆的输出正极；将红、黑色表笔交换后再测试，如果读数均为 $4 \sim 10k\Omega$，则黑色表笔所接引脚为桥堆的输出负极，其余的两引脚为桥堆的交流输入端。

2.4.3　晶体管

晶体管，又称双极型晶体管，是一种控制电流的半导体器件，可用来对微弱信号进行放大和作无触点开关。它具有结构牢固、寿命长、体积小、耗电低等一系列优点，故在各个领域得到广泛应用。

1. 分类

（1）按材料分　晶体管可分为硅晶体管、锗晶体管。

（2）按结构分　晶体管可分为 PNP 型和 NPN 型晶体管。锗晶体管多为 PNP 型，硅晶体管多为 NPN 型。

（3）按用途分　依工作频率可分为高频（$f_T > 3MHz$）、低频（$f_T < 3MHz$）和开关晶体管。依功率又可分为大功率（$P_C > 1W$）、中功率（P_C 为 $0.5 \sim 1W$）和小功率晶体管（$P_C < 0.5W$）。

常用晶体管的外形及符号如图 2-19 所示。

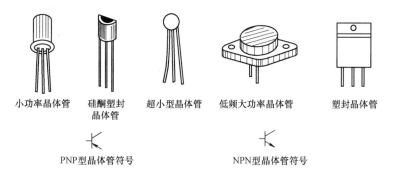

图 2-19　常用晶体管的外形及符号

2. 型号命名

国产晶体管型号由五部分组成，详见表 2-14。

示例：3AG11C 表示锗 PNP 型高频小功率晶体管，序号为 11，规格号为 C。

目前市场上，常用的晶体管很多为进口的，如 9011、9012、8050、8550、A562、2N6275、DU208A 等来自韩国、日本、美国及欧洲地区。他们生产的晶体管，有着各自的命名方法。

市场上常见的韩国三星电子公司的产品，是以四位数字来标识型号的，如 9011、9013、9014、9016、9018、8050 等是 NPN 型晶体管，9012、9015、8550 等是 PNP 型晶体管。常见的日本、美国和欧洲生产的晶体管型号命名方法见表 2-15，若要进一步了解晶体管的特性参数，应查阅有关的手册。

表 2-15　进口晶体管型号命名方法

生产地 ＼ 型号部分	第一部分	第二部分	第三部分	第四部分	第五部分	备注
日本	2	S	A：PNP 型高频管 B：PNP 型低频管 C：NPN 型高频管 D：NPN 型低频管	两位数字表示登记序号	用 A、B、C 表示对原型号的改进	不标识硅、锗材料及功率大小
美国	2	N	多位数字表示登记序号			不标识材料、极性及功率大小
欧洲	A：锗材料 D：硅材料	C：低频小功率 D：低频大功率 F：高频小功率 L：高频大功率 S：小功率开关管 U：大功率开关管	三位数字表示登记序号	β 参数分档标志		不标识 PNP 或 NPN 极性

3. 主要参数

表征晶体管特性的参数很多，可大致分为三类，即直流参数、交流参数和极限参数。

（1）直流参数

1）共发射极电流放大倍数 h_{FE}（或 $\bar{\beta}$）。它指集电极电流 I_C 与基极电流 I_B 之比，即 $\bar{\beta} = I_C/I_B$。

2）集电极-发射极反向饱和电流 I_{CEO}。它指基极开路时，集电极与发射极之间加上规定的反向电压时的集电极电流，又称穿透电流。它是衡量晶体管热稳定性的一个重要参数，其值越小，则晶体管的热稳定性越好。

3）集电极-基极反向饱和电流 I_{CBO}。它指发射极开路时，集电极与基极之间加上规定的电压时的集电极电流。良好晶体管的 I_{CBO} 应很小，通常为微安级。

（2）交流参数

1）共发射极交流电流放大系数 h_{FE}（β）。它指在共发射极电路中，集电极电流变化量 $\triangle I_C$ 与基极电流变化量 $\triangle I_B$ 之比，即 $\beta = \triangle I_C/\triangle I_B$。

2）共发射极截止频率 f_β。它是指电流放大系数 β 因频率增高而下降至低频电流放大系数的 0.707 时的频率，即 β 值下降了 3dB 时的频率。

3）特征频率 f_T。它是指 β 值因频率升高而下降至 1 时的频率。

（3）极限参数

1）集电极最大允许电流 I_{CM}。它是指晶体管参数变化不超过规定值时，集电极允许通过的最大电流。当晶体管的实际工作电流大于 I_{CM} 时，管子的性能将显著变差。

2）集电极-发射极反向击穿电压 $U_{(BR)CEO}$。它是指基极开路时，集电极与发射极间的反向击穿电压。

3）集电极最大允许功率损耗 P_{CM}。它指集电结允许功耗的最大值，其大小决定于集电结的最高结温。

4. 判别与选用

（1）放大倍数与极性的识别方法　一般情况下可以根据命名规则从晶体管管壳上的符号辨别出它的型号和类型。对于小功率晶体管来说，有金属外壳和塑料外壳封装两种。对于金属外壳封装，如果管壳上带有定位销，那么将管底朝上，从定位销起，按顺时针方向，三根电极依次为 E、B、C；如果管壳上无定位销，且三根电极在半圆内，我们将有三根电极的半圆置于上方，按顺时针方向，三根电极依次为 E、B、C。如图 2-20a、b 所示。对于大功率晶体管，外形一般分为 F 型和 G 型两种，如图 2-20c、d 所示。对于 F 型管，从外形上只能看到两根电极，我们将管底朝上，两根电极置于左侧，则上为 E，下为 B，底座为 C。G 型管的三个电极一般在管壳的顶部，我们将管底朝下，三根电极置于左方，从最下电极起，沿顺时针方向依次为 E、B、C。

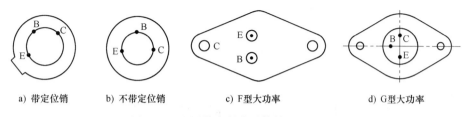

| a) 带定位销 | b) 不带定位销 | c) F型大功率 | d) G型大功率 |

图 2-20　金属外壳封装晶体管电极的识别

塑料外壳封装的晶体管，对于无金属散热片的，三根电极置于下方，将印有型号的侧平面正对观察者，从左到右，三根电极依次为 E、B、C，如图 2-21a 所示。对于有金属散热片的，三根电极置于下方，将印有型号的一面正对观察者，从左到右，三根电极依次为 B、C、E，如图 2-21b 所示。

晶体管的管脚必须正确确认，否则接入电路中不但不能正常工作，还可能烧坏管子。

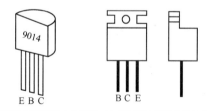

a) 塑封无金属散热片中小功率　b) 塑封带金属散热片大功率

图 2-21　塑料外壳封装晶体管电极识别

（2）晶体管的检测方法

1）利用万用表判别晶体管管脚

① 先判别基极 B 和晶体管的类型。将万用表欧姆档置于 $R \times 100$ 或 $R \times 1k$ 档，先假设晶体管的某极为"基极"，并将黑色表笔接在假设的基极上，再将红色表笔先后接到其余两个电极上，如果两次测得的电阻值都很大（或都很小），而对换表笔后测得两个电阻值都很小（或都很大），则可以确定假设的基极是正确的。如果两次测得的电阻值是一大一小，则可肯定假设的基极是错误的，这时就必须重新假设另一电极为"基极"，再重复上述的测试。

当基极确定以后，将黑色表笔接基极，红色表笔分别接其他两极，此时，若测得的电阻值都很小，则该晶体管为 NPN 型晶体管；若测得的电阻值都很大，则为 PNP 型晶体管。

② 再判别集电极 C 和发射极 E。以 NPN 型晶体管为例，将万用表黑色表笔接到假设的

集电极 C 上，红色表笔接到假设的发射极 E 上，并且用手握住 B 和 C 极（不能用力，B、C 极不直接接触），通过人体，相当于在 B、C 极之间接入偏置电阻。读出万用表所示 C、E 极之间的电阻值，然后将红色、黑色两表笔反接重测，若第一次电阻值比第二次小，则说明原假设成立，即黑色表笔所接的是集电极 C，红色表笔接的是发射极 E。因为 C、E 极之间电阻值小，则说明通过万用表的电流大，如图 2-22 所示。

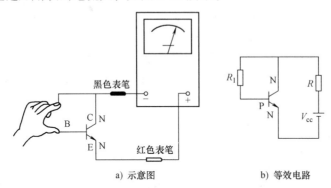

a) 示意图　　　　　　　　b) 等效电路

图 2-22　判别晶体管 C、E 电极的原理图

2) 晶体管性能简单测试

① 检查穿透电流 I_{CEO} 的大小。以 NPN 型晶体管为例，将基极 B 开路，测量 C、E 极之间的电阻。万用表红色表笔接发射极，黑色表笔接集电极，若阻值较高（几十千欧以上），则说明穿透电流较小，管子能正常工作。若 C、E 极间电阻小，则穿透电流大，受温度影响大，工作不稳定，在技术指标要求高的电路中不能用这种管子。若测得阻值接近 0，则表明管子已被击穿。若阻值为无穷大，则说明管子内部已断路。

② 检查直流放大系数 $\bar{\beta}$ 的大小。在集电极 C 与基极 B 之间接入 100kΩ 的电阻 R_B，测量 R_B 接入前后发射极和集电极之间的电阻。万用表红色表笔接发射极，黑色表笔接集电极，电阻值相差越大，则说明 $\bar{\beta}$ 越高。

一般的数字万用表都具备测 $\bar{\beta}$ 的功能，将晶体管插入测试孔中，即可从表头刻度盘上直接读出 $\bar{\beta}$ 值。若依此法来判别发射极和集电极也很容易，只要将 E、C 管脚对调一下，表针偏转较大的那一次插脚正确，从万用表插孔旁标记即可辨别出发射极和集电极。

（3）晶体管的选用原则

1) 类型选择。按用途选择晶体管的类型。如按工作频率分，电路可分低频放大和高频放大电路，应选用相应的低频管或高频管；若要求管子工作在开关状态，则应选用开关管。根据集电极电流和耗散功率的大小，可分别选用小功率管或大功率管，一般集电极电流在 0.5A 以上，集电极耗散功率在 1W 以上的，选用大功率晶体管，以下者，选用小功率晶体管。习惯上也有把集电极电流 0.5 ~ 1A 的称为中功率晶体管，而 0.1A 以下的称小功率晶体管。还有按电路要求，选用 NPN 型或 PNP 型晶体管等。

2) 参数选择。对放大管，通常必须考虑四个参数 β、$U_{(BR)CEO}$、I_{CM} 和 P_{CM}，一般希望 β 大，但并不是越大越好，需根据电路要求选择 β 值。β 太高，易引起自激振荡，工作稳定性差，受温度影响也大，通常选 β 在 40 ~ 100 之间。$U_{(BR)CEO}$、I_{CM} 和 P_{CM} 是晶体管极限参数，电路的估算值不得超过这些极限参数。

2.4.4　场效应晶体管

场效应晶体管（Field Effect Transistor，FET）是一种电压控制的半导体器件。它属于电压控制型半导体器件，具有输入阻抗高（$10^8 \sim 10^9 \Omega$）、噪声小、功耗低、动态范围大、易于集成、没有二次击穿现象、安全工作区域宽等优点。它与晶体管一样也有三个电极，分别叫作源极（S 极，与晶体管的发射极相似），栅极（G 极，与基极相似）和漏极（D 极，与集电极相似）。

1. 场效应晶体管的分类

场效应晶体管可以分成两大类：一类为结型场效应晶体管，简写为 JFET；另一类为绝缘栅场效应晶体管，简称为 MOS 场效应晶体管。同晶体管有 NPN 型和 PNP 型两种极性类型相似，场效应晶体管根据其沟道所采用的半导体材料不同，又可分为 N 型沟道和 P 型沟道两种。绝缘栅场效应晶体管又可分为增强型和耗尽型两种。

场效应晶体管的电路符号如图 2-23 所示。

a) N沟道结型场效应晶体管　　b) P沟道结型场效应晶体管　　c) NMOS场效应晶体管　　d) PMOS场效应晶体管

图 2-23　场效应晶体管的电路符号

2. 场效应晶体管的型号命名方法

现行的命名方法有两种。第一种命名方法与双极型晶体管相同，第三位字母 J 代表结型场效应晶体管，O 代表绝缘栅场效应晶体管。第二位字母代表材料，D 是 P 型硅，反型层是 N 沟道；C 是 N 型硅，反型层是 P 沟道。例如，3DJ6D 是结型 N 沟道场效应晶体管，3DO6C 是绝缘栅 N 沟道场效应晶体管。第二种命名方法是 CS××#，CS 代表场效应晶体管，×× 以数字代表型号的序号，#用字母代表同一型号中的不同规格。例如 CS14A、CS45G 等。

3. 场效应晶体管的主要参数

场效应晶体管的参数很多，包括直流参数、交流参数和极限参数，但一般使用时关注以下主要参数。

（1）饱和漏源电流 I_{DSS}　它是指结型或耗尽型绝缘栅场效应晶体管中，栅源电压 $U_{GS} = 0$ 时的漏源电流。

（2）夹断电压 $U_{(GS)off}$　它是指结型或耗尽型绝缘栅场效应晶体管中，使漏源间刚截止时的栅源电压。

（3）开启电压 $U_{(GS)th}$　它是指增强型绝缘栅场效应晶体管中，使漏源间刚导通时的栅源电压。

（4）跨导 g_m　它是表示栅源电压 U_{GS} 对漏极电流 I_D 的控制能力，即漏极电流 I_D 变化量与栅源电压 U_{GS} 变化量的比值。g_m 是衡量场效应晶体管放大能力的重要参数。

（5）漏源击穿电压 $U_{(BR)DS}$　它是指栅源电压 U_{GS} 一定时，场效应晶体管正常工作所能承受的最大漏源电压。这是一项极限参数，加在场效应晶体管上的工作电压必须小于 $U_{(BR)DS}$。

（6）最大耗散功率 P_{DM}　它也是一项极限参数，是指场效应晶体管性能不变坏时所允许的最大漏源耗散功率。使用时，场效应晶体管实际功耗应小于 P_{DM} 并留有一定余量。

（7）最大漏源电流 I_{DM}　它是一项极限参数，是指场效应晶体管正常工作时，漏源间所允许通过的最大电流。场效应晶体管的工作电流不应超过 I_{DM}。

4. 场效应晶体管的测试

（1）结型场效应晶体管的管脚识别　将指针式万用表的黑色表笔任意接触一个电极，红色表笔依次去接触其余的两个电极，测其电阻值；然后黑色表笔依次换到另两个电极，红色表笔照做。当出现两次测得的电阻值近似相等时，则黑色表笔所接触的电极为栅极，其余两电极分别为漏极和源极。若两次测得的电阻值均很大，则说明是 PN 结的反向，即都是反向电阻，可以判定是 N 沟道场效应晶体管；若两次测得的电阻值均很小，则说明是正向 PN 结，即都是正向电阻，可以判定为 P 沟道场效应晶体管。若不出现上述情况，可以调换黑色、红色表笔按上述方法进行测试，直到判别出栅极为止。

注意不能用此法判定绝缘栅场效应晶体管的栅极。因为这种管子的输入电阻极高，栅源间的极间电容又很小，测量时只要有少量的电荷，就可在极间电容上形成很高的电压，容易将管子损坏。

（2）估测场效应晶体管的放大能力　将万用表拨到 $R \times 100$ 档，红色表笔接源极 S，黑色表笔接漏极 D，相当于给场效应晶体管加上 1.5V 的电源电压。这时表针指示出的是 D、S 极间电阻值。然后用手指捏住栅极 G，将人体的感应电压作为输入信号加到栅极上。由于管子的放大作用，U_{DS} 和 I_D 都将发生变化，也相当于 D、S 极间的电阻值发生变化，可观察到表针有较大幅度的摆动。如果手捏栅极时表针摆动幅度很小，则说明管子的放大能力较弱；若表针不动，则说明管子已经损坏。

本方法也适用于测 MOS 管。为了保护 MOS 场效应晶体管，必须用手握住螺钉旋具的绝缘柄，用金属杆去碰栅极，以防止人体感应电荷直接加到栅极上，将管子损坏。MOS 管每次测量完毕，GS 结电容上会充有少量电荷，建立起电压 U_{GS}，再接着测时表针可能不动，此时将 G、S 极间短路一下即可。

目前常用的结型场效应晶体管和 MOS 型绝缘栅场效应晶体管的管脚顺序如图 2-24 所示。

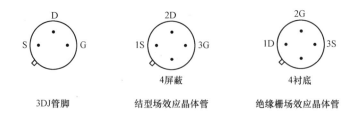

图 2-24　结型场效应晶体管和 MOS 型绝缘栅场效应晶体管的管脚顺序

2.4.5　晶闸管

晶闸管的特点是：只要门极中通以几毫安至几十毫安的电流就可以触发器件导通，器件中就可以通过较大的电流。利用这种特性，晶闸管可用于整流、开关、变频、交直流变换、电机调速、调温、调光及其他自控电路中。晶闸管外形图及符号如图 2-25、图 2-26 所示。图中 A 为单向晶闸管阳极，K 为阴极，G 为门极；T_1 为双向晶闸管第一阳极，T_2 为第二阳极。

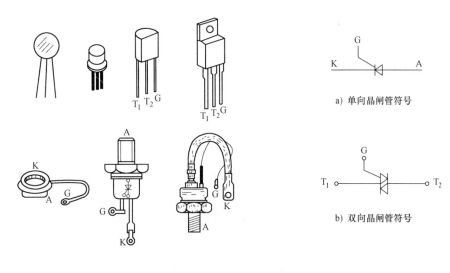

a) 单向晶闸管符号

b) 双向晶闸管符号

图 2-25　晶闸管外形图　　　　　　图 2-26　晶闸管符号

1. 晶闸管的种类

晶闸管有多种分类方法。

1）按关断、导通及控制方式分为普通晶闸管、双向晶闸管、逆导晶闸管、门极关断晶闸管（GTO）、BTG 晶闸管、温控晶闸管和光控晶闸管等多种。

2）按管脚和极性分为二极晶闸管、三极晶闸管和四极晶闸管。

3）按封装形式分为金属封装晶闸管、塑封晶闸管和陶瓷封装晶闸管三种类型。其中，金属封装晶闸管又分为螺栓形、平板形、圆壳形等多种；塑封晶闸管又分为带散热片型和不带散热片型两种。

4）按电流容量分为大功率晶闸管、中功率晶闸管和小功率晶闸管三种。通常，大功率晶闸管多采用金属壳封装，而中、小功率晶闸管则多采用塑封或陶瓷封装。

5）按关断速度分为普通晶闸管和高频（快速）晶闸管。

2. 国产晶闸管的型号命名方法

国产晶闸管的型号命名主要由四部分组成，各部分的含义见表 2-16。

第一部分用字母"K"表示主称为晶闸管。

第二部分用字母表示晶闸管的类别。

第三部分用数字表示晶闸管的额定通态电流值。

第四部分用数字表示重复峰值电压级数。

例如：KP1-2（1A、200V 普通反向阻断型晶闸管），其中 K 表示晶闸管，P 表示普通反向阻断型，1 表示额定通态电流值 1A，2 表示重复峰值电压值 200V。

KS5-4（5A、400V 双向晶闸管），其中 K 表示晶闸管，S 表示双向型，5 表示额定通态电流值为 5A，4 表示重复峰值电压值为 400V。

表 2-16　国产晶闸管的型号命名方法

第一部分		第二部分		第三部分		第四部分	
主称		类别		额定通态电流值		重复峰值电压级数	
字母	含义	字母	含义	数字	含义	数字	含义
K	晶闸管（可控硅）	P	普通反向阻断型	1	1A	1	100V
				5	5A	2	200V
				10	10A	3	300V
				20	20A	4	400V
		K	快速反向阻断型	30	30A	5	500V
				50	50A	6	600V
				100	100A	7	700V
				200	200A	8	800V
		S	双向型	300	300A	9	900V
				400	400A	10	1000V
				500	500A	12	1200V
						14	1400V

3. 晶闸管的主要参数

晶闸管的主要参数有正向转折电压 U_{BO}、正向平均漏电流 I_{FL}、反向漏电流 I_{RL}、断态重复峰值电压 U_{DRM}、反向重复峰值电压 U_{RRM}、正向平均压降 U_F、通态平均电流 I_T、门极触发电压 U_G、门极触发电流 I_G、维持电流 I_H 等。这里不作详细介绍，有兴趣的同学可以查阅相关手册。

4. 晶闸管的检测

（1）单向晶闸管的检测　万用表选电阻 $R×10$ 档，用红色、黑色两表笔分别测任意两管脚间正反向电阻值直至找出读数为数十欧姆的一对管脚，此时黑色表笔所接触的管脚为门极 G，红色表笔所接触的管脚为阴极 K，另一空管脚为阳极 A。

（2）双向晶闸管的检测　选万用表电阻 $R×1$ 档，用红色、黑色两表笔分别测任意两管脚间正反向电阻值，结果两组读数为无穷大，若一组为数十欧姆时，该组红色、黑色表笔所接的两管脚为第一阳极 T_1 和门极 G，另一空管脚即为第二阳极 T_2。确定 T_2 极后，再仔细测量 T_1、G 极间正反向电阻值，读数相对较小的那次测量的黑色表笔所接的管脚为第一阳极 T_1，红色表笔所接管脚为门极 G。

（3）触发能力检测　以单向晶闸管为例，对于小功率（工作电流 5A 以下）普通晶闸管，可用万用表 $R×1$ 档测量。测量时黑色表笔接阳极 A，红色表笔接阴极 K，此时表针不动，显示阻值为无穷大。用镊子或导线将晶闸管的阳极（A）与门极（G）短路，如图 2-27 所示，相当于给 G 极加上正向触发电压，此时若电阻值为几欧姆至几十欧姆，则表明晶闸管因

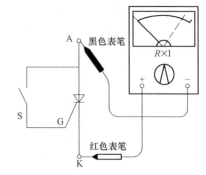

图 2-27　用万用表测试晶闸管的触发能力

正向触发而导通。再断开 A 极与 G 极的连接（A、K 极上的表笔不动，只将 G 极的触发电压断掉）。若表针指示值仍保持不变，则说明此晶闸管的触发性能良好。

2.4.6　单结晶体管

单结晶体管的外形很像晶体管，它也有三个电极，称为发射极 E、第一基极 B1、第二基极 B2，又叫双基极二极管。因为只有一个 PN 结所以又称为单结晶体管，其结构示意图及符号如图 2-28a、b 所示，图中发射极箭头指向 B1，表示经 PN 结的电流只流向 B1 极。单结晶体管的等效电路如图 2-28c 所示，R_{B1} 表示 E 与

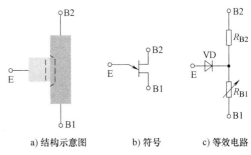

a) 结构示意图　　b) 符号　　c) 等效电路

图 2-28　单结晶体管的结构示意图、符号和等效电路

B1 之间的等效电阻，它的阻值受 E 与 B1 间电压的控制，所以等效为可变电阻。两个基极之间的电阻用 R_{BB} 表示，即 $R_{BB} = R_{B1} + R_{B2}$，R_{B1} 与 R_{BB} 的比值称为分压比 $\eta = R_{B1}/R_{BB}$，η 一般在 $0.3 \sim 0.8$ 之间。

判断单结晶体管发射极 E 的方法是：把万用表置于 $R \times 100$ 档或 $R \times 1k$ 档，黑色表笔接假设的发射极，红色表笔接另外两极，当出现两次低电阻时，黑色表笔接的就是单结晶体管的发射极。单结晶体管 B1 和 B2 的判断方法是：把万用表置于 $R \times 100$ 档或 $R \times 1k$ 档，用黑色表笔接发射极，红色表笔分别接另外两极，两次测量中，电阻大的一次，红色表笔接的就是 B1 极。

2.4.7　技能训练

1. 用万用表测二极管

1）用万用表判别二极管的极性。

2）将万用表分别置 $R \times 10$、$R \times 100$、$R \times 1k$ 档，观察二极管 2AP9、2CP10、1N4001 的正反向电阻值变化情况。

2. 用万用表测晶体管

1）极性的判别：任选 PNP、NPN 型晶体管 10 只，由学生用万用表判别各管的管型及管脚。

2）β 值的测量：任选 PNP、NPN 型晶体管 10 只（编号），由学生用万用表 HFE 档，测量各管的 β 值，并按编号做好记录。

3. 将判别、测量结果填入表 2-17 中

表 2-17　半导体器件判别、测量表

	测量项 值 型号	$R \times 1k$		$R \times 100$		$R \times 10$		质量判别	
		正向	反向	正向	反向	正向	反向	好	坏
二极管 测量	2AP9								
	2CP10								
	1N4001								

（续）

晶体管测量	晶体管编号 测量项	1	2	3	4	5	6	7	8	9	10
	外形及各管脚极性										
	β 值										
判别测量中出现的问题											

2.5　半导体集成电路

集成电路（Integrated Circuit，IC）采用一定的工艺，把一个电路中所需的晶体管、二极管、电阻、电容和电感等元器件及布线互连一起，制作在一小块或几小块半导体晶片或介质基片上，然后封装在一个管壳内，成为具有所需电路功能的微型结构。其中所有元器件在结构上已组成一个整体，整个电路的体积大大缩小，且引出线和焊接点的数目也大为减少，从而使集成电路向着微小型化、低功耗和高可靠性方面迈进了一大步。用集成电路来装配电子设备，其装配密度比晶体管可提高几十倍至几千倍，设备的稳定工作时间也可大大延长。

2.5.1　集成电路分类

1. 按制造工艺分

集成电路可分为半导体集成电路、薄膜集成电路和由两者组合而成的混合集成电路。其中发展最快，品种最多，产量最大，应用最广的是半导体集成电路，它又可分为双极型 IC 和单极型 IC。

2. 按功能分

集成电路分为数字集成电路、模拟集成电路、接口集成电路、特殊集成电路。数字集成电路包括 TTL、HTL、CEL、CMOS 集成电路等。模拟集成电路包括集成运算放大器、集成稳压电路、集成功率放大器、集成音响电视电路、集成模拟乘法器等。接口集成电路包括电平转换器、线性驱动器等。特殊集成电路包括集成传感器、集成通信电路等。

3. 按集成度来分

集成电路分为小规模集成电路、中规模集成电路、大规模集成电路和超大规模集成电路。小规模集成电路（SSI）指每片的集成度少于 100 个元器件或 10 个门电路。中规模集成电路（MSI）指每片的集成度为 100～1000 个元器件或 10～100 个门电路。大规模集成电路（LSI）指每片的集成度为 1000 个以上元器件或 100 个以上门电路。超大规模集成电路（VLSI）指每片的集成度为 10 万个以上元器件或 1 万个以上门电路。

4. 按封装形式分

有圆形金属封装、陶瓷扁平封装和双列直插式封装等。圆形金属封装这种形式适用于大功率集成电路。陶瓷扁平封装这种形式稳定性好，体积小。双列直插式封装这种形式有利于大规模生产进行焊接。常见集成电路封装形式如图 2-29 所示。

2.5.2 集成电路型号命名

国产半导体集成电路的型号一般由以下五部分组成，详见表2-18。

第一部分：用字母 C 表示中国制造。

第二部分：器件的类型用字母表示。

第三部分：器件的系列和品种代号用数字和字母表示。

第四部分：器件的工作温度范围用字母表示。

第五部分：器件的封装形式用字母表示。

双列直插式封装

单列直插式封装

TO-5型封装

F 型封装

扁平陶瓷封装

图 2-29　常见集成电路封装形式

示例：CT74LS160CJ 表示 TTL 低功耗十进制计数器，工作温度为 0~70℃，采用黑瓷双列直插式封装。

表 2-18　集成电路的型号命名法

第一部分	第二部分	第三部分	第四部分	第五部分
	器件类型	用阿拉伯数字和字母表示器件系列和品种	工作温度范围	封装形式
C:中国国标产品	T:TTL 电路	其中 TTL 分为：54/74×××① 54/74H×××② 54/74L×××③ 54/74S×××④ 54/74LS×××⑤ 54/74AS×××⑥ 54/74ALS×××⑦ 54/74F×××⑧ CMOS 为：4000 系列 54/74HC×××⑨ 54/74HCT×××⑩ ……	C:0~70℃	F:多层陶瓷扁平封装
	H:HTL 电路		G：-25~70℃	B:塑料扁平封装
	E:ECL 电路		L：-25~85℃	H:黑瓷扁平封装
	C:CMOS 电路		E：-40~85℃	D:多层陶瓷双列直插封装
	M:存储器		R：-55~85℃	J:黑瓷双列直插式封装
	μ:微型机电路		M：-55~85℃	P:塑料双列直插式封装
	F:线性放大器			S:塑料单列直插式封装
	W:稳压器			T:金属圆壳封装
	D:音响、电视电路			K:金属菱形封装
	B:非线性电路			C:陶瓷芯片载体封装
	J:接口电路			E:塑料芯片载体封装
	AD:A-D 转换器			G:网格陈列封装
	DA:D-A 转换器			……
	SC:通信专用电路			SOIC:小引线封装
	SW:钟表电路			LCC:陶瓷芯片载体封装
	SJ:机电仪电路			
	SS:敏感电路			PCC:塑料芯片载体封装
	SF:复印机电路 ……			

① 74：国际通用 74 系列（民用）。
　54：国际通用 54 系列（军用）。
② H：高速系列。
③ L：低功耗系列。
④ S：肖特基系列。
⑤ LS：低功耗肖特基系列。

⑥ AS：先进肖特基系列。
⑦ ALS：先进低功耗肖特基系列。
⑧ F：快速。
⑨ HC：高速。
⑩ HCT：与 TTL 电平兼容的 HCMOS 系列。

2.5.3　集成电路的引脚识别

使用集成电路前，必须认真查对和识别集成电路的引脚，确认电源、地、输入、输出、控制的引脚编号，以免因错接而损坏器件。引脚排列的一般规律为如下几种。

圆形集成电路：识别时，面向引脚正视，从定位销顺时针方向依次为1、2、3、……，如图2-30a所示。

扁平和双列直插式集成电路：将文字符号标记正放（有的集成电路上有一圆点或旁边有一缺口作为记号的，将缺口或圆点置于左方），由顶部俯视，从左下脚起，按逆时针方向数，依次为1、2、3……，如图2-30b所示。

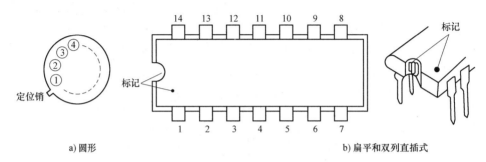

a) 圆形　　　　　　　　　　　　　　　　　　　　b) 扁平和双列直插式

图 2-30　集成电路外引脚的识别

2.5.4　数字集成电路的使用常识

1. 数字集成电路的性能检测

为了保证数字集成电路系统长期稳定可靠的工作，精心检测所采用的数字集成电路器件是必不可少的步骤。这种检测包括对逻辑功能的检测和必要时对某些参数的检测。不仅在使用器件前必须确切地知道数字集成电路的逻辑功能是否正常，而且在测试电路的过程中若发现有某些问题或故障时，有时还需要检测其逻辑功能。一般情况下，在实训中主要检测器件的逻辑功能是否正确，而对器件参数的测试仅在必要时进行。数字集成电路器件逻辑功能的检测分静态测量和动态测量两个步骤，应当遵循的原则是"先静态，后动态"。

（1）静态测试　静态测试的方法是：在规定的电源电压范围内，在输出端不接任何负载情况下，将各输入端分别接入一定的电平，测量输入、输出端的高低电平是否符合规定值，并按真值表判断逻辑关系是否正确。静态测试可以用数字逻辑实验箱、逻辑电平笔、万用表等来完成。下面介绍用万用表完成静态测试的步骤：

1）将器件插入面包板上的插座中，接好电源电压。

2）把各输入端分别接地（为逻辑0）或接电源（为逻辑1），按真值表规定的输入端逻辑电平分别测量输出电压值，判断器件的逻辑功能是否正确。

3）对于时钟输入端可用"先接地，瞬间接电源"的方法来实现。进行静态测试时，如果发现器件的逻辑关系不符，不能就此轻易判定此器件有问题而不能用，此时应作如下检查。

①电源是否确实接入，电源电压值是否符合规定值，是否稳定。②共地点是否有问题。③多余输入端的处理有无问题，尤其要注意CMOS器件的输入端不能悬空，必须接上相应的

逻辑电平。④器件引脚的辨认是否有问题。⑤有关输入端所加入的电平是否正确。⑥各接点是否可靠。⑦输出端是否有潜在负载。

（2）动态测试　动态测试的方法是：在输入端加入合适的脉冲信号，根据输入、输出波形分析逻辑关系是否正确。通常用示波器进行动态测试，观察其输入、输出波形与标准波形是否相同。

2. 数字集成电路型号的互换

数字集成电路绝大部分为国际通用型，只要后面的阿拉伯数字对应相同即可互换。例如 CT4194 与 74LS194 均为 "4 位双向通用移位寄存器"。使用集成电路总离不开产品手册，需要代换时，只要查阅各种有关集成电路代用手册即可。

3. 数字集成电路使用注意事项

表 2-19 以 TTL 集成电路和 CMOS 集成电路为例，说明使用中的注意事项。

表 2-19　使用 TTL、CMOS 集成电路的注意事项

		TTL	CMOS
电源规则	范围	$4.75V < V_{CC} < 5.5V$	1. $V_{min} < V_{DD} < V_{max}$，考虑到瞬态变化，应保持在绝对的最大极限电源电压范围内。例如 CC4000B 系列的电源电压范围为 $3 \sim 18V$，而推荐使用的 V_{DD} 为 $4 \sim 15V$ 2. 条件许可的话，CMOS 电路的电源较低为好 3. 避免使用大阻值的电阻串入 V_{DD} 或 V_{SS} 端
	注意事项	1. 电源和地的极性千万不能颠倒接错，否则过大的电流会造成器件损坏 2. 电源接通时，不可移动、插入、拔出或焊接集成电路器件，否则会造成永久性损坏 3. 对 H-CMOS 器件，电源引脚的交流高、低频去耦要加强，几乎每个 H-CMOS 器件都要加上 $0.01 \sim 0.1\mu F$ 的电源去耦电容	
输入规则	幅度	$-0.5V \leqslant V_I \leqslant 5.5V$	$V_{SS} \leqslant V_I \leqslant V_{DD}$
	边沿	组合逻辑电路 V_I 的边沿变化速度小于 100ns/V 时序逻辑电路 V_I 的边沿变化速度小于 50ns/V	一般的 CMOS 器件：$t_r(t_f) \leqslant 15ns$ H-CMOS 器件：$t_r(t_f) \leqslant 0.5ns$
	多余输入端的处理	1. 多余输入端最好不要悬空，根据逻辑关系的需要作处理 2. 触发器的不使用端不得悬空，应按逻辑功能接入相应的电平	1. 多余输入端绝对不可悬空，即使同一电路未被使用但已接通电源的 CMOS 器件的所有输入端均不可以悬空，都应根据逻辑功能作处理 2. 作振荡器或单稳电路时，输入端必须串入电阻用以限流
输出规则		1. 输出端不允许与电源或地短路 2. 输出端不允许 "线与"，即不允许输出端并联使用。只有 TTL 集成电路中三态或集电极开路输出结构的电路可以并联使用 3. TTL 集电极开路输出结构的电路 "线与" 时，应在其公共输出端加接一个预先算好的上拉负载电阻到 V_{CC}	
操作规则	电路存放	存放在温度为 $10 \sim 40℃$、干燥通风的容器中，不允许有腐蚀性气体进入。存放 CMOS 电路要屏蔽，一般放在金属容器里，也可用金属箔将引脚短路	
	电源和信号源的加入	开机时先接通电路板电源，后开信号源；关机时先关信号源，后关闭电路板电源。尤其是 CMOS 电路未接通电源时，不允许有输入信号加入	

2.6　表面安装元器件

表面安装元器件称无端子或短端子元器件，问世于 20 世纪 60 年代，习惯上人们把表面安装无源元器件，如片式电阻、电容、电感称之为 SMC（Surface Mounted Components）；而将有源器件，如小外形晶体（SOT）及四方扁平组件（QFT）称之为 SMD（Surface Mounted Devices）。无论是 SMC 还是 SMD，在功能上都与传统的通孔安装元器件相同，最初是为了减小体积而制造，然而，它们一经问世，就表现出强大的生命力，体积小、高频特性好、耐振动、安装紧凑等优点是传统通孔安装元器件所无法比拟的，从而极大地刺激了电子产品向多功能、高性能、微型化、低成本的方向发展。例如，片式器件组装的手提摄像机、掌上电脑和手机等，不仅功能齐全，而且价格低，现已在人们的日常生活中广泛使用。片式化的元器件，未能标准化，不同国家以至不同厂家均有差异，因此，在设计选用元器件时，一定要弄清楚元器件的型号、厂家及性能等，以避免出现互换性差的缺陷。

2.6.1　表面安装电阻器

表面安装电阻器最初为矩形片状，20 世纪 80 年代初出现了圆柱形，一般具有小型化、无端子（或扁平、短小端子）、尺寸标准化、特别适合在印制电路板上进行表面安装等特点。

1. 矩形片式电阻器

矩形片式电阻器如图 2-31a 所示，是应用最广泛的一种片式电阻器。具有体积小、重量轻、适应再流焊与波峰焊、电性能稳定、可靠性高、装配成本低、与自动装贴设备匹配、机械强度高、高频特性优越等特点。

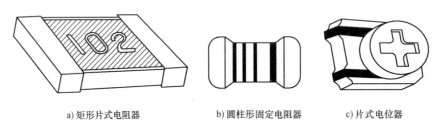

a) 矩形片式电阻器　　　　b) 圆柱形固定电阻器　　　　c) 片式电位器

图 2-31　表面安装电阻器

（1）主要规格尺寸　片式电阻器常以它们的外形尺寸的长宽命名，来标识它们的大小，按英制标准分为：0201、0402、0603、0805、1206、1210、2010、2512。如外形尺寸为 $0.12in \times 0.06in$（$1in = 0.0254m$），记为 1206，国际单位制（SI）记为 $3.048mm \times 1.524mm$。片式电阻器外形尺寸见表 2-20。

阻值范围：$0 \sim 200M\Omega$，其中，一般认为 $0 \sim 1\Omega$ 之间为超低阻，$10M\Omega$ 以上为超高阻。

（2）额定功率　片式电阻器的额定功率主要与规格尺寸相关，从 0201 型的 0.05W 至 2512 型的 1W，逐步递增。额定功率与外形尺寸的对应关系，见表 2-21。

片式电阻器的额定功率是电阻在环境温度为 70℃ 时承受的电功率。超过 70℃ 时承受的功率将下降，125℃ 时负载功率为零。

表 2-20　片式电阻器外形尺寸

尺寸号	L(长)/mm	W(宽)/mm	H(高)/mm	T(端头宽度)/mm
0201	0. 6 ± 0. 03	0. 3 ± 0. 03	0. 3 ± 0. 03	0. 15 ~ 0. 18
0402	1. 0 ± 0. 03	0. 5 ± 0. 03	0. 3 ± 0. 03	0. 3 ± 0. 03
0603	1. 56 ± 0. 03	0. 8 ± 0. 03	0. 4 ± 0. 03	0. 3 ± 0. 03
0805	1. 8 ~ 2. 2	1. 0 ~ 1. 4	0. 3 ~ 0. 7	0. 3 ~ 0. 6
1206	3. 0 ~ 3. 4	1. 4 ~ 1. 8	0. 4 ~ 0. 7	0. 4 ~ 0. 7
1210	3. 0 ~ 3. 4	2. 3 ~ 2. 7	0. 4 ~ 0. 7	0. 4 ~ 0. 7

表 2-21　不同的外形尺寸对应的额定功率

参数名称	参 数 大 小				
额定功率/W	1/16	1/8	1/4	1/2	1
型号	0805	1206	1210	2010	2512

(3) 标记识别方法

1) 元件上的标注。当片式电阻器精度为 ±5% 时, 采用 3 个数字表示。跨接线记为 000; 阻值小于 10Ω 的, 在两个数字之间补加 "R" 表示; 阻值在 10Ω 以上的, 则最后一个数值表示增加的零的个数。例如 4.7Ω 记为 4R7, 0Ω (跨接线) 记为 000, 100Ω 记为 101。当片式电阻器精度为 ±1% 时, 采用 4 个数字表示, 前面 3 个数字为有效数字, 第四位表示增加的零的个数。阻值小于 100Ω 的, 在小数点处加 "R"; 阻值为 100Ω, 则在第四位补 "0"。例如 4.7Ω 记为 4R70, 100Ω 记为 1000, 1MΩ 记为 1004, 10Ω 记为 10R0。

2) 料盘上的标注。片式电阻料盘标识如 RC05K103JT, 其含义为: RC 所在这两位为产品代号, 表示片式电阻; 05 所在这两位表示型号, 如 02(0402), 03(0603), 05(0805), 06(1206); K 所在这一位表示电阻温度系数 (10^{-6}℃), 如 F 为 ±25, G 为 ±50, H 为 ±100, K 为 ±250, M 为 ±500, 103 所在这三位表示阻值为 10kΩ; J 所在这一位表示电阻值误差, 如 F 为 ±1%, G 为 ±2%, J 为 ±5%, O (字母) 为跨接电阻; T 所在这一位表示包装, T 为编带包装, B 为塑料盒散包装。

2. 圆柱形固定电阻器

圆柱形固定电阻器如图 2-31b 所示, 一般为金属电极无端子表面元件 (Metal Electrode Face Bonding Type), 简称 MELF 电阻器。MELF 电阻器主要有碳膜 ERD 型电阻器、高性能金属膜 ERO 型电阻器、跨接用的 0Ω 电阻器三种。它与片式电阻器相比, 无方向性和正反面性, 包装使用方便, 装配密度高, 固定到印制电路板上有较高的抗弯能力, 特别是噪声电平和三次谐波失真都比较低, 常用于高档音响等电器产品中。

3. 片式电位器

表面安装电位器如图 2-31c, 又称片式电位器 (Chip Potentiometer)。它包括片状、圆柱状、扁平矩形结构等各类电位器, 它在电路中起调节分电路电压和分电路电阻的作用, 故也称之为分压式电位器和可变电阻器。

(1) 结构　片式电位器有四种不同的外形结构, 分别为敞开式结构、防尘式结构、微调式结构和全密封式结构。

（2）外形尺寸 片状电位器型号有 3 型、4 型和 6 型，其外形尺寸见表 2-22。

表 2-22 片状电位器外形尺寸 （单位：mm × mm × mm）

型号	尺 寸	
3 型	3 × 3.2 × 2	3 × 3 × 1.6
4 型	3.8 × 4.5 × 2.4	4 × 4.5 × 1.8
	4.5 × 5 × 2.5	4 × 4.5 × 2.2
6 型	6 × 6 × 4	φ6 × 4.5

2.6.2 表面安装电容器

表面安装电容器已经有很多品种、很多系列，按外形、结构和用途来分类，可达数百种。在实际应用中，表面安装电容器中大约有 80% 是多层片状瓷介电容器，其次是片状铝电解电容器，表面安装有机薄膜和云母电容器则很少。

1. 多层片状瓷介电容器

瓷介电容器少数为单层结构，大多数为多层叠状结构，简称 MCC（Multilayer Ceramic Capacity），其外形如图 2-32 所示。

（1）性能 MCC 根据用途可分为 I 类陶瓷（国内型号为 CC41）和 II 类陶瓷（国内型号为 CT41）两种。I 类是温度补偿型电容器，适用于温度补偿电路。II 类是高介电常数类电容器，其特点是体积小、容量大，适用于旁路、滤波或对损耗、容量稳定性要求不太高的鉴频电路中。

图 2-32 多层片状瓷介电容器

（2）主要规格尺寸 按英制标准分为：0201、0402、0603、0805、1206，以及大规格的 1210、1808、1812、2220、2225、3012、3035 等。

（3）标注识别方法

1）元件上的标注。大部分厂家的元件表面无标注值。有些厂家在片状电容器表面印有英文字母及数字，它们均代表特定的数值，只要查到表格就可以估算出电容器的容量，见表 2-23。

表 2-23 片状电容器容量标示字母与数字的含义

字母	A	B	C	D	E	F	G	H	J	K	L
容量系数	1.0	1.1	1.2	1.3	1.5	1.6	1.8	2.0	2.2	2.4	2.7
字母	M	N	P	Q	R	S	T	U	V	W	X
容量系数	3.0	3.3	3.6	3.9	4.3	4.7	5.1	5.6	6.2	6.8	7.5
字母	Y	Z	a	b	c	d	e	f	m	n	t
容量系数	8.2	9.1	2.5	3.5	4.0	4.5	5.0	6.0	7.0	8.0	9.0
数字	0	1	2	3	4	5	6	7	8	9	
倍数	10^0	10^1	10^2	10^3	10^4	10^5	10^6	10^7	10^8	10^9	

例如片状电容器标注为 K3，从表中可知：K 为 2.4，3 为 10^3，所以这个片状电容器的标称值为 $2.4 \times 10^3 \mathrm{pF} = 2400 \mathrm{pF}$。

2）料盘上的标注。料盘标识如 0805CG102J500NT，0805 指该贴片电容器的尺寸大小；CG 表示生产电容器要求用的材质；102 指电容器的容量，前面两位是有效数字，后面的 2

表示有多少个零，102 表示容量为 $10 \times 10^2 pF = 1000pF$；J 表示容量值的误差精度为 $\pm 5\%$，介质材料和误差精度是配对的；500 指电容承受的耐压为 50V，同样前面两位是有效数字，后面是指有多少个零；N 指端头材料，现在一般的端头都是指三层电极（银/铜层）、镍、锡；T 指包装方式，T 表示编带包装，B 表示塑料盒散包装。

2. 片状铝电解电容器

铝电解电容器主要应用于各种消费类电子产品中，价格低廉，按外形和封装材料的不同，可分为矩形铝电解电容器（树脂封装，如图 2-33a 所示）和圆柱形电解电容器（金属封装，如图 2-33b 所示）两类。市场上以圆柱形为主，以下只介绍圆柱形电解电容器。

a) 矩形   b) 圆柱形

图 2-33 片状铝电解电容器外形图及标注

（1）主要规格尺寸 按公制标准分为：$\phi4mm \times 5.5mm$、$\phi5mm \times 5.5mm$、$\phi6.3mm \times 5.5mm$、$\phi6.3mm \times 7.7mm$、$\phi8mm \times 6.2mm$、$\phi8mm \times 10.2mm$、$\phi10mm \times 10.2mm$、$\phi10mm \times 12mm$ 等。

（2）额定电压 额定电压为 $4 \sim 50V$，常规使用电容器的容量范围为 $0.1 \sim 220\mu F$，随着相关技术及材料的发展，最大额定电压为 100V 和最大容量为 $1000\mu F$ 产品也已在广泛采用。

（3）识别标志 铝电解容器外壳上的深色标志代表负极，容量及电压值在外壳上也有标注，如图 2-33 所示。

2.6.3 表面安装电感器

片式电感器同插装式电感器一样，在电路中起扼流、退耦、滤波、调谐、延迟、补偿等作用。从制造工艺来分，片式电感器主要有四种类型，即绕线型（见图 2-34a）、叠层型（见图 2-34b）、编织型和薄膜片式电感器。常用的是绕线型和叠层型两种类型。

a) 绕线型   b) 叠层型

图 2-34 绕线型、叠层型片式电感器外形图

前者是传统绕线电感器小型化的产物；后者则采用多层印制技术和叠层生产工艺制作，体积比绕线型片式电感器还要小，是电感元件领域重点开发的产品之一。

2.6.4 表面安装半导体器件

表面安装半导体器件是通装技术（THT）向表面安装技术（Surface Mounted Technology, SMT）发展的重要标志，也是 SMT 发展的重要动力。表面安装半导体器件向 LSI 和 VLSI 方向发展，I/O 数增加，各种先进 IC 封装技术先后出现。表面安装半导体器件有：片式二极管、小外形封装晶体管、小外形封装芯片（Small Outline Package，SOP）、四侧有端子塑封芯片（Plastic Leadless Chip Carrier，PLCC）、多端子方形扁平封装芯片（Quad Fiat Package，

QFP）、无端子陶瓷芯片（Leadless Ceramic Chip Carrier，LCCC）、球栅阵列芯片（Ball Grid Array，BGA）、芯片级封装（Chip Scale Package，CSP）以及裸芯片（Bare Chip，BC）等，品种繁多。从表面安装半导体器件端子形状来分，其主要有下列三种形状。

1）翼形端子（Gull-Wing），如图2-35所示。常见的器件有SOIP和QFP。具有翼形端子的器件焊接后具有吸收应力的特点，因此与PCB匹配性好，这类器件端子共面性差，特别是多端子细间距的QFP，端子极易损坏，贴装过程应小心。

2）J形端子（J-Lead），如图2-35所示。常见的器件有SOJ和PLCC。J形端子刚性好且间距大，共面性好，但由于端子在元件本体之下，故有阴影效应，焊接温度不易调节。

3）球栅阵列（Ball Grid Array）。芯片I/O端子呈阵列式分布在器件底面上，并呈球状，适应于多端子器件的封装，常见的有BGA、CSP、BC等，这类器件焊接时也存在阴影效应。此外，器件与PCB之间存在着差异性。

1. 片式二极管

用于表面安装的二极管有三种封装形式，具体如下。

1）圆柱形的无端子二极管，如图2-36a所示。它的封装结构是将二极管芯片装在具有内部电极的细玻璃管中，玻璃管两端装上金属帽做正负电极，外形尺寸有1.5mm×3.5mm和2.7mm×5.2mm两种，通常用于齐纳二极管、高速开关二极管和通用二极管，采用塑料编带包装。

2）塑封矩形片状二极管，如图2-36b所示。规格尺寸一般为0805和1206，箭头所指为阴极。可用在VHF频段（甚高频）到S频段（30MHz~4GHz），采用塑料编带包装。

3）SOT-23封装形式的片状二极管，如图2-37a所示，多用于封装复合型二极管，也用于高速二极管和高压二极管。

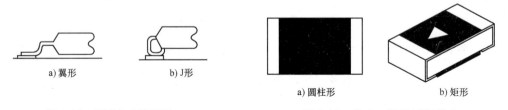

图2-35　翼形和J形端子 　　　　　　图2-36　片式二极管封装形式

2. 小外形封装晶体管（SOT）

晶体管的封装形式主要有SOT-23、SOT-89、SOT-143及SOT-252等。

1）SOT-23封装如图2-37a所示。有三条翼形端子，合金端子强度好，但可焊性差。SOT-23在大气中的功耗为150mW，在陶瓷基板上的功耗为300mW。常见的有小功率晶体管、场效应晶体管和带电阻网络的复合晶体管。SOT-23表面均印有标志，通过相关半导体器件手册可以查出对应的极性、型号与性能参数。

2）SOT-89封装如图2-37b所示，具有三条薄的短端子分布在晶体管的一端，晶体管芯片粘贴在较大的铜片上，以增加散热能力。SOT-89在大气中的功耗为500mW，在陶瓷板上的功耗为1W。这类封装常见于硅功率表面安装晶体管。

3）SOT-143封装如图2-37c所示，具有4条翼形短端子，端子中宽大一点的是集电极。它的散热性能与SOT-23基本相同，这类封装常见于双栅场效应晶体管及高频晶体管。

4) SOT-252 封装如图 2-37d 所示，其功耗在 2 ~ 5W 之间，各种功率晶体管都可以采用

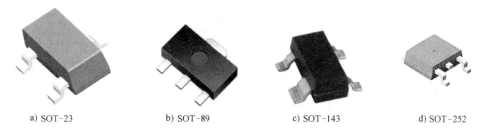

a) SOT-23   b) SOT-89   c) SOT-143   d) SOT-252

图 2-37　小外形晶体管封装形式

这种封装。

3. 小外形封装芯片（SOP）

小外形封装芯片（SOP），也称作 SOIC，由双列直插式封装（DIP）演变而来。这类封装有两种不同的端子形式：一种具有翼形端子，另一种具有 J 形端子，封装又称为 SOJ。SOP 封装常见于线性电路、逻辑电路、随机存储器，其性能和外形尺寸可参阅相关器件手册。

4. 四侧有端子塑封芯片（PLCC）

PLCC 也是由 DIP 演变而来的，当端子超过 40 只时便采用此类封装，并采用"J"结构，这类封装如图 2-38 所示。这类封装常见于逻辑电路、微处理器阵列、标准单元，其性能和外形尺寸参见相关器件手册。每个 PLCC 表面都有定位点，以供贴片时判定方向。

5. 多端子方形扁平封装芯片（QFP）

QFP 是适应 IC 内容增多、I/O 数量增多而出现的封装形式，如图 2-39 所示，由日本首先发明，目前已被广泛使用。而美国开发的 QFP 器件封装则在四周各出一脚，起到对器件端子的防护作用，一般外形比端子长 3mil（76.2×10^{-6}m）。QFP 常见于封装为门阵列的专用集成电路（ASIC）器件。

QFP 是一种塑封多端子器件，四边有翼形端子。QFP 的外形有方形和矩形两种，QFP 的端子用合金制作而成，端子中心距有 1.0mm、0.8mm、0.65mm、0.5mm、0.3mm 等多种。

6. 陶瓷芯片

陶瓷芯片是以陶瓷为载体封装的全密封的芯片，具有很好的保护作用，一般为军用，陶瓷芯片分为无端子和有端子两种结构，前者称为 LCCC，后者称为 LDEC。因 LDEC 生产工艺繁琐，不适应大批量生产，现已很少使用，下面主要介绍 LCCC，如图 2-40 所示。

 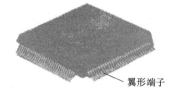 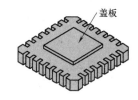

图 2-38　PLCC 封装   图 2-39　QFP 封装   图 2-40　LCCC 封装

LCCC 引出端子的特点是在陶瓷外壳侧面有尖似城堡状的金属化凹槽和外壳底面镀金电极相连，提供了较短的信号通路，电感和电容损耗较低，可用于高频工作状态，这种封装常用于微处理器单元、门阵列的存储器。

7. 球栅阵列芯片（BGA）

20世纪80年代中后期至20世纪90年代，周边端子型的IC（以QFP为代表）得到了很大的发展和广泛的应用，但由于组装工艺的限制，QFP的尺寸（40mm²）、端子数目（360根）和端子间距（0.3mm）已达到了极限。为了适应I/O数的快速增长，由美国Motorola和日本Citizen Watch公司共同开发了新的封装形式——门阵列式球形封装（Ball Grid Array，BGA），于20世纪90年代初投入实际使用，其外形封装如图2-41所示。

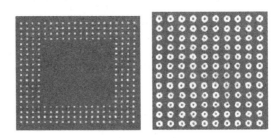

图2-41　BGA外形封装

BGA的端子成球形阵列分布在封装的底面，因此它可以有较多端子数量且端子间距较大。具有相同外形尺寸的BGA和QFP的比较，见表2-24。

表2-24　BGA和QFP的比较

封装形式	外形尺寸/mm	引脚间距/mm	I/O数	封装形式	外形尺寸/mm	引脚间距/mm	I/O数
QFP	32×32	0.635	184	BGA	31×31	1.27	576
BGA	31×31	1.5	400	BGA	31×31	1.0	900

通常BGA的安装高度低，端子间距大，端子共面性好，这些都极大改善了组装的工艺性，由于它的端子更短，组装密度更高，因此电气性能更优越，即阻抗低、干扰小、噪声低、屏蔽效果好，特别适合在高频电路中使用。此外，BGA的散热性良好，BGA在工作时芯片的温度更接近环境温度。

BGA封装在具有上述优点的同时，也存在下列问题：

1）BGA焊后检查和维修比较困难，必须使用X射线透视分层检测，才能确保焊接的可靠性，设备费用大。

2）易吸湿，使用前应烘干处理。

8. 芯片级封装（CSP）

CSP是BGA进一步微型化的产物，问世于20世纪90年代中期，它的含义是封装尺寸与裸芯片（BC）相同或封装尺寸比裸芯片稍大（通常封装尺寸与裸芯片尺寸之比为1.2:1），CSP外部端子间距大于0.5mm，并能适应再流焊组装。

CSP有如下优点：

1）CSP是一种有品质保证的器件，即它在出厂时均经过性能测试，确保器件质量是可靠的（又称之为KGD器件）。

2）封装尺寸比BGA小。

3）与QFP相比，它提供了更短的互连通路，因此电气性能更好，即阻抗低、干扰小、噪声低、屏蔽效果好，更适合在高频领域应用。

2.7　其他电子元器件

本章前六节介绍的电子元器件是接触得比较多的元器件，本节简要介绍一下其他接触较少的常用电子元器件，如电声器件、传感器、接插件与开关等。

2.7.1　电声器件

电声器件是指能把声能转变成音频电信号或者能把音频电信号变成声能的器件。常见电声器件有扬声器、传声器及耳机等。

1. 扬声器

（1）分类　扬声器俗称喇叭。它是将电能转变成声能并将它辐射到空气中去的一种电声换能器件。扬声器的种类较多，按电声换能方式不同分为电动式、压电式、电磁式及气动式等；按结构不同分为号筒式、纸盆式、平板式及组合式等多种；按形状不同分为圆形、椭圆形；按工作频段不同分为高音扬声器、中音扬声器及低音扬声器等。

不同结构的扬声器有不同的用途，一般在广场扩音时，使用电动号筒式扬声器；在收音机、录音机、电视机中多使用电动纸盆式扬声器。

（2）主要电声参数

1）额定功率　扬声器的额定功率又称为标称功率，是指长时间工作时所输出的电功率。扬声器在额定功率下能达到最佳工作状态。

2）额定阻抗　扬声器的阻抗是指它的交流阻抗值，因而它随测试频率的不同而不同。一般标注的阻抗值是口径小于 $\phi90mm$ 的扬声器使用 100Hz 时的值，口径大于 $\phi90mm$ 的扬声器使用 400Hz 时的值。

3）频率范围　扬声器在一定的频率范围内有较高的灵敏度，这个范围就是扬声器的有效频率范围。

不同的扬声器具有不同的频率范围，一般口径较大的扬声器，低频响应较好，而口径较小的扬声器则高频响应较好。

（3）一般检测

1）高、中、低音扬声器的直观判别。由于测试扬声器的有效频率范围比较麻烦，所以多根据它的口径大小及纸盆柔软程度进行直观判断，以粗略确定其频率响应。一般而言，扬声器的口径越大，纸盆边越柔软，低频特性越好，与此相反，扬声器的口径越小，纸盆越硬而轻，高音特性越好。

2）音质的检查。用万用表的 $R \times 1$ 档测量扬声器的阻抗。表笔一触及引脚，就应听到喀喇声，喀喇声越响的扬声器，其电声转换效率越高，喀喇声越清脆、干净的扬声器，其音质越好。如果碰触时万用表指针没有摆动，则说明扬声器的音圈或音圈引出线断路，如果仅有指针摆动，但没有喀喇声，则表明扬声器的音圈引出线有短路现象。

2. 传声器

（1）分类　传声器俗称话筒，又称麦克风，是一种将声音信号转换成相应电信号的声电换能器。传声器根据换能类型可分为静电和电动两类；按结构分有动圈式、铝带式、炭粒式、压电式和电容式等几种。在各种传声器当中，动圈式传声器日常应用比较广泛，电容式传声器主要供专业场合使用。

（2）传声器的性能参数　传声器的主要性能参数有灵敏度、频率特性、固有噪声、方向性等。

（3）传声器的一般检测　动圈式传声器可以用万用表简单地判断其好坏（电容式传声

器不宜用万用表来测量）。测量时，将万用表置于 $R \times 10$ 或 $R \times 100$ 档，两根表针与传声器的插头两端相连，此时，万用表应有一定的直流电阻指示。高阻抗传声器为 $1 \sim 2k\Omega$，低阻抗传声器为几十欧。如果电阻为零或无穷大，则表示传声器内部可能已短路或开路。

（4）传声器的选用　应根据使用要求，选用相应的传声器。对音质要求较高的播音和录音，应选择高质量的动圈式传声器、电容式传声器等；对于通常开会、做报告等语言扩音，可选用普通动圈式传声器；对于流动宣传，可选用动圈式传声器及炭粒式传声器；对于演唱流行歌曲，可选用动圈式近讲传声器。

3. 耳机

耳机也是一种将电能转换为声能的电声换能器件，其作用是在一个小的空间内造成声压。

（1）耳机的分类　耳机的种类也比较多，按换能原理可分为电磁式、压电式、电动式、静电式（电容式、驻极体式）；按结构形式分为插入式（耳塞式）、耳挂式、听诊式、头戴式（贴耳式、耳罩式）。

（2）耳机的性能参数　耳机的主要性能参数有灵敏度、频率特性、输入阻抗、额定功率等。

（3）耳机的一般检测　目前常用的耳机分高阻抗和低阻抗两种。高阻抗耳机一般是 $800 \sim 2000\Omega$，低阻抗耳机一般是 8Ω 左右。如果发现耳机无声，但声源良好，可借助万用表来进行检测。

检测低阻抗耳机时，可用万用表 $R \times 1$ 档，其方法参照用万用表判别扬声器好坏的方法。

用万用表检测高阻抗耳机时，将万用表拨至 $R \times 100$ 档，一般表头指针指向 800Ω 左右，如果指针指向 0 或指针不偏转，则说明有故障，这时耳机插头内的接线柱有可能断路或短路。旋开耳机插头后，如果接线柱上接线无误，这就说明耳机线圈有故障。

立体声耳机一般为三芯插头，两根芯线中一根是 R 通道，一根是 L 通道。简单地说等于两个耳机，因此检查时分别检查就行了。

（4）耳机的选用　应根据用途选用不同的耳机。如果是一般学习和听新闻用，只需选择价格较低的头戴式、普通的电磁式耳机，以耳罩式带音量调节的为好。若是一般性欣赏音乐，可选用中档耳机。若为欣赏高质量音乐，则应选用高保真耳机，如优质动圈式或电容式耳机。为使用方便，可选无线式耳机，不用连线，但必须与发射机配套。另外还有带收音机的耳机，可以随时收听各类节目。

2.7.2　传感器

传感器是一种将非电量形式的信号转换成便于检测的电信号的器件。它相当于人的"耳目"，可以对温度、位移、压力、重量、声音等各种各样的状态，以及人们感觉不到的气体、紫外线、红外线、超声波等进行检测。传感器和电子电路的结合在自动化检测控制等各个方面得到了非常广泛的应用。

基本的传感器有光敏器件、力敏器件、气敏器件、磁敏器件、热敏器件、声敏器件等，现简要介绍几种最常用的传感器。

1. 光敏器件

光敏器件是指能将光信号（光能）转换成电信号（电能）的器件。它发展迅速，种类繁多，常见的有光敏电阻器、光敏二极管、光敏晶体管、光电池、光耦合器和光控晶闸管等。它们主要应用于可见光、近红外线接收及光电转换的自动控制仪器、触发器、报警装置、光电玩具等方面。

（1）光敏电阻器　光敏电阻器又叫光导管，常见的是由硫化镉（CdS）材料制作的光敏电阻器，它们感受到的光的波长和人眼感受到的波长接近。适用于检测可见光。当可见光照射时，其电阻值会减小。

（2）光敏二极管　光敏二极管的顶端有一个能入射光线的窗口，光线通过窗口照射到管芯上，在光的激发下，光敏二极管内产生大批"光生载流子"，管子的反向电流大大增加，使内阻减小。常见的光敏二极管有 2CU 型、2DU 型、PIN 型。

（3）光敏晶体管　光敏晶体管是在光敏二极管的基础上发展起来的光敏器件。由于它本身具有放大功能，因而灵敏度较高。但它的暗电流比光敏二极管要大，且随温度的变化暗电流变化更大。另外，光敏晶体管的工作频率也比光敏二极管低。常见的光敏晶体管有 3DU 型。

（4）光电池　光电池也称太阳能电池，是一种将光能直接转换成电能的半导体器件，它可以作为电源使用，也可以当光敏器件使用，常用在人造卫星通信系统、太阳能电站、电视差转机、航标灯等。

常用的光电池，一般都是用硅材料加工而成的，因此又称硅光电池。常见的有 2CR、2DR、TCA 型硅光电池组。

（5）光耦合器　光耦合器是把光器件和光敏器件组装在一起，构成电-光-电的器件，当把电信号送入光耦合器输入端的发光器件时，发光器件就将电信号转换成光信号，光信号经光接收器接收并将其还原成电信号。由于信号是通过光耦合的，所以称之为光耦合器。

由于光耦合器输入、输出之间在电性能上是隔离的，所以在电源电压的匹配、长线传输中的抗干扰、电路间的隔离都用到它。

（6）光控晶闸管　光控晶闸管也称 GK 型开关管，是一种新型光敏器件。

光控晶闸管有三个电极，即门极 G、阳极 A 和阴极 C。而光控晶闸管由于其控制信号来自光的照射，没有必要再引出门极，所以它只引出两个电极（阳极 A 和阴极 C），但它的结构和普通晶闸管一样，是由四层 PNPN 器件构成的。光控晶闸管的外形酷似光敏二极管。国内的光控晶闸管皆为小功率，其工作电压为 $15 \sim 50V$，额定导通电流为 $20 \sim 100mA$。常见的光控晶闸管有 2CTU 型。

2. 力敏器件

力敏器件是专门用来测量物体产生应变的器件，它是一种将被测的力学量转换成与其呈函数关系的电信号的转换器件。它的种类有金属丝应变片、压电元件、半导体应变片等。

（1）金属丝应变片　金属丝应变片是常用的力电转换器件，通常它需要和直流电桥一起使用，因为它的输出信号微弱，需要放大才能检测。通常把电阻丝固定在物体表面，当物体表面发生形变时，电阻丝也产生形变，从而使电阻丝的电阻值发生变化，利用这一特性可以检测出物体的变形量，也就可以求出外力的大小了。金属丝应变片可以检测机械装置各部分的受力状态、振动、冲击、响应速度等。

（2）压电元件　利用材料的压电效应制成的元件称压电元件。

1）压电效应的基本概念。当外力作用在压电元件上时，元件产生形变，同时在元件的上下两面产生与应变成比例的正负电荷从而实现了力-电转换，这种现象称为压电效应。压电元件的压电效应示意图如图 2-42 所示。

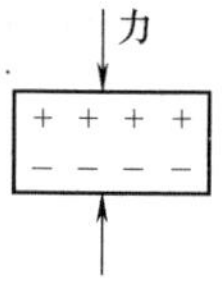

2）压电元件的应用。当电信号频率接近压电片的固有频率时，压电元件靠逆压电效应产生机械谐振，谐振频率主要决定于压电片的尺寸和形状。如果频率温度特性也满足要求，即可用来稳频、选频和计时。利用这种谐振来产生声波，就构成超声转换器。利用谐振频率随温度或压力变化而变化的特点，还可以制成精度很高的测温计和测力计。在非谐振状态下，利用它的逆压电效应可制成微位移器，利用它的正压电效应又可制成压电引燃和引爆器件。

图 2-42 压电元件的压电效应示意图

（3）半导体应变片　半导体应变片是用半导体材料制成的应变片，和金属丝应变片相比，它的灵敏系数高，线性好，体积小，但在温度稳定性及重复性方面不如金属应变片。

半导体应变片是利用半导体压阻效应制成的。所谓半导体压阻效应，即当在半导体晶体上施加压力时，除产生形变外，晶体内部的对称性将发生变化，即导电机理发生变化，这种变化称为半导体压阻效应。利用这种效应可以实现力、位移和扭矩等物理量的电转换。半导体应变片除具有金属丝应变片的用途外，由于它具有微型化的特点，还可以用在医学上测量血压、眼压等方面。

3. 磁敏器件

磁敏器件包括磁敏电阻、磁敏二极管、磁敏晶体管、霍尔传感器等。这些器件都是基于磁阻效应与霍尔效应研制出来的。

（1）磁敏电阻　磁敏电阻是一种新型的磁敏器件，利用磁阻效应制成，它的阻值随磁场变化而变化，其电阻值变化与磁场方向无关。可利用磁敏电阻的阻值变化，精确测试出磁场相对磁敏电阻的位移。

（2）磁敏二极管　磁敏二极管是一种新型的磁-电转换器件。它具有可判断磁场方向、灵敏度高、响应快、无触点、输出功率大及性能稳定等特点。它还具有体积小，成本低的优点，但存在随温度升高而输出电压下降的缺点，在使用时应考虑温度补偿。磁敏二极管可用作高斯计、涡流流量计等。

（3）磁敏晶体管　磁敏晶体管是继磁敏二极管之后出现的一种电流型磁电转换器件，可用锗或硅材料制成。它的灵敏度比磁敏二极管高几倍至几十倍，是目前磁电转换技术的新型器件。磁敏晶体管可用于转速计、无刷电机等无触点开关和磁力探伤等。

（4）霍尔传感器　霍尔传感器是一种半导体磁敏器件，它将霍尔电压发生器、放大器、施密特触发器及输出电路集成在一块芯片上，是一种最新式磁敏器件。霍尔传感器具有使用可靠、开关动作迅速、不怕污染、成本低、功耗低、寿命长的特点。

4. 热敏器件

热敏器件是一种对温度反应灵敏的器件，它可把温度的变化转换成电量的变化。主要的热敏器件有热敏电阻、热电偶、铂测量电阻等。

（1）热敏电阻　热敏电阻按电阻-温度特性分类，一般可分为负温度系数热敏电阻（NTC）、临界负温度热敏电阻（CTR）、正温度系数热敏电阻（PTC）。热敏电阻常用于温度的测量与控制、火灾报警、温度补偿、过荷保护等。彩色电视机内部设置了自动消磁电路，通常用正温度特性和负温度特性的热敏电阻作为控制元件，利用其温度与阻值的变化特性，控制消磁电路中的电流而完成消磁。

（2）热电偶　在两种不同金属丝的连接点加热时，就会发生热电势现象，利用这种现象做成的温度传感器就是热电偶。

2.7.3　开关和接插件

1. 开关

开关是指用手动方式来实现换路控制的元件。它既可以完成一个电路的通和断，还可以使几个电路同时改变状态。

开关的种类很多，按操作方式分，有拨动式、旋转式、按钮式、推拉式、闸刀式及琴键式等。按开关的用途分，有电源开关、波段开关、频道开关及录放开关等。常用的开关外形如图 2-43 所示。

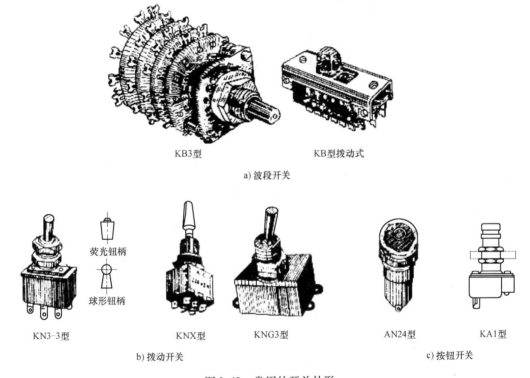

KB3型　　　　　KB型拨动式

a) 波段开关

荧光钮柄

球形钮柄

KN3-3型　　　　KNX型　　　　KNG3型　　　　AN24型　　　　KA1型

b) 拨动开关　　　　　　　　　　　　　　　　　c) 按钮开关

图 2-43　常用的开关外形

2. 接插件

接插件是电子设备中用于各种部件之间进行插拔式电气连接的器件。接插件一般可分插头和插座两部分。按接插件外形和用途分，接插件可分为圆形插头座、矩形插头座、印制电路板插关座、高频头插头座、电源插头座、耳机插头座、香蕉插头座及带状电缆连接器等。常用接插件外形如图 2-44 所示。

3. 开关和接插件的一般检测

开关和接插件的检测要点是接触可靠，转换准确，一般用目测和万用表测量即可达到要求。

（1）目测　对非密封的开关、接插件均可先进行外观检查，检查中的主要工作是检查

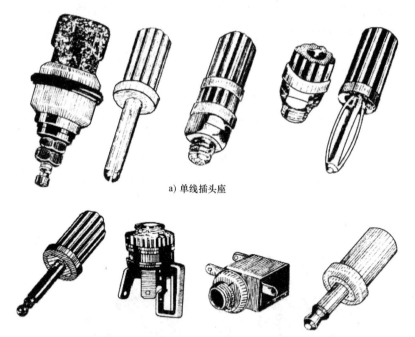

a) 单线插头座

b) 耳机、电源用插头、插座、插塞和插口

图 2-44　常用接插件外形

其整体是否完整,有无损坏,接触部分有无损坏、变形、松动、氧化或失去弹性,波段开关还应检查定位是否准确,有无错位、短路等情况。

(2) 用万用表检测　将万用表置于 $R \times 1$ 档,测量接通两触点之间的直流电阻,这个电阻应为零,否则说明触点接触不良。将万用表置于 $R \times 1k$ 或 $R \times 10k$ 档,测量触点断开后触点间、触点对"地"间的电阻,此值应趋于无穷大,否则开关、接插件绝缘性能不好。

2.7.4　技能训练

(1) 开关中刀和位的识别　以旋转式和拨动式波段开关的实物为例,识别刀和位(几刀几位)。

(2) 耳机、低压直流电源用插头和插口的接线方法　耳机插口接线的一般规则是:外壳接地,弯脚接外部耳机,直脚(芯片)接内部扬声器。

将 (1)、(2) 中的识别、连线方法填入表 2-25 中。

表 2-25　波段开关刀和位识别、耳机插口接线技能训练表

实际波段 开关识别	1		2		3		4		5	
	刀数	位数	刀数	位数	刀数	位数	刀数	位数	刀数	位数
耳机插口 接线法	外壳端			弯脚端			直脚(芯片)端			
识别、接线中出现 的问题										

本 章 小 结

本章共七节，分别介绍了电阻器与电位器、电容器、电感器与变压器、半导体器件、半导体集成电路、表面安装元器件和其他电子元器件，它们是电子实训不可缺少的基础。并在每节增添了实训内容，让学生得到应用方面的锻炼。

1）在介绍常用电阻器和电位器的分类、主要参数和型号命名方法的基础上，着重介绍了其识读方法和选用原则。

2）简要介绍电容器和电感器的分类方法及型号命名方法，同时强调了常用电容器和电感器的特点和用途，及常用电容器的识读方法、检测方法以及选用原则。

3）介绍了二极管和三极管的型号命名方法、特点以及分类，主要参数的含义，常用二极管和三极管的识别与选用方法，及其性能检测的方法。介绍了其他特殊半导体器件的特点及用途。

4）从型号命名方法、分类方法、引脚识别方法及常用数字集成电路的检测和使用常识等多方面，对集成电路做了说明。

5）对于其他常用器件，探讨了常用电声器件如扬声器、传声器、耳机的分类，一般检测与选用方法，以及常用传感器、开关和接插件的种类及特点。

练 习 题

1. 电阻器的标示方法有哪几种？各举一例简要说明。
2. 电位器在旋转时，其相应阻值依旋转角度的变化规律是什么？
3. 用万用表测量电阻器的阻值时，应注意哪些问题？
4. 怎样用万用表检测电位器的质量？
5. 电容器在电路中有何作用？如何命名？
6. 电容器的标示方法有哪些？各举一例简要说明。
7. 电感器在电路中有哪些作用？如何分类？
8. 识别电感器的电感量及标称电流值，并用万用表测出实际值。
9. 如何简单测试小型变压器的好坏？
10. 常用二极管有哪些？各类二极管的特性及用途是什么？
11. 如何用万用表判断二极管的好坏？
12. 如何用万用表判别晶体管的电极、类型、放大倍数？
13. 若晶体管基极折断，能否当二极管用？若集电极断了，能否当二极管用？
14. 场效应晶体管的特点及用途是什么？
15. 集成电路有哪些分类？不同分类的名称和主要特点是什么？
16. 画出一个 16 脚双列直插式集成电路引脚序号的示意图。
17. 电声器件有哪些种类？它们各自的选用方法是什么？
18. 如何用万用表检测接插件、开关的好坏？

第 3 章

电子装配技能训练

3.1 识图基础

在电子整机装配过程中，必须掌握基本的识图能力。用导线将电源、开关、用电器连接起来组成电路，再按照统一的符号将它们表示出来，这样绘制出的图叫作电路图。电路图是人们为了研究和工程的需要，用约定的符号绘制的一种表示电路结构的图形。通过电路图可以大大提高工作效率。电路图包括电路原理框图、电路原理图、实物装配图、面板图、印制电路板装配图和布线图等。

3.1.1 电路原理框图、电路原理图的识读

电路原理图主要用来表述电子电路的结构和工作原理，所以一般用在设计、分析电路中。分析电路时，通过识别图样上所画的各种电路元器件符号，以及它们之间的连接方式，就可以了解电路的实际工作情况，原理图就是用来体现电子电路的工作原理的一种电路图。

电路原理框图是一种用方框和连线来表示电路工作原理和构成概况的电路图。从根本上说，这也是一种原理图，不过在这种图样中，除了方框和连线，几乎就没有别的符号了。它和上面的原理图主要的区别就在于原理图上详细地绘制了电路的全部元器件和它们的连接方式，而框图只是简单地将电路按照功能划分为几个部分，将每一个部分描绘成一个方框，在方框中加上简单的文字说明，在方框间用连线（有时用带箭头的连线）说明各个方框之间的关系。所以电路原理框图只能用来体现电路的大致工作原理，而原理图除了详细地表明电路的工作原理之外，还可以用来作为采集元器件、制作电路的依据。

读图的基本步骤可以归结为"从大到小"：首先是了解整个电路的工作原理，分析电路由哪些部分组成（绘制电路原理框图），然后分析每个部分由哪些功能单元电路组成，最后再分析功能单元电路。读图的方法应以信号为主线，找到每个单元电路的输入和输出进行分析，再通过电源、地、控制电路、保护电路等对整个电路进行分析，以达到完整理解电路的目的。

1. 电路原理框图

图 3-1 所示为万用表的电路原理框图。

通过万用表的电路原理框图，我们可以了解以下几点。

（1）万用表电路的基本组成　万用表电路包括四个部分：电阻测量、电压测量、电流测量及显示部分。

（2）利用电路原理框图便于理解电路　电路原理框图中的每一个部分基本上对应实际

原理电路中的某一单元电路，将电路原理框图与电路原理图对应起来，便于理解电路，具体对应过程在电路原理图中加以介绍。

（3）利用电路原理框图便于维修电路　对于比较复杂的电路，在维修过程中利用电路原理框图能够方便地查找故障所在部位，便于维修。

图 3-1　万用表的电路原理框图

2. 电路原理图

万用表的基本原理是利用一只灵敏的磁电式直流电流表（微安表）做表头。当微小电流通过表头时，就会有电流指示。但表头不能通过大电流，所以，必须在表头上并联、串联一些电阻进行分流或降压，从而测出电路中的电流、电压和电阻，下面分别介绍它们的测量原理。

（1）测直流电流的原理　如图 3-2a 所示，在表头上并联一个适当的电阻（叫分流电阻）进行分流，就可以扩展电流量程。改变分流电阻的阻值，就能改变电流测量范围。

（2）测直流电压的原理　如图 3-2b 所示，在表头上串联一个适当的电阻（叫降压电阻）进行降压，就可以扩展电压量程。改变降压电阻的阻值，就能改变电压的测量范围。

（3）测交流电压的原理　如图 3-2c 所示，因为表头是直流表，所以测量交流时，需加装一个并串式半波整流器，将交流进行整流变成直流后再通过表头，这样就可以根据直流电的大小来测量交流电压。扩展交流电压量程的方法与直流电压量程相似。

（4）测电阻的原理　如图 3-2d 所示，在表头上并联和串联适当的电阻，同时串接一节电池，使电流通过被测电阻，根据电流的大小，就可测量出电阻值。改变分流电阻的阻值，就能改变电阻的量程。

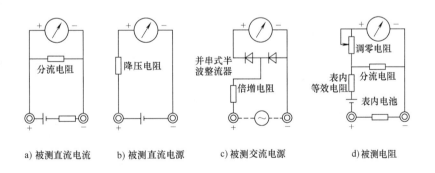

a) 被测直流电流　　b) 被测直流电源　　c) 被测交流电源　　d) 被测电阻

图 3-2　万用表的测量电路原理图

（5）MF47 型万用表电路原理图　图 3-3 就是根据以上原理设计的一款 MF47 型万用表的电路原理图，它的显示表头是一个直流微安表。RP2 是电位器，用于调节表头回路中的电流大小。VD3、VD4 两个二极管反向并联并与电容并联，用于限制表头两端的电压，起保护表头的作用，以免电压、电流过大而烧坏表头。

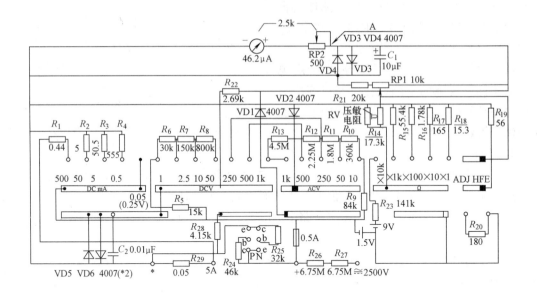

图 3-3　MF47 型万用表的电路原理图

3.1.2　实物装配图、面板图、印制电路板装配图、布线图的识读

1）实物装配图是为了进行电路实物装配而采用的一种图样，图上的符号往往是电路元件的实物外形图。我们只要照着图上画的样子，把电路元器件连接起来就能够完成电路的装配。这种电路图一般供初学者使用，或者作为产品使用的辅助参考资料。

2）面板图即面板布局图，主要用来描述电子产品机箱面板上有关操作和指示的部件，如电源开关、选择开头、调节旋钮、指示灯、数码管、显示屏、输入或输出插座和接线柱等。为适应人们的操作习惯，在前面板和后面板或者侧面板分别布置相应的器件，并就安装位置、尺寸、名称和功能进行详细说明。

3）印制电路板（Printed Circuit Board，PCB），是一种印制或蚀刻了导电引线的非导电板。电子元器件安装在这种板子上，由引线连接各个元器件，进行装配或构成工作电路。PCB 可以有一层或两层导体，也可以有多层导体——多个导电夹层，每层通过绝缘层隔离开。由于这种电路板的一面或两面敷的金属是铜皮，所以印制电路板又叫敷铜板。

印制电路板图即在 PCB 上敷铜连线的图形，是根据电路原理图和相关原则设计的电路图，并可由制板厂家据此制作出电路板。

印制电路板装配图是电子产品在印制电路板上进行元器件装配、焊接的依据，在装配、焊接之前，应对照电路原理图来认识印制电路板装配图，以还原电路图，然后检查是否有连错线、断线、漏线的地方，同时熟悉各个元器件的安装位置。图 3-4 所示为万用表的印制电路板装配图。

4）布线图描述了一个系统电路的分布和整体情况，例如电路布线图、网络布线图、家居综合布线图等。

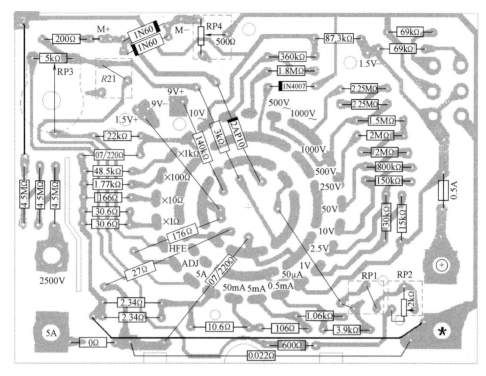

图 3-4   万用表的印制电路板装配图

3.2   通孔插装工艺

将元器件引脚插入印制电路板相应的安装孔，然后与印制电路板面的电路焊盘焊接固定，这种装联技术称为通孔插入安装技术。

通孔插入安装技术具有投资少、工艺相对简单、基板材料及印制电路工艺成本低、适用范围广等优点，对于不苛求体积小型化的产品都具有较好的适用性。

3.2.1   通孔安装工艺流程

根据电子产品生产的性质、生产批量、设备条件等情况的不同，企业对通孔安装的产品有手工装配工艺和自动装配工艺。

1. 自动装配工艺流程

自动装配工艺流程如图 3-5 所示。

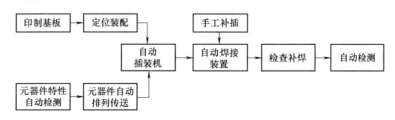

图 3-5   自动装配工艺流程

2. 手工装配工艺流程

待装元器件→引脚整形→插件→调整位置→焊接→剪切引脚→检验。

3.2.2　引脚成型

为了保证焊接质量，元器件插装前必须进行引脚整形，元器件引脚成型主要用于小型元器件，经引脚成型后，可采用跨接、立式、卧式等方法安装。

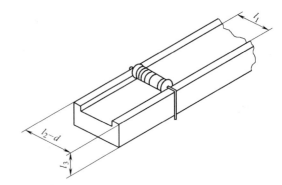

元器件引脚成型方法分为手工、自动两种方式。

1. 手工成型

最简易的手工成型工具是成型棒，其宽度决定了成型跨距，高度决定了引脚长度，如图3-6所示。

2. 自动成型

元器件引脚的自动成型通过成型机来完成，成型机有半自动与全自动成型两种。为适应元器件不同的引出方式，

l_1—电阻体长度　l_2—成型跨距　l_3—折弯离度　d—元器件引脚直径

图3-6　元器件引脚手工成型

成型机又分轴向元器件成型机和径向元器件成型机，如图3-7、图3-8所示。

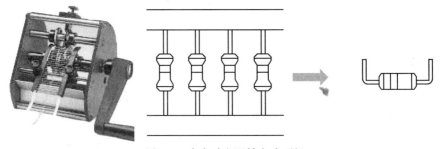

图3-7　半自动电阻轴向成型机

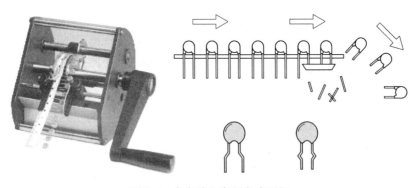

图3-8　半自动电容径向成型机

3.2.3　插件

元器件的通孔插入方式有手工插件和机械自动插件两种。随着装联水平的提高，在大批

量稳定生产印制电路板的企业，普遍采用了机械自动插件的方式，但即使采用机械自动插件后，仍有一部分异形元器件（如集成电路、电位器、插座等）需要手工插件，尤其在小批量多品种的产品装联中，采用机械自动插件会占用大量的转换和调机时间，因此，手工插件还是一种很重要的元器件插装方式。

1. 印制电路板手工流水线插装

电子产品的部件装配中，印制电路板装配元器件的数量多、工作量大，因此电子整机厂的产品在大批量、大规模生产时都采用流水线进行印制电路板组装，以提高装配效率和质量。

插件流水线作业是把印制电路板组装的整体装配分解为若干简单的装配工序，每道工序固定插装一定数量的元器件，使操作过程大大简化。印制电路板的插件流水线分为自由节拍和强制节拍两种形式。自由节拍形式是操作者按规定进行人工插装完成后，将印制电路板在流水线上传送到下一道工序，即由操作者控制流水线的节拍，每个工序插装元器件的时间限制不够严格，生产效率低。强制节拍形式是要求每个操作者必须在规定时间范围内把所要插装的元器件准确无误地插装到印制电路板上，插件板在流水线上连续运行。强制节拍形式带有一定的强制性，生产中以链带匀速传送的流水线属于该种形式的流水线。一条流水线设置工序数的多少，由产品的复杂程度、生产量、工人技能水平等因素决定。在分配每道工序的工作量时，应留有适当的余量，以保证插件质量，每道工序插装为 10 ~ 15 个元器件。元器件量过少势必增加工序数，即增加操作人员，不能充分发挥流水线的插件效率；元器件量过多又容易发生漏插、错插事故，降低插件质量。在划分过程中，应注意每道工序的时间要基本相等，以确保流水线均匀移动。流水线设备如图 3-9 所示。

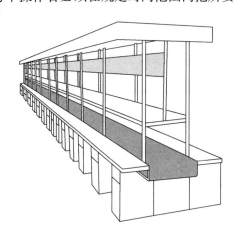

图 3-9 流水线设备

印制电路板上插装元器件有两种方法：按元器件的类型、规格插装元器件和按电路流向分区块插装各种规格的元器件。前一种方法因元器件的品种、规格趋于单一，不易插错，但插装范围广、速度低；后一种方法的插装范围小，工人易熟悉电路的插装位置，插件差错率低，常用于大批量、多品种且产品更换频繁的生产线。

2. 印制电路板自动插装

为了提高元器件插件速度、改善插件质量、减轻操作人员的劳动强度、提高生产效率和产品质量，印制电路板的组装流水线也可采用自动装配机。

自动插装和手工插装的过程基本相同，都是将元器件逐一插入印制电路板上，大部分元器件由自动装配机完成插装，在自动插装后一般仍需手工插装一部分不能自动插装的元器件。自动装配对设备要求高，一般用于自动插装的元器件的外形和尺寸要求尽量简单一致，方向易于识别（如电阻、电容和跳线等），并对元器件的供料形式有一定的限制。自动插装过程中，印制电路板的传递、插装、检测等工序，都是由计算机按程序进行控制。自动插装机的使用步骤及有关要求如下。

（1）编辑编带程序　元器件自动插装前，首先要按照印制电路板上元器件自动插装路线，在编辑机上进行编带程序编辑。插装路线一般按"Z"字形走向，编带程序应反映元器件按此插装路线进行插件的顺序。

（2）编带机编织插件料带　先将编带程序输入编带机的控制计算机，编带机根据计算机发出的指令运行，并把编带机料架上放置的不同规格的元器件自动编排成以插装路线为顺序的料带。编带过程中若发生组件掉落或不符合程序要求时，编带机的计算机自动监测系统会自动停止编带，纠正错误后编带机再继续运行，保证编出的料带完全符合编带程序要求。组件料带的编排速度由计算机控制，编排速度可达每小时25000个。电阻器料带如图3-10所示，电阻器及引脚通过胶带整齐排列。

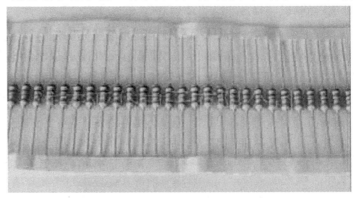

图3-10　电阻器料带

3.2.4　焊接

焊接是金属连接的一种方法，它是利用加热、加压或其他手段，在两种金属的接触面，依靠原子或分子的相互扩散作用，形成一种新的牢固的结合，使这两种金属永久地连接在一起。

焊接通常可分为熔焊、钎焊和接触焊三大类，在电子整机装配中主要采用钎焊。钎焊是用通过加热熔化成液态的金属把固体金属连接在一起的方法。作为焊接的金属材料，其熔点要低于被焊接的金属材料。钎焊按照使用焊料熔点的不同分为：硬焊（焊料熔点高于450℃）、软焊（焊料熔点低于450℃）。采用锡铅焊料进行焊接称为锡焊，是软焊的一种，本节主要介绍锡焊的基础知识、工具、材料以及工艺等。

1. 焊接基础知识

（1）焊接的重要性　电子产品整机装配中的焊接，是指将组成产品的各种元器件，通过导线、印制导线、接点等，使用焊接的方法牢固地连接在一起的过程。焊接是整机装配过程中的一个重要环节，每个焊接点的质量都关系到整个产品的使用可靠性，所以，每个焊点都要求具有一定的机械强度和良好的电气性能，它是整机质量的关键。

（2）焊接点形成的必要条件

1）被焊接的金属材料具有良好的焊接性。焊接性是指被焊接的金属材料与焊料在适当的温度和助焊剂的作用下，形成良好结合的能力。铜的导电性能良好并且易于焊接，所以，常用它制作元器件的引脚、导线及接点。其他金属如金、银，焊接性较强，但价格较贵，而铁、镍的焊接性较差，通常在它的表面镀上一层锡、铜、银或金等，提高其焊接性。

2）被焊金属材料表面要清洁。为使焊接良好，被焊接金属材料和焊料要保持清洁。被焊接金属材料的表面若有氧化物、污垢会严重阻碍焊点形成。一般程度的氧化物、污垢可通过助焊剂清除，较重程度则要通过化学或机械方式清除。

3）使用合适的助焊剂。助焊剂在焊接过程中能够清除被焊金属表面的氧化物和污垢，清洁被焊金属表面，提高焊锡的流动性，形成良好的焊点。所以，使用合适的助焊剂十分重要。

4）焊料的成分与性能要适应焊接的要求。焊料的成分应与被焊接金属材料的焊接性、焊接的温度和时间、焊点的机械强度相适应，从而达到易于焊接、焊接牢固的目的。

5）焊接要具有一定的温度和时间。焊接要具有一定的温度，保证焊锡向被焊金属材料扩散并使被焊金属材料上升到焊接温度，以便与焊锡生成合金。焊接的时间是指在焊接的全过程中，完成一个合格焊接点所需的全部时间。焊接的时间要掌握适当，时间过长易损坏焊接部位及元器件；时间过短则达不到焊接要求。

（3）对焊接点的基本要求 一个良好的焊接点应具备以下基本要求。

1）具有良好的导电性。一个良好的焊接点应是焊料与被焊金属物表面互相扩散，形成金属化合物，而不是简单地将焊料堆积在被焊金属表面。焊点质量良好，才能保证良好的导电性。

2）具有一定的机械强度。焊接点可以连接两个或两个以上的元器件，并使导电性良好，所以，焊接点要有一定的机械强度。为了增加机械强度，通常将被焊接的元器件引脚、导线先进行网绕、钩接、绞合在接点上，然后再进行焊接。

3）焊接点表面要具有良好的光泽且表面光滑。一个良好的焊接点表面要具有光泽且表面光滑，不应凹凸不平或有毛刺。这主要与焊接的温度和焊剂的使用有关。

4）焊接点上的焊料要适量。焊接点上焊料过少，机械强度差，而且随着氧化加深，容易造成焊接点失效；焊料过多，在焊接点密度较大处容易造成桥连，或因细小的灰尘在潮湿的环境中引起短路，而且使成本上升。所以，焊接点上的焊料要适量。

5）焊接点不应有毛刺。相邻的两个焊点若有毛刺时，在高频电路中容易造成尖端放电。

6）焊接点表面要清洁，否则污垢、焊剂的残渣会降低电路的绝缘性，给电路带来隐患。

（4）焊接点的质量检验标准

1）焊接点的机械强度和电气性能的检查：检查焊接点有无虚焊、有无与其他焊接点桥连。

2）焊接点外观的检查：检查焊接点的光亮度、清洁度，使用焊料的多少，焊接点形状等。焊接点标准外观如图3-11所示。

2. 焊接工具

电子整机装配中常选用电烙铁作为焊接工具，电烙铁具有使用灵活、操作方便、适应性强、焊点质量容易控制、投资少等优点，因此被广泛使用。

（1）电烙铁的种类 随着焊接技术的需要和不断发展，电烙铁的种类不断增加，除常用的内热式、外热式电烙铁外，还有恒温电烙铁、吸锡电烙铁、微型烙铁、超声

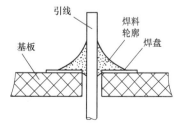

图 3-11 焊接点标准外观

波烙铁、半自动送料焊枪等多种类型。

1）外热式电烙铁如图3-12所示。烙铁芯是电烙铁的核心部件。外热式电烙铁的烙铁芯是由电热丝平行地绕制在一根空心瓷管上制成的，中间由云母片绝缘，引出两根导线与220V交流电连接，由于烙铁芯安装在烙铁头外面，故称外热式。外热式电烙铁的特点是结构简单、价格便宜，但热效率低、升温慢、体积较大，而且烙铁的温度不能有效控制。

电烙铁的规格一般是用电功率表示。外热式电烙铁常用规格有25W、45W、75W、100W等，功率越大，烙铁头的温度越高。

2）内热式电烙铁如图3-13所示。内热式电烙铁的烙铁芯是用电热丝缠绕在密闭的陶瓷管上组成，然

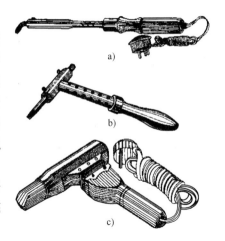

图3-12　外热式电烙铁

后插在烙铁头里面，直接对烙铁头加热，故称内热式。内热式电烙铁的特点是热效率高、升温快、体积小、重量轻、耗电低，由于烙铁头的温度是固定的，因此温度不能控制。常用规格有20W、30W、50W等。

3）恒温式电烙铁是一种烙铁头温度可以控制的电烙铁，根据控制方式不同，可分为电控烙铁和磁控烙铁。图3-14所示为恒温式电烙铁。

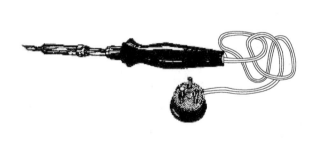

图3-13　内热式电烙铁

图3-14　恒温式电烙铁

由于恒温式电烙铁断续加热，因此比普通电烙铁省电，且烙铁头始终保持在适于焊接的温度范围内，焊接不易氧化，可减少虚焊，提高焊接质量；由于温度变化范围小，电烙铁不会产生过热现象，从而延长了使用寿命，同时也能防止被焊接的元器件因温度过高而损坏。

（2）电烙铁的选用　选用电烙铁的主要依据是电子设备的电路结构形式、被焊元器件的热敏感性、使用焊料的特性等。满足这些要求，主要从电烙铁的热性能考虑。

1）电烙铁功率的选择。电烙铁上标出的功率，并不是它的实际功率，而是单位时间内消耗的电源能量。加热方式不同，相同瓦数的电烙铁的实际功率就存在较大差别。因此，选择电烙铁的功率一般应根据：焊接工件的大小，材料的热容量、形状、焊接方法和是否连续工作等因素考虑。

① 焊接集成电路、晶体管及受热易损元器件，一般选20W内热式或者25W外热式电烙铁。

② 焊接导线、同轴电缆时，应选用45～75W外热式电烙铁或者50W内热式电烙铁。

③ 焊接较大的元器件，如行输出变压器的引脚、金属底盘接地焊片等，应选用100W以上的电烙铁。

2）烙铁头的选用。烙铁头的材料一般选用纯铜制作较好。为了适应不同焊接物的要求，所选烙铁头的形状也有所不同，如图3-15所示。

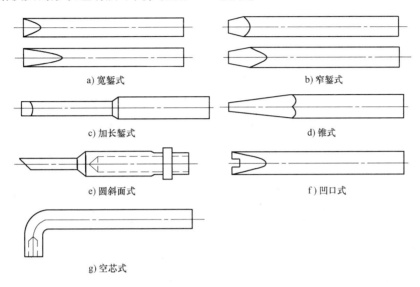

a) 宽錾式   b) 窄錾式

c) 加长錾式   d) 锥式

e) 圆斜面式   f) 凹口式

g) 空芯式

图 3-15　烙铁头的外形图

（3）电烙铁的使用方法

1）电烙铁的通电加温方法。电烙铁在通电加温前应首先检查外观，观察其各部分是否完好，然后用万用表欧姆档测量电源线插头两端电阻，判断其是否有开路或短路现象。另外，电源线绝缘层不允许有破损，经检查一切正常后，即可通电加温。

若是新烙铁，在使用前则必须对烙铁头进行处理，具体方法是：先用锉刀将烙铁头按照需要锉成一定的形状，接通电源待电烙铁加热到刚好能熔化松香的温度时，将松香涂在烙铁头上，然后再涂上焊锡，当烙铁头的刃面全部挂上一层锡后即可使用。

用纯铜制造的烙铁头，在温度较高时容易氧化，要经常进行修整、重新上锡才能继续使用。为延长烙铁头的使用寿命，比较简单的方法是将烙铁头加以锻打，以增加金属分子的密度。为进一步延长烙铁头的使用寿命，也可将烙铁头镀上铁或铁镍合金。使用这种带有耐腐蚀层的烙铁头时，一般不用锉刀清洁烙铁头，而是在湿布或者海绵上来回擦，也可在松香上擦洗。注意，擦洗应在电烙铁加热状态下进行。

为延长烙铁头的使用时间，要注意掌握合适的温度。一般情况下，烙铁头的温度在320℃以下可以减少烙铁头的腐蚀。

2）电烙铁的握法。常见电烙铁的握法有三种，如图3-16所示。选用哪种握法应根据具体情况而定，最终目的是使被焊件焊接牢固、不烫坏周围的元器件及导线，安全可靠。

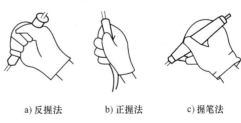

a) 反握法　　b) 正握法　　c) 握笔法

图 3-16　电烙铁的握法

3. 焊接材料

（1）焊料

1）焊料及其分类。焊料是用来熔合两种或两种以上的金属面，使之成为一个整体的金属或者合金的材料。按熔点可分为：软焊料（熔点在450℃以下）、硬焊料（熔点在450℃以上）。按组成成分可分为：有铅焊料、无铅焊料等。在电子产品的生产中，常选用锡铅焊料，俗称焊锡。随着人们对铅的危害的认识，有铅焊料正逐渐被无铅焊料所取代。

2）共晶焊锡。根据锡、铅的不同配比，可以得到性能不同的合金焊料，这可从锡铅合金状态图中了解。锡铅合金状态图是把锡、铅的配比与加热温度的关系绘制成金属状态变化的图形，图3-17所示为锡铅合金状态图。

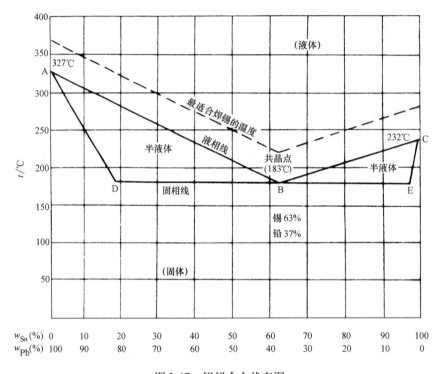

图3-17 锡铅合金状态图

由图3-17可看出：A点（纯铅）、C点（纯锡）、B点（易熔合金）是在单一温度下熔化的，而只有这三点，焊料可直接由固体变为液体，或直接由液体变为固体，而其他配比的合金则是在一个温度区域内熔化，其上限（ABC线）称为液相线，下限（ADBEC线）称为固相线。在两个温度线之间的是半液体区，焊料呈稠糊状。特别说明：在B点，合金不呈半液体状态，可由固体直接变为液体，故B点称作共晶点，按共晶点的配比配制的焊锡称为共晶焊锡。锡铅合金焊料共晶点的配比为Sn占63%，Pb占37%，共晶点的温度是183℃。当锡含量高于63%时，熔化温度升高，强度降低；当锡含量少于10%时，焊接强度差，接头发脆，焊料润滑能力差，因此最理想的是共晶焊锡。

共晶焊锡的优点是：焊点温度低，减少了元器件、印制电路板等被焊接物体受热损坏的机会；在共晶点，焊锡直接由液体变为固体，因此可减少焊点冷却过程中由于元器件松动而出现的虚焊现象；抗拉强度比其他配比的焊料好。

3）无铅焊料。早期的无铅焊料主要使用 Sn96.5Ag3Cu0.5（SAC305）和 Sn95.5Ag4Cu0.5（SAC405），这两种焊料由于含有比较贵重的银金属，又受专利保护，价格相对较高。目前价格较低的 Sn99.3Cu0.7 合金受到越来越多的青睐。表 3-1 为各种焊料合金熔点比较。

表 3-1　焊料合金熔点比较

合金	熔点/℃	合金	熔点/℃
Sn63Pb37	183	Sn96.5Ag3Cu0.5	217～218
Sn96.5Ag3.5	221	Sn99.3Cu0.7	227

（2）助焊剂

1）助焊剂的作用及分类。助焊剂在锡铅焊接中是一种不可缺少的材料，它的作用是：有助于清洁被焊表面，防止氧化，增加焊料的流动性，使焊点易于形成。常用的助焊剂一般可分为：无机系列、有机系列和树脂系列。

无机系列助焊剂，化学作用强，腐蚀作用大，锡焊性非常好，但由于对金属有较强的腐蚀性，并且挥发气体对电路元器件有破坏作用，所以施焊后必须清洗干净。在无线电装配中一般禁止使用该助焊剂。有机系列助焊剂，其锡焊作用慢且较弱，腐蚀性小。树脂系列助焊剂在无线电设备的焊接中应用广泛，常采用松香酒精助焊剂，该助焊剂的松香与酒精的含量比为 1:3，为改善助焊剂的活性，还可添加适量的活性剂，如溴化水杨酸等。

2）在焊接中对助焊剂的要求

① 常温下必须稳定，其熔点低于焊料熔点，在焊接过程中要具有较高的活化性、较低的表面张力，受热后能迅速而均匀地流动。

② 不导电，无腐蚀性，残留物无副作用，施焊后的残留物容易清洗。

③ 不产生有刺激性的气味和有害气体。

④ 配制简单，原料易得，成本低廉。

3）使用注意事项

① 助焊剂存放时间过长，会使助焊剂的成分发生变化，活性变差，影响焊接质量，所以存放时间过长的助焊剂不宜使用。

② 在无线电设备装配中常用的松香酒精助焊剂在高于 60℃时，绝缘性能会下降，焊接后的残渣对发热元器件有较大的危害，甚至造成短路现象，因此焊接后要清除助焊剂的残留物。

（3）阻焊剂　在进行浸焊、波峰焊时，往往会发生焊锡桥连造成短路的现象，高密度印制电路更为突出。因此，在不需要焊接的部分涂阻焊剂可以避免这种现象。

阻焊剂是一种耐高温的涂料，它的作用是：使焊接只在需要焊接的焊点上进行，而将不需要焊接的部分保护起来。应用阻焊剂可以防止桥连、短路等情况发生，减少返修，提高生产效率、节约焊料，并且可使焊点饱满，减少虚焊现象，提高焊接质量。

阻焊剂的种类有热固化型阻焊剂、光敏阻焊剂和电子束辐射固化型阻焊剂等几种。

4. 手工焊接工艺

手工焊接是锡铅焊接技术的基础，手工焊接的质量，直接影响整机设备的质量。因此，保证高质量焊接是至关重要的，只有经过大量的实践，不断积累经验，才能真正掌握这门工艺技术。

（1）手工焊接的基本步骤

1）五步操作法：对于热容量较大的焊件，手工焊接时应采用五步操作法，具体操作如下。图 3-18 所示为手工锡焊五步操作法示意图。

① 准备。首先将被焊件、焊锡丝和电烙铁准备好，处于随时可焊状态，即左手拿焊锡丝，右手握住已上锡的电烙铁，做好焊接准备。

② 加热被焊件。把烙铁头放在接线端子和引线上进行加热。

③ 放上焊锡丝。被焊件经过加热达到一定温度后，立即将左手中的焊锡丝触到被焊件上熔化适量的焊锡。焊锡应加到被焊件上烙铁头对称的一侧，而不是直接加到烙铁头上。

④ 移开焊锡丝。当焊锡丝熔化到一定量后，迅速移开焊锡丝。

⑤ 移开电烙铁。当焊料的扩散范围达到要求后移开电烙铁，撤离电烙铁的方向和速度与焊接质量有关，操作时应注意。

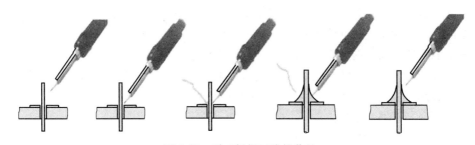

图 3-18　手工锡焊五步操作法

2）三步操作法：对于热容量较小的焊件，手工焊接时应采用三步操作法，具体如下。

① 准备。左手拿焊锡丝，右手拿上好锡的电烙铁，将焊锡丝与电烙铁靠近，处于随时可焊状态。

② 同时加热、加焊料。在被焊件的两侧，同时放上烙铁头和焊锡丝，以熔化适量的焊料。

③ 同时移开电烙铁和焊锡丝。当焊料的扩散范围达到要求后，迅速拿开电烙铁和焊锡丝。

图 3-19 所示为手工锡焊三步操作法示意图。

以上介绍的焊接步骤，在焊接中应细心体会其操作要领，做到熟练掌握。

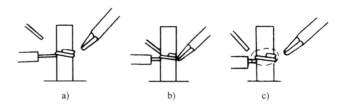

a)　　　　　　b)　　　　　　c)

图 3-19　手工锡焊三步操作法

（2）焊接注意事项　在焊接过程中，除应严格按照焊接步骤操作外，还应注意以下几个方面。

1）烙铁头的温度要适当。不同温度的烙铁头放在松香上，会产生不同的现象。烙铁头温度过低时，松香不易熔化；烙铁头温度过高时，松香会迅速熔化，发出声音，并产生大量的蓝烟，其颜色很快由淡黄色变成黑色。一般情况下，松香熔化较快又不冒烟时的温度比较合适。

2）焊接时间要适当。从加热焊接点到焊料熔化并流满焊盘，一般应在几秒钟内完成。如果焊接时间过短，则焊接点上的温度达不到焊接温度，焊料熔化不充分，未挥发的焊剂会在焊料与焊接点之间形成绝缘层，造成虚焊或假焊。

焊接时间过长，焊点上的焊剂完全挥发，失去了助焊的作用。在这种情况下，继续熔化的焊料就会在高温下吸附空气，使焊点表面易被空气氧化，造成焊接点表面粗糙、发黑、光亮度不够、焊料扩展不好、焊接点不圆等。焊接时间过长、温度过高，还容易损坏被焊元器件及导线绝缘层等。

3）焊料与焊剂使用适量。一般情况下，所使用的松香焊锡丝本身带有助焊剂，焊接时不用再使用助焊剂。

对于管座一类器件的焊接，若使用焊料过多，则多余的焊料会流入管座的底部，可能会造成引脚之间短路或降低引脚之间的绝缘；若使用焊剂过多，则多余的焊剂容易流入管座插孔焊片底部，在引脚周围形成绝缘层，造成引脚与管座之间接触不良。

4）焊接过程中不要触动焊接点。当焊接点上的焊料尚未完全凝固时，不应移动焊接点上的被焊元器件以及导线，以免焊接点变形，出现虚焊现象。

5）防止焊接点上的焊锡任意流动。理想情况下的焊接是焊锡只焊接在需要焊接的部位。在焊接操作时，应严格控制焊锡流向。另外，不应该使用大功率电烙铁焊接较小的元器件，因为温度过高时，焊锡流动很快，不易控制。所以，开始焊接时焊锡要少一些，待焊点达到焊接温度时，焊锡流入焊接点空隙后再补充焊锡，迅速完成焊接。

6）焊接过程中不能烫伤周围的元器件及导线。对于电路结构比较紧凑、形状比较复杂的产品，在焊接时注意不要使电烙铁烫伤周围导线的塑料绝缘层及元器件表面。

7）利用焊接点的余热，完成有关操作，并且及时做好焊接后的清除工作。

（3）印制电路板的手工焊接

1）印制电路板的焊接特点。印制电路板是用黏合剂将铜箔压粘在绝缘板上制成的。绝缘板常采用环氧玻璃布、酚醛绝缘纸板等。一般环氧玻璃布覆铜箔板允许连续使用的温度为140℃左右，远低于焊接温度。由于铜箔与绝缘材料的黏合能力并不很强，且它们的膨胀系数又不相同，如果焊接的温度过高、时间过长，就会引起印制电路板起泡、变形，严重的还会导致铜箔脱落。

在无线电整机产品中，插在印制电路板上多为小型元器件，对于晶体管、固体元器件、热塑件等小型元器件，其耐高温的能力较差，所以，在焊接印制电路板时，要根据具体情况，选择合适的焊接温度、焊接时间、焊料与焊剂。

2）印制电路板的焊接。为了得到良好的焊接点，印制电路板的被焊点与元器件的引脚及导线要保持清洁。印制电路板不要保存时间过长，以免影响焊接质量。

印制电路板进行手工焊接时，一般采用三步焊接法，主要特点是操作要准、快 。尽量避免复焊，对未焊好的焊点，复焊次数不得超过两次。

3）印制电路板焊接注意事项如下。

① 温度要适当，加温时间要短。印制电路板的焊盘面积小、铜箔薄，一般每个焊盘只穿入一根引线，并露出很短的线头，每个焊接点能承受的热量很少，只要烙铁头稍一接触，焊接点即达到焊接温度，烙铁头的温度下降也很少，接触时间一长，焊盘即被损坏。因此焊接时间要短，一般为 2 ~ 3s。

② 焊料与焊剂使用要适量，焊料以包着引线涂满焊盘为准。一般情况下，焊盘带有助焊剂，且使用松香焊锡丝，所以不必再使用助焊剂。

5. 自动焊接

随着电子技术的不断发展，电子设备朝多功能、小型化、高可靠性方向发展。电路变得越来越复杂，设备组装的密度加大，手工焊接已很难满足高效率的要求。所以，在大规模生产中常采用自动焊接，主要包括浸焊和波峰焊。

（1）浸焊　浸焊是将安装好元器件的印制电路板浸入熔化的锡锅内一次完成所有焊点焊接的方法。这种方法比手工焊接操作简便、效率高，适用于批量生产。但是焊接质量不如手工焊接，有虚焊现象，容易造成焊锡浪费等。

1）浸焊的工艺流程。将插好元器件的印制板装上专用夹具，放入自动导轨，喷涂助焊剂，然后烘干。印制板沿导轨以15°倾角进入锡锅，锡锅内锡铅焊料的温度控制在250℃左右，印制电路板经过锡锅约3s，然后以15°倾角离开锡锅，经切头机自动铲头、吹风机冷却后，从夹具上取下，完成焊接。浸焊工艺流程如图3-20所示。

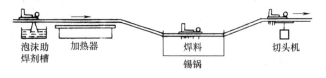

图3-20　浸焊工艺流程

2）浸焊注意事项

① 锡锅的温度应严格控制在所要求的范围内，不应过高或过低。过低，焊锡流动性差，印制电路板浸润不均匀；过高，印制电路板易弯曲，铜箔易翘起。

② 对未安装元器件的安装孔，要贴上胶带，以免焊锡填入孔内。

③ 使用锡锅浸焊，由于焊料易形成氧化物膜，应及时清理。

④ 浸焊时要防止焊锡喷溅，操作时注意安全。

（2）波峰焊

1）波峰焊的工作原理及特点。波峰焊的工作原理是让组装件与熔化的焊料的波峰接触，实现钎焊连接。由于焊件与焊锡波峰接触，减少了氧化物和污染物，所以焊接质量较高。图3-21所示为波峰焊机。

图3-21　波峰焊机

2）工艺流程。波峰焊流水线是现代化生产流水线的一部分，可根据设备和场地进行设计。从插件台送来的插好元器件的印制电路板，被传送装置送到接口自动控制器上，涂覆助焊剂，预热，然后送至波峰焊机上进行焊接，焊接后，经冷却、切除多余焊线，最后清洗印制电路板，送下道工序。波峰焊工艺流程如图 3-22 所示。

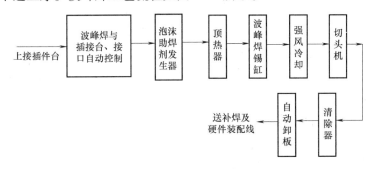

图 3-22　波峰焊工艺流程

3）影响焊接质量的主要参数

① 波峰高度。波峰高度最好是作用波的表面高度达到印制电路板厚度的 1/2～2/3 适宜。波峰过高，容易使焊接点拉尖或堆锡；波峰过低容易造成漏焊、挂锡。

② 焊接温度。焊接温度是指被焊处与熔化的焊料相接触时的温度，有效地控制温度是保证焊接质量的关键。温度过高，印制电路板容易变形，对印制导线、焊盘、元器件都有不良影响；温度过低，焊接点粗糙、不光亮，造成虚焊、假焊等。焊接温度一般在 230～260℃ 之间，不同的印制电路板基板材料焊接温度略有不同。

③ 速度。印制电路板的传递速度决定焊接时间，通常，焊接点与熔化的焊料接触的时间为 3s 左右，根据焊接时间，考虑印制电路板的面积、焊点的密度等，印制电路板的传递速度一般为 1m/min 左右。

4）波峰焊注意事项。波峰焊用于高效率、大批量的生产，操作中稍有差错，就会出现大量的焊接质量问题。因此，在操作时应注意以下事项。

① 焊接前对设备的运转情况、待焊接印制电路板的质量和插件情况进行检查。

② 焊接过程中随时注意焊接质量，检查焊料成分。若发现焊料表面有氧化膜，及时清理；注意焊料的消耗，及时进行补充。

③ 焊接后应注意检查漏焊和桥连。若出现大量焊接质量缺陷，应及时查找原因。

6. 无锡焊接

无锡焊接是焊接技术的一个组成部分，包括压接、绕接、熔接、导电胶粘接、激光焊等。无锡焊接的特点是：不需要焊料与焊剂就可获得可靠的连接，解决了焊接面易氧化，清洗困难的问题。现在，无锡焊接在无线电整机装配中被广泛使用。

（1）压接　压接是通过控制挤压力和金属位移，使连接器触角或端子与导线实现连接。压接分为冷压接和热压接，其中冷压接使用较多。压接使用的工具是压接钳。将导线端头放入压接触脚或端头焊片中用力压紧，即可获得可靠的连接。压接的特点如下。

1）操作简便，适宜在任何场合应用。

2）生产效率高、成本低。

3）压接的接点不使用焊剂，所以无焊剂的残留物，焊接点清洁无污，并且压接的过程不会产生有害气体。

4）接点损坏后维修方便，只要剪断导线，重新剥头再压接即可。

压接也有不足之处，如在压接过程中，操作者用力不一致，质量不稳定；压接接点的接触电阻比较大；有些接点不能采用压接等。

（2）绕接 绕接使用的工具是绕接器。绕接的操作步骤如下。

1）根据线材规格、接线柱尺寸以及绕接所需圈数，在导线端头剥去一定长度的绝缘层。

2）将去掉绝缘层的一段裸线全部插入导线孔，然后将导线折弯，嵌在绕头缺口内，再转到绕头外向后引出。

3）将绕接工具头部的接线柱孔套入被绕接的接线柱上，旋转绕头并向前施加少量推力，将导线紧密地排绕在接线柱上。

以上绕接过程示意图如图3-23所示。

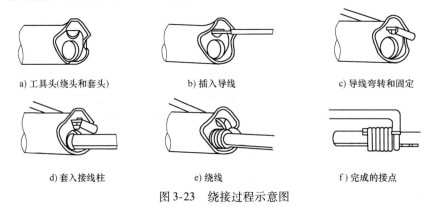

a) 工具头(绕头和套头)   b) 插入导线   c) 导线弯转和固定

d) 套入接线柱   e) 绕线   f) 完成的接点

图3-23 绕接过程示意图

绕接的特点如下。

1）可靠性高、寿命长，不会产生虚假焊。

2）绕接时接触电阻只有$1m\Omega$，是锡焊接点接触电阻的1/10；抗震能力是锡焊的40倍。

3）不需要使用焊料、焊剂，不会产生有害气体，绕接完成后不需要清洗。

4）不需要加温，可避免烫坏导线绝缘层。

绕接也有不足之处，如导线剥头比锡焊长，导线必须是单芯线，接点形状比较特殊等。绕接技术尽管不够完善，但随着在电子设备装配中的应用，将不断得到改进。

3.3 表面贴装工艺

表面安装技术（SMT）是将表面安装形式的元器件，用专用的胶粘剂或者焊膏固定在预先制作好的印制电路板上，在元器件的安装面实现安装，如图3-24所示。所以，SMT是一种电子元器件贴装工艺技术。

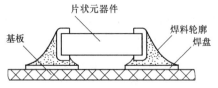

图3-24 SMT贴装工艺

SMT的出现动摇和冲击了通孔插装技术（THT），成为当今世界上电子产品最先进的装配技术。它与传统的通孔插装技术相比，具有体积小、重量轻、装配密度高、可靠性高、成本低及自动化程度高等优点，目前已在军事、航空、航天、计算机、通信、工业自动化及消费类电子产品等领域得到了广泛的应用，并在向纵深发展。

3.3.1 表面贴装工艺流程

1. 表面安装技术的组成

表面安装技术的组成见表 3-2。

表 3-2 表面安装技术的组成

		封装设计	结构形状、引脚形式、耐焊性等
表面安装技术	表面安装元器件	制造技术	微型化、高集成度、低功耗
		包装	编带式、棒式、托盘式、散装等
	SMT 的电路基板	单(多)层印制电路板、陶瓷基板、瓷釉基板	
	组装设计	电路原理设计、热设计、元器件布局布线、焊盘图形设计	
	安装工艺	安装方式和工艺流程	
		安装材料	
		安装技术:顺序式、流水线式、同时式	
		安装设备	

（1）表面安装元器件　表面安装元器件是指适合表面贴装的微小型、无引脚或短引脚元器件，其焊接端子都制作在同一平面内，外形为矩形片状、圆柱形或不规则形，又称为片式元器件。片式元器件按其功能分为片式无源元器件，如片式电阻、电容、电感和复合元器件（谐振器、滤波器）等称为 SMC（表面贴装元件）；片式有源元器件，如集成元器件、片式机电元器件（片式开关、继电器）称为 SMD（表面贴装器件）。

（2）表面安装技术与通孔插装技术的比较　通孔插装技术（THT）是靠印制电路板上的通孔和元器件的引脚，实现电子元器件在印制电路板上的插装，然后焊接，形成可靠的焊点，来实现机械与电气的连接。SMT 与 THT 不同，其根本区别是靠"贴"而不是靠"插"。THT 使用有引脚的元器件，在印制电路基板背面（组件面）从安装孔插入元器件引脚，而在电路基板正面（焊接面）进行焊接，元器件和焊点分别在印制电路板的两侧；SMT 使用片式元器件，在印制电路基板的同一面进行元器件贴装和焊接，元器件和焊点在印制电路板的同侧。工艺上的这种区别就决定了 SMT 和 THT 从元器件包装到安装工艺、安装设备等方面都存在很大差异。

2. 表面安装方式

片式元器件的表面安装方式分为完全表面安装、单面混合安装和双面混合安装三种，见表 3-3。

表 3-3 表面安装方式

序号	安装方式		安装元器件结构图	电路基板	元器件	特点
1	完全表面安装	单面表面安装		单面印制电路板和陶瓷基板	表面安装元器件	工艺简单、适用小型化、薄型化的电路安装
2		双面表面安装		双面印制电路板和陶瓷基板	表面安装元器件	高密度、薄型化的安装

（续）

序号	安装方式		安装元器件结构图	电路基板	元器件	特点
3	单面混合安装	先贴法	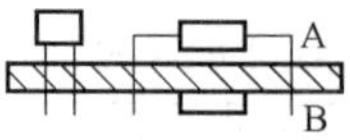	单面印制电路板	表面安装元器件与通孔插装元器件	先贴后插、工艺简单、安装密度低
4		后贴法		单面印制电路板	表面安装元器件与通孔插装元器件	先插后贴,工艺复杂,安装密度高
5	双面混合安装	SMD 和 THC(通孔插装元件)都在 A 面	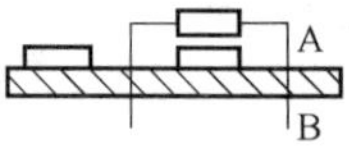	双面印制电路板	表面安装元器件与通孔插装元器件	THC 和 SMD 安装在印制电路板的同一侧,安装密度高
6		THC 在 A 面, SMD 在 A、B 面都有	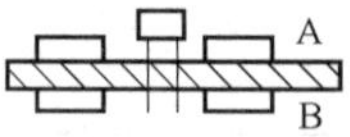	双面印制电路板	表面安装元器件与通孔插装元器件	SMD 在印制电路板两面都有,安装密度高

（1）完全表面安装　该安装方式分为单面表面安装方式和双面表面安装方式,即表 3-3 中第 1 种和第 2 种。完全表面安装采用细线图形的印制电路板或陶瓷基板,采用细间距和再流焊接工艺,安装密度相当高,其工艺流程如图 3-25a 所示。在双面表面安装的工艺流程中,电路板的两面都采用了再流焊工艺,这样 A 面安装的 SMD 经过了两次再流焊接后,当进行 B 面安装时,A 面向下,已经焊接好的 A 面上的 SMD 在 B 面进行再流焊接时,其焊料会再熔融,这些 SMD 在传送带轻微振动时会发生移位,甚至脱落,所以 A 面涂敷焊膏后还需要用黏合剂固定,其工艺流程如图 3-25b 所示。

在双表面安装工艺流程中,因采用再流焊接工艺,所以要涂敷焊膏。焊膏通常由焊料金属粉末、助焊剂和溶剂三部分混合成糊状浆料,有松香型和水溶型两种。在安装时,把焊膏涂在基板焊盘处,贴装 SMD,焊膏有一定的黏度,以使 SMD 保持在固定位置上,然后经高温重熔焊料,将 SMD 焊接在基板上。

（2）单面混合安装　它采用单面印制电路板和双波峰焊接工艺,根据表面安装元器件的粘贴顺序又分为先贴法和后贴法安装。先贴法安装（表 3-3 中第 3 种）方式,是先在印制电路板的 B 面贴装好 SMD,后在 A 面插装通孔插装元件（THC）,其工艺特点是胶粘剂涂敷较容易,操作简单,但贴装 SMD 需留下插装 THC 时弯曲引脚的操作空间,安装密度低;另外插装 THC 时还容易碰到已贴装好的 SMD,引起 SMD 的损坏或受到机械振动而脱落,因此要求胶粘剂有很高的粘接强度,以保证足够的耐机械冲击。表 3-3 中第 4 种安装方式是先在 A 面插装 THC,然后在 B 面贴装 SMD,克服了第 3 种方式的缺点,提高了安装的密度,但涂敷胶粘剂较困难。

（3）双面混合安装　双面混合安装方式采用双面印制电路板、双波峰焊接和再流焊接工艺,同样有先贴 SMD 和后贴 SMD 的区别,一般采用先贴后插法,这种安装方式分为两种,即表 3-3 中的第 5 种和第 6 种。第 5 种是把 SMD 和 THC 都放在印制电路板的 A 面,工艺较复杂,安装密度高;第 6 种是把 THC 放在 A 面,SMD 放在 A、B 两面,这种安装方式因在印制电路板的两面都有 SMD,同时将 THC 一起安装,因此安装密度相当高。

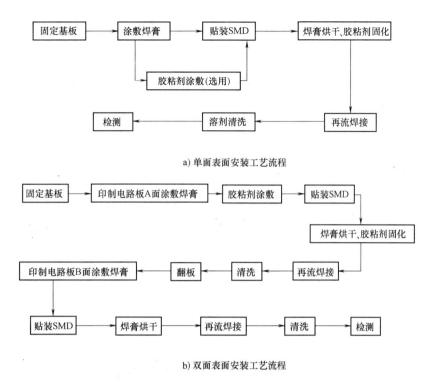

a) 单面表面安装工艺流程

b) 双面表面安装工艺流程

图 3-25　完全表面安装

3.3.2　手工安装

对于引脚较少的 SMT 元器件，如电阻器、电容器、晶体管等，可采用直接焊接的方法：先将印制电路板元器件面朝上放在桌上，用镊子将元器件夹放到印制电路板上相应的位置上，注意引脚要与焊盘对准，然后用拇指将元器件按住，用电烙铁沾少量焊锡和松香将其一只引脚简单焊住。元器件的贴放主要是拾取和贴放下去两个动作。手工贴放时，最简单的工具是小镊子，但最好是采用手工贴放机的真空吸管拾取元器件进行贴放，如图 3-26 所示。

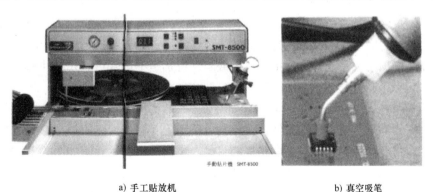

a) 手工贴放机　　　　　　　　　　b) 真空吸笔

图 3-26　手工贴放机

完成这一步后，元器件就不会掉下来了，此时可一手拿电烙铁，另一只手拿焊锡丝，先焊接元器件未焊接的其他引脚，注意焊锡一定不能过多，最后再将最初的引脚补焊好，即完成了焊接，如图 3-27 所示。

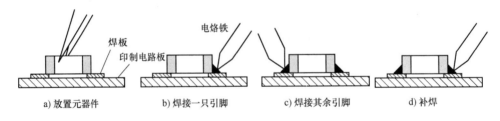

图 3-27 手工焊接 SMT 元器件

虽然手工贴放片式元器件既不可靠、也不经济，但在试生产时往往还需采用这种方式。

3.3.3 自动贴装

1. 自动贴片设备

在大规模生产中，由于贴片的准确度要求，几乎迫使人们必须采用自动化的设备，它是 SMT 的关键设备。在中等产量的表面安装生产线中，贴片设备的费用约占总投资的 50%。自动贴片机主要由下列五个部分组成：贴装头、供料系统、印制电路板定位系统、计算机控制系统和视觉检测系统。

图 3-28 波峰焊设备

2. SMT 的焊接工艺

（1）波峰焊工艺 在 SMT 中的波峰焊，一般采用双波峰焊接工艺，以避免采用单波峰焊接时出现的质量问题，如漏焊等缺陷。波峰焊设备如图 3-28所示。

双波峰焊接的优点是对传统的印制电路板焊接工艺有一定的继承性，但在高密度组装中，双波峰焊接仍无法完全消除桥接等焊接缺陷，特别是不适合热敏元器件和一些大而多引脚的 SMD，因此波峰焊接在 SMT 的应用中也有一定的局限性。

（2）再流焊工艺 再流焊是先将焊料加工成粉末，并加上液态黏合剂，使之成为有一定流动性的糊状焊膏，用它将元器件粘在印制电路板上，通过加热使焊膏中的焊料熔化而再次流动，达到将元器件焊接到印制电路板的目的。再流焊设备示意图如图 3-29 所示。

再流焊与波峰焊相比，具有如下一些特点。

1）再流焊不像波峰焊那样，直接把印制电路板浸渍在熔融焊料中，因此元器件受到的热冲击小。

2）再流焊仅在需要部位施放焊料。

3）再流焊能控制焊料的施放量，避免了桥接等缺陷。

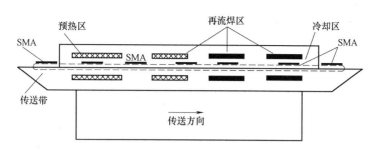

图 3-29　再流焊设备示意图

4）使用焊膏时，焊料中一般不会混入不纯物，能保持焊料的组成。

5）当 SMD 的贴放位置有一定偏离时，由于熔融焊料的表面张力作用，只要焊料的施放位置正确，就能自动校正偏离，使元器件固定在正常位置。

再流焊的加热方法有红外线加热、热风循环加热、激光加热、加热工具（如热棒）加热等多种形式。

1）红外线加热：目前应用最普遍的再流焊加热方式，采用吸收红外线热辐射加热，升温速度可控，具有较好的焊接可靠性；缺点是材料不同，热吸收量不同，因而要求元器件外形不可太大，热敏元器件要屏蔽起来。

2）热风循环加热：这是一种通过对流喷射管嘴或者耐热风机来迫使气流循环，从而实现回流焊接的方式。其特点是结构简单、投资少、温度曲线可变，但传热不均匀，不适合双面装配及大型基板、大元器件的装配。

3）激光加热：这是辐射加热的一种特殊方法，利用激光的热能加热，可进行局部焊接，集光性良好，适用于高精度焊接，但设备昂贵。

4）加热工具加热：通过各种形状的加热工具的接触，利用热传导进行加热。其特点是加热工具的形状自由变化，可持续加热，对其他元器件的热影响小，热集中性良好，但工具的加压易引起元器件位置偏离，且温度均匀性差。

上述加热方法各有优点，在表面安装中应根据实际情况合理地选择使用。其中，红外线、热风、热板等加热方式可使贴装在印制电路板上的元器件同时完成焊接，效率高，同时印制电路板和元器件避免了焊接不需焊接部位及元器件产生热应力的危险，但热效率低。

3.4　整机的装配工艺

3.4.1　整机装配工艺流程

电子产品装配的工序大致可分为准备、装联、调试、检验、包装和入库等几个阶段。一般整机装配工艺的具体操作流程如图 3-30 所示。

1. 工艺工作的内容

工艺工作是整机装配过程中组织生产和指导生产的一种重要手段，在不同的生产阶段有不同的具体内容。

（1）产品试制生产阶段　在产品试制生产阶段，工艺工作主要有九项，即投产前工艺

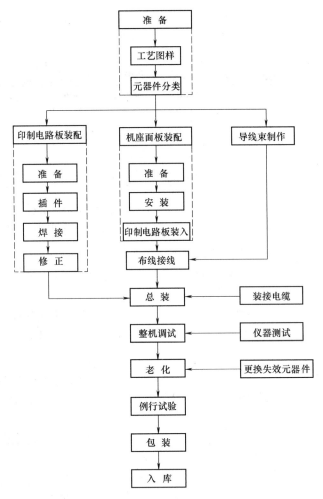

图 3-30　装配工艺操作流程

准备的六项工作及处理生产技术问题，工艺最终评审和编写技术总结、修改工艺文件三项。这九项工作内容随产品的生产类型和企业的技术体制不同而不完全一样，但都有编制工艺路线、编制工艺文件和处理生产技术问题这几个方面。产品试制生产阶段工艺工作内容如图 3-31 所示。

（2）产品定型阶段　产品经过试制生产和全面实验鉴定合格，技术性能满足要求，可供客户验收和成批生产，此时产品即可定型。产品定型阶段工艺工作内容主要有四项，如图 3-32 所示。

2. 编制工艺文件的原则

编制工艺文件，应以保证产品质量、稳定生产，以最经济、最合理的工艺手段进行加工为原则。一般，应做到以下几点。

1）编制工艺文件，要根据产品批量大小和复杂程度区分对待。生产一次性产品时可不编制工艺文件。

2）编制工艺文件要考虑到车间的组织形式和设备条件，以及工人的技术水平等因素。

3）对于未定型的产品，可不编制工艺文件，如果需要，可编写部分必要的工艺文件。

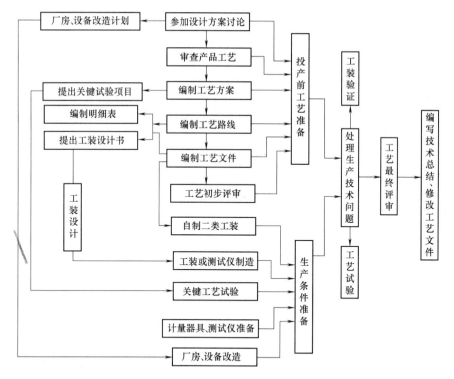

图 3-31 产品试制生产阶段工艺工作内容

4）工艺文件应以图为主，一目了然，便于操作，必要时可加以简要说明。

5）凡属于装配工人应知应会的工艺规程，工艺文件中不必再编入。

3. 整机工艺文件编制方法和要求

（1）整机工艺文件的编制方法 编制整机工艺文件时要仔细分析设计文件的技术条件、技术说明、电路图、安装图、接线图、线扎图以及有关的部件图、零件图等。先将这些图中的安装关系与焊接要求仔细分析清楚，必要时对照定型样机，以便对整机结构更了解。

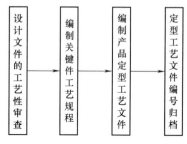

图 3-32 产品定型阶段工艺工作内容

编制工艺文件时，第一步先考虑准备工序，如各种导线的加工处理、线把扎制、地线成型、器件焊点浸焊、各种组合件的装焊、电缆制作、打印标记等，编制出准备工序的工艺文件。凡不适合直接在流水线上装配的元器件，可安排在准备工序中完成。

第二步考虑总装的流水线工序。首先确定每个工序的工时，然后再确定所有工序的总工时。注意：一定要仔细考虑流水线各工序的平衡性，安排要顺手，最好是按局部分片分工，尽可能不要上下翻动机器，前后装焊。安装与焊接工序尽可能分开，使操作简化。无论是准备工序还是流水线各工序，所用的材料、元器件、特殊工具、设备等，排列要有顺序。调试检验工序所用的仪器设备、技术指标、测试方法也要在工艺文件上反映出来。

（2）整机工艺文件的编制要求 编制工艺文件首先要从实际出发，而且还要注意以下几点要求。

1）编制的工艺文件要做到准确、简明、正确、统一、协调，并注意吸收先进技术，选择科学、可行、经济效果最佳的工艺方案。

2）工艺文件中采用的名词、术语、代号、计量单位要符合现行国家标准或行业标准的规定。书写要采用国家正式公布的简化汉字，字体要工整清晰。

3）工艺附图要按比例绘制，并注意完成工艺过程所需要的数据和技术要求。

4）尽量引用行业通用技术条件和工艺细则及企业的标准工艺规程。最大限度地采用工装或专用工具、测试仪器和仪表。

5）编制关键件、关键工序及重要零、部件的工艺规程时，要指出准备内容、装联方法、装联过程中的注意事项以及使用的工量具、辅助材料等工艺保证措施。

6）易损或用于调整的零件、元器件要有一定的备件，并根据需要注明产品存放、传递过程中必须遵循的安全措施与使用的工具、设备。

7）编制工艺文件要执行审核、会签、批准手续。

4. 工艺文件的格式及填写

工艺文件格式有竖式和横式两种，分别用 GS 和 GH 表示，企业根据习惯可任选一种，但两种格式在一家企业中不能混用。

工艺文件填写内容及主要用途包括以下内容。

（1）工艺文件封面　用于编制工艺文件装订成册的封面。简单机器可按照整机装订成册，复杂机器可按分机单元装订成册。

（2）工艺文件目录　工艺文件目录是归档时全套是否完整的依据。利用工艺文件目录可查阅每一种组件、部件和零件所具有的各种工艺文件的名称、页数和装订的册数。

（3）工艺路线表　简明地列出产品零、部、组件生产过程中由毛坯准备到成品包装，在工厂内外顺序流经的部门及各部门所承担的工序简称，并列出零、部、组件的装入关系的一览表，其作用是生产计划部门作为车间分工和安排生产计划的依据，并据此建立台账，进行生产调度。另外，也可作为工艺部门专业工艺员编制工艺文件分工的依据。

（4）元器件工艺表　为了提高机插或手工插装的装配效率和适应流水生产的要求，对购入的元器件进行预处理加工（即对元器件引脚进行折弯所必需的尺寸加工）而编制的元器件加工汇总表，是供整机产品、分机、整件、部件内部电路连接的准备工艺。

（5）导线及扎线加工表　为整机产品、分机、整件、部件进行系统的、内部的电路连接所应准备的各种各样的导线及扎线等线缆用品，是企业组织生产、进行车间分工、生产技术准备工作的最基本的依据。

（6）配套明细表　为了说明部件、整件装配时所需用的零件、部件、整件、外购件等主要材料，以及生产过程中的辅助材料等，以便供各有关部门在配套准备时作为领料、发料的依据。

（7）装配工艺过程卡　用来编制产品的部件、整件的机械性装配和电气连接的装配工艺全过程。包括：装配准备、装联、调试、检验、包装和入库等过程。

（8）工艺说明及简图　用来编制在其他格式上难以表达清楚、重要的和复杂的工艺。对某一具体零、部、整件提出技术要求，也可作为其他表格的补充说明。

总之，整机的工艺文件涉及内容很多，此处只作简单说明。

3.4.2　装配准备工艺

装配准备工艺是整机总装配顺利进行的重要保证，装配准备工艺加工的质量，对整机总装配的质量有直接的影响，因此，装配准备工艺十分重要。装配准备工艺主要包括以下内容。

1. 导线的加工工艺

导线的加工一般包括剪裁、剥头、捻头、浸锡、清洁、印标记等。

（1）剪裁　剪裁的要求是：绝缘导线在加工过程中，不允许损坏绝缘层。剪裁时应先剪长导线，后剪短导线，导线拉直再剪，这样可减少浪费。剪线过程中要符合公差要求。

（2）剥头　剥头是指将绝缘导线的两端去掉一段绝缘层而露出芯线的过程。剥头时不应损坏芯线，使用剥线钳剥头，要对准所需要的剥头距离，选择与芯线粗细适合的钳口。

（3）捻头　捻头是指多股芯线经剥头后，芯线有松散现象，需要再一次捻紧，以便于焊接。捻头时要求用力不要过猛，以免将细线捻断。

（4）浸锡　浸锡是提高焊接质量、防止虚假焊的措施之一。芯线、裸导线、元器件的焊片和引脚一般都需要浸锡。芯线浸锡一般应在剥头、捻头后较短时间内进行，浸锡时不应触到绝缘层端头，浸锡时间一般为 1~3s。裸导线在浸锡前要先用刀具、砂纸等清除浸锡端的氧化层污垢，然后再蘸助焊剂浸锡。

（5）打印标记　打印标记的目的是为了使安装、焊接、调试、检验和维修时方便而采用的措施。标记一般打在机箱分箱的面板上、元器件附近、组件板上、接线板上、绝缘导线两端等位置。标记要与设计图样一致，字体要端正，排列整齐，间隔均匀，标记所在处应明显易见，不被导线、元器件遮挡。标记的读数方向要与机座或机箱的边线平行或垂直，同一面上的标记，读数方向要统一。

2. 元器件引脚成型工艺

元器件引脚成型主要指小型元器件，经引脚成型后，可采用跨接、立式、卧式等方法焊接。元器件引脚折弯形状如图 3-33 所示。

1）元器件引脚成型时应满足以下要求。

① 元器件引脚折弯处距离引脚根部至少 2mm。

② 折弯半径不小于引脚直径的两倍。

③ 元器件引脚成型后，其标称值的方向应处在查看方便的位置。

2）元器件引脚成型的加工方法及注意问题如下。

① 手工引脚成型时一般使用镊子、尖嘴钳，不能使用偏口钳。

② 对于静电敏感元器件，成型工具应具有良好的接地。

③ 对于自动插装的元器件，引脚成型应使用专用设备，引脚呈弯弧形。

3. 元器件的焊片、引脚浸锡

元器件的焊片、引脚在浸锡时应注意以下几点。

1）元器件的焊片在浸锡前，若有氧化层应先除去氧化层。无孔焊片浸锡的深度要根据焊点的大小和工艺要求决定；有孔的小型焊片浸锡时浸锡深度要没过孔 2~5mm，并且不能

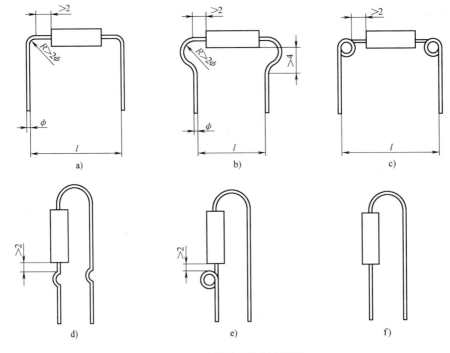

图 3-33　元器件引脚折弯形状

将孔堵塞，如图 3-34 所示。

2）元器件引脚在浸锡前应检查导线是否弯曲，若弯曲应先调直，然后用小刀在距离根部 2～5mm 处清除氧化物，如图 3-35 所示，浸锡时间可根据焊片的大小和引脚的粗细掌握，一般为 2～5s。浸锡后的引脚或焊片要求其表面光滑、无孔状、无锡瘤。

图 3-34　焊片浸锡　　　　　　　　　　图 3-35　元器件引脚浸锡

3.4.3　印制电路板的装配工艺

印制电路板上焊接件的装置方法有很多种。在印制电路板上，采用焊接方法装置的各种元器件，由于它们的自身条件不同，所以装置方法也各不相同，下面进行说明。

（1）一般元器件的装置方法　焊接在印制板上的一般元器件，以板面为基准，装置方法通常有直立式和水平式装置两种。

直立式装置又叫作垂直装置，是将元器件垂直装置在印制电路板上，其特点是装配密度大，便于拆卸，但机械强度较差，元器件的一端在焊接时受热较多。直立式装置法如图3-36所示。

水平式装置也称卧式装置。其优点是机械强度高，元器件的标记字迹清楚，便于查对维

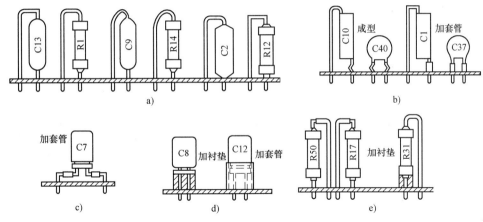

图 3-36 直立式装置法

修，适用于结构比较宽裕或者装配高度受到一定限制的地方。缺点是占据印制电路板的面积大。水平式装置又分为有间隙和无间隙两种。水平式装置法如图 3-37 所示。

图 3-37a 所示为有间隙的水平式装置，该装置适用于大功率电阻、晶体管以及双面印制电路板等。在装置元器件时与印制电路板留有一定间隙，以免元器件与印制电路板的金属层相碰造成短路。同时也便于双面焊接。

图 3-37b 所示为无间隙的水平式装置，在装置时元器件可紧贴在印制电路板上。小于 0.5W 的电阻、单面印制电路板一般采用这种方法装置。

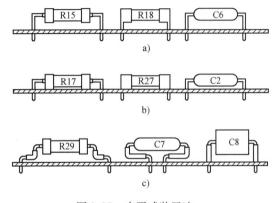

图 3-37 水平式装置法

（2）半导体器件的装置方法 装置半导体器件时必须注意引脚极性，一定不能装错。

1）二极管的装置方法。二极管在装置时可采用如图 3-38 所示方法。玻璃壳体的二极管其根部受力时容易开裂，在装置时，可按图 3-38a 所示，将管脚绕 1～2 圈成螺旋形，以增加流线长度。装置金属壳体的二极管时，按图 3-38b 所示，不要从根部折弯，以防止焊点处开脱。

2）小功率晶体管的装置方法。小功率晶体管有正装、倒装、卧装及横装等几种方式，应根据需要及安装条件来选择，其装置方法如图 3-39 所示。

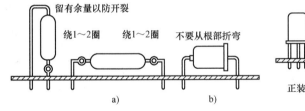

图 3-38 二极管的装置方法

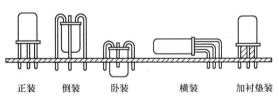

图 3-39 小功率晶体管的装置方法

（3）集成电路的装置方法　圆形金属封装的集成电路器件与晶体管相似，但引脚较多，例如运算放大器，这类器件的装置方法与小功率晶体管直立装置法相同，其引脚从器件外壳凸出部分开始等距离排列，图3-40a所示为圆形金属封装的集成电路器件的装置方法。

扁平式集成电路器件有两种引脚外形。一种是轴向式，应先将触片成型，然后直接焊在印制电路板的接点上；另一种是径向式，可直接插入印制电路板焊接即可。图3-40b所示为扁平式集成电路器件装置方法。

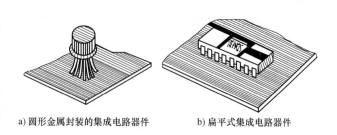

a) 圆形金属封装的集成电路器件　　　b) 扁平式集成电路器件

图3-40　集成电路器件的装置方法

（4）元器件引脚穿过焊盘孔后的处理　元器件引脚穿过焊盘的小孔后，都应留有一定的长度，这样才能保证焊接的质量。露出的引脚可根据需要弯成不同的角度，如图3-41所示。

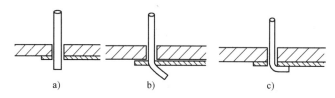

a)　　　　　　　b)　　　　　　　c)

图3-41　引脚穿过焊盘后折弯示意图

1）引脚不折弯，这种形式焊接后强度较差，如图3-41a所示。

2）引脚折弯成45°，这种形式的机械强度较强，而且比较容易在更换元器件时拆除重焊，所以采用较多，如图3-41b所示。

3）引脚折弯成90°，这种形式的机械强度最强，但拆焊困难，如图3-41c所示。采用此种方法时，折弯方向应与印制铜箔方向一致。

3.4.4　整机装配

整机装配是指在各部件、组件安装和检验合格的基础上，进行装配，通常也称总装。

1. 整机装配的内容

整机装配包括机械装配和电气装配两大部分。具体地说，总装的内容，包括将各零、部、整件（如各机电元器件、印制电路板、底座、面板以及装在它们上面的元器件）按照设计要求，安装在不同的位置上，组合成一个整体，再用导线（或线扎）将元器件、部件进行电气连接，完成一个具有一定功能的完整的机器，以便进行整机调整和测试。下面分别介绍总装的连接方式和装配方式。

（1）总装的连接方式　按照连接方式的不同可分为固定连接和活动连接。固定连接时，各种构件之间没有相对运动；活动连接时，各构件之间有既定的相对运动。按连接能否拆卸可分为可拆卸连接和不可拆卸连接。可拆卸连接在拆散时不会损坏零件或材料，例如螺装、销装等；不可拆卸连接在拆散时会损坏零件或材料，例如：锡焊连接、胶粘、铆钉连接等。

（2）总装的装配方式　以整机结构来分，可分为整机装配和组合件装配两种。整机装配是把零、部、整件通过各种连接方式安装在一起，组合成为一个不可分的整体，具有独立工作的功能。例如收音机、电视机等。对于组合件装配，整机是若干个组合件的组合体，每个组合件都具有一定的功能，而且随时可以拆卸，例如大型控制台等。

2. 整机装配的基本原则

整机装配的目的是利用合理的安装工艺，实现预定的各项技术指标。整机装配的基本原则是：先轻后重、先铆后装、先里后外、先低后高、先小后大、易碎后装、上道工序不得影响下道工序。

3. 整机装配的注意事项

1）认真领会安装工艺文件和设计文件，严格遵守工艺规程，安装完毕后应符合图样和工艺文件的要求。

2）未经检验合格的零、部、整件不得安装。安装过程中不得损伤元器件，避免碰坏机箱及元器件的涂覆层，损害绝缘性能。

3）严格遵守总装的基本原则，防止前后次序的颠倒，注意上下工序的衔接，不得相互影响。

4）安装中要保证质量，注意安全，严格执行自检和专职检验人员检验制度。

4. 整机装配的工艺过程

整机装配工艺过程大致可分为：装配准备、装联（包括安装和焊接）、调试、检验、包装入库或出厂等几个环节。总装工艺过程的先后顺序有时可以做适当的变动，但必须符合整机装配的基本原则。彩色电视机总装的一般工艺流程如图 3-42 所示。

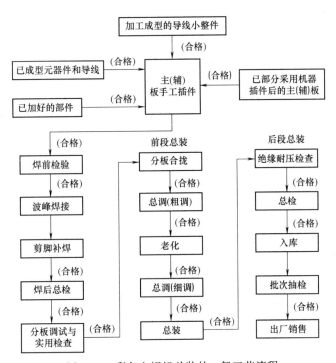

图 3-42　彩色电视机总装的一般工艺流程

装配质量对整机的性能影响很大，整机的装配质量可以从安装质量、焊接质量、包装质量中反映出来，这三种加工质量的好坏会直接影响整机的机械性能、电气性能和外形美观，所以，必须重视装配质量。

3.4.5 总装的质量检查

总装的质量检查，又称为整机检验，是产品经过总装、调试合格之后，检查产品是否达到预定功能要求和技术指标。整机检验主要包括直观检验、功能检验和主要性能指标测试等内容。

1. 直观检验

直观检验的项目有：产品是否整洁；板面、机壳表面的涂覆层及装饰件、标志、铭牌等是否齐全，有无损伤；产品的各种连接装置是否完好；各金属件有无锈斑；结构件有无变形、断裂；表面丝印、字迹是否完整、清晰；转动机构是否灵活、控制开关是否到位等。

2. 功能检验

功能检验就是对产品设计所要求的各项功能进行检查。不同的产品有不同的检验内容和要求。例如对电视机应检查节目选择、图像质量、亮度、颜色、伴音等功能。

3. 主要性能指标的测试

测试产品的性能指标，是整机检验的主要内容之一。通过使用规定精度的仪器、设备来检验、查看产品的技术指标，判断是否达到了国家或行业的标准。现行国家标准规定了各种电子产品的基本参数及测量方法，检验中一般只对其主要性能指标进行测试。

整机检验是在整机经过前段总装、初调、常温老化、总调试、后段总装后进行。以 29in（73.66cm）彩色电视机为例，说明整机检验的工艺流程、内容和方法。

（1）整机检验的工艺流程　在流水作业线上，整机检验的工艺流程如图 3-43 所示。

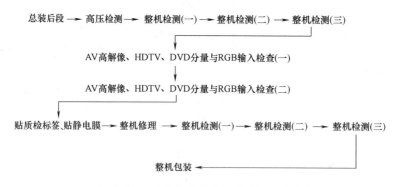

图 3-43　彩色电视机整机检验的工艺流程

（2）整机检验工艺指导卡　在检验工序中，每个工位在 20s 内应完成的操作内容、操作方法、步骤、注意事项和所使用的仪器、设备、工具等，工艺指导卡中都做详细的规定。对于检验工序中的 1 号工位，高压检测操作工艺导卡，见表 3-4。

4. 检验合格证

产品经检验后，若性能指标达到了规定的要求，说明该产品合格，准许成为商品进入市场销售。因此，产品检验合格证是产品性能指标达标和合格的重要标志。

表 3-4　整机检验工艺指导卡

××××××公司 工艺文件		产品名称		29in(73.66cm)彩电	
		产品型号		P290A	
检测工艺卡		名　　称	高压检查★	工序号	4
		图　　号	P290A-ZZ	工位号	1
调试项目		高压检查			
检查内容和方法					

1. 按 QC 标准进行检查;

2. 参考 KKWIQC3004—1993《耐压测试》和 KKWIQC3033—1994《通用检查指南》,并做好有关记录。

仪器仪表工装工具		高压测试仪一套				工　种	检　验
		耐高压绝缘手套一副				工　时	20s
					拟　制	签名　日期	
					审　校		
					标准化		版本
更改标记	数　量	更改单号	签　名	日　期	批　准		第　页共　页

3.5　整机的调试、检验与防护

　　调试是用测量仪表以一定的操作方法对单元电路板和整机的各个可调元器件或零、部件进行调整与测试,使性能指标达到规定的要求。电子整机装配完成之后,虽已把所需的元器件、零件和部件,按照设计图样的要求连接起来了,但由于每个元器件的参数具有一定的离散性,机械零、部件加工有一定的公差和在装配过程中产生的各种分布参数等的影响,不可能使整机立即就能正常工作。必须通过调试、测试才能使功能和各项技术指标达到规定的要求。因此,对于电子整机的生产,调试是必不可少的工序。

　　调试工作是按照调试工艺对电子整机进行调试和测试,使之达到或超过相关标准化组织所规定的功能、技术指标和质量标准。调试既是保证并实现电子整机功能和质量的重要工序,又是发现电子整机设计、工艺中的缺陷和不足的重要环节。从某种程度上说,调试工作也是为不断地提高电子整机的性能和品质积累可靠的技术性能参数。

3.5.1　调试的准备与工艺流程

调试工艺包括：调试工艺流程的安排，调试工序之间的衔接，调试手段的选择和调试工艺指导卡的编制等。

调试工作遵循的一般规律为：先调部件，后调整机；先内后外；先调结构部分，后调电气部分；先调电源，后调其余电路；先调静态指标，后调动态指标；先调独立项目，后调相互影响的项目；先调基本指标，后调对质量影响较大的指标。具体步骤如下。

1. 调试前的准备工作

（1）调试人员的培训　技术部门应结合产品的质量要求，组织调试、测试人员熟悉整机的工作原理、技术条件及有关指标，仔细阅读调试工艺指导卡，使调试人员明确本工序的调试内容、方法、步骤、设备条件及注意事项。

（2）技术文件的准备　产品调试之前，调试人员应准备好产品技术条件、技术说明书、电路原理图、检修图和调试工艺指导卡等技术文件。

（3）仪器、仪表的准备　按照技术条件的规定，准备好测试所需的各类仪器设备。要求所用仪器、仪表应经过计量并在有效期之内，符合技术文件的规定，满足测试精度范围的需要，并按要求放置好。

（4）被测物件的准备　调试、测试前，对送交调试的单元电路板、部件、整机应严格检查是否有工序遗漏或签署不完整、无检验合格章等现象。通电前，应检查设备各电源输入端有无短路现象。

（5）场地的准备　调试场地应整齐、清洁、按要求布置，要避免高频、高压、强电磁场的干扰。调试高频电路应在屏蔽间进行；调试大型整机的高压部分，应在调试工位周围铺设合乎规定的地板或绝缘胶垫，挂上"高压危险"的警告牌，备好放电棒。

（6）个人准备　调试人员应按安全操作规程做好上岗准备，调试用图样、文件、工具、备件等都应放在适当的位置上。

2. 调试的一般程序

由于电子产品的种类繁多，电路复杂，内部单元电路的种类、要求及技术指标等也不相同，所以调试程序也不尽相同。但对一般电子产品来说，调试的一般程序大致如下。

（1）通电检查　先置电源开关于"关"的位置，检查电源变换开关是否符合要求（交流220V还是交流110V）、熔丝是否装入、输入电压是否正确，然后插上电源插头，打开电源开关通电。

接通电源后，电源指示灯亮，此时应注意有无放电、打火、冒烟现象，有无异常气味，若有这些现象，立即停电检查。另外，还应检查各种保险开关、控制系统是否起作用，各种散热系统是否正常工作。

（2）电源调试　电子整机中大都具有电源电路，调试工作首先要进行电源部分的调试，才能顺利进行其他项目的调试。电源调试通常分两步进行，具体如下。

第一步，电源空载初调。电源电路的调试，通常先在空载状态下进行，切断该电源的一切负载后进行初调。其目的是避免因电源电路未经调试加负载，而造成部分电子元器件的损坏。

调试时，接通电源电路板的电源，测量有无稳定的直流电压输出，其值是否符合设计要求或调节取样电位器使之达到额定值。测试检测点的直流工作点和电压波形，检查工作状态是否正常，有无自激振荡等。

第二步，电源加负载时的细调。在初调正常的情况下，加上定额负载，再测量各项性能指标，观察是否符合设计要求，当达到要求的最佳值时，锁定有关调整元件（如电位器等），使电源电路具有加负载时所需的最佳功能状态。

有时为了确保负载电路的安全，在加载调试之前，先在等效负载（又称假负载）下对电源电路进行调试，以防匆忙接入负载时，使电路受到不应有的冲击。

（3）分级调试　电源电路调好后，可进行其他电路的调试。这些电路通常按单元电路的顺序，根据调试的需要及方便，由前到后或从后到前地依次接通各部件或印制电路板的电源，分别进行调试。首先检查和调整静态工作点，然后进行各参数的调整，直到各部分电路均符合技术文件规定的各项指标为止。**注意**：在调整高频部件时，为了防止工业干扰和强电磁场的干扰，调整工作最好在屏蔽室内进行。

（4）整机调整　各部件调整好之后，接通所有的部件及印制电路板的电源，进行整机调整，检查各部分连接有无影响，以及机械结构对电气性能的影响等。整机电路调整好之后，调试整机总电流和消耗功率。

（5）整机性能指标的测试　经过调整和测试，紧固调整元件。在对整机装调质量进一步检查后，进行全部参数测试，测试结果均应达到技术指标的要求。

（6）环境试验　有些电子设备在调试完成之后，需进行环境试验，以检验在相应环境下的正常工作能力。环境试验有温度、湿度、气压、振动、冲击等试验，应严格按照技术文件的规定执行。

（7）整机通电老化　大多数电子整机在测试完成之后，均进行整机通电老化试验，目的是提高电子设备工作的可靠性。老化试验应按产品条件的规定进行。

（8）参数复调　经整机通电老化后，整机各项技术性能指标会有一定程度的变化，通常还需要进行参数复调，使出厂的整机具有最佳的技术状态。

3. 调试工作中的安全措施

（1）供电安全　调试检测场所应安装漏电保护开关和过载保护装置。电源开关、电源线及插头插座必须符合安全用电要求，任何带电导体不得裸露。调试检测场所的总电源开关，应安装在明显且易于操作的位置，并设置相应的指示灯。在调试检测场所最好装备隔离变压器，一方面可以保证调试检测人员的人身安全，另一方面还可防止检测仪器设备与电网之间相互影响。

（2）仪器设备安全　所用测试仪器设备的外壳及可触及的部分不应带电。各种仪器设备必须使用三线插头座，电源线采用双重绝缘的三芯专用线，长度一般不超过 2m。若是金属外壳，必须保证外壳良好接地（保护地）。更换仪器设备的熔丝时，必须完全断开电源线，更换的熔丝必须与原熔丝同规格。带有风扇的仪器设备，如通电后风扇有故障，应停止使用。电源及信号源等输出信号的仪器，在工作时，其输出端不能短路或长时间过载。功耗较大（>500W）的仪器设备在断电后，不得立即通电，应冷却一段时间（一般 3~10min）后再开机。

（3）操作安全　操作环境要保持整洁。工作台及工作场地应铺绝缘胶垫；调试检测高压电路时，工作人员应穿绝缘鞋。高压电路或大型电路或产品通电检测时，必须有两人以上才能进行。发现冒烟、打火、放电等异常现象，应立即断电检查。此外，还有几个必须牢记的安全操作观念：断开电源开关不等于断开了电源，不通电不等于不带电，电气设备和材料的安全工作寿命是有限的。

3.5.2 静态工作的调整

静态是指没有外加输入信号（或输入信号为零）时，电路的直流工作状态。

静态测试是指测试电路在静态工作时的直流电压和电流。

静态调整通常是指调整电路在静态工作时的直流电压和电流。

1. 直流电流的测试

（1）测试仪表　直流电流表、万用表。

（2）测试方法　直接测试法、间接测试法。

在测试时，要注意以下几点。

1）直接测试法测试电流时，必须断开电路将仪表串入电路，并必须注意电流表的极性及量程。

2）根据被测电路的特点和测试精度要求选择测试仪表的内阻和精度。

3）利用间接测试法测试时，会使测量产生一定的误差。

2. 直流电压的测试

（1）常用测试仪表　直流电压表、万用表。

（2）测试方法　将电压表或万用表直接并联在待测电压电路的两端点上测试。

1）直流电压测试时，应注意电压表的极性与量程。

2）根据被测电路的特点和测试精度，选择测试仪表的内阻和精度。

3）使用万用表测量电压时，不得误用其他档，以免损坏仪表或造成测试错误。

4）在工程中，"某点电压"均指该点对电路公共参考点（地端）的电位。

（3）电路的调整方法

1）调整前，先熟悉电路中各元器件的作用，以及各元器件对电路参数的影响情况。

2）对测试结果进行分析。

3）当发现测试结果有偏差时，要找出纠正偏差最有效又最方便调整的元器件进行纠正偏差的调整。

3.5.3 动态特性测试

动态的测试是用示波器对电路相关点的电压或电流信号的波形进行直观的测试，以判断电路工作是否正常，是否符合技术指标要求。

动态调整是调整电路的交流通路元器件，使电路相关点的交流信号的波形、幅度、频率等参数达到设计要求。

1. 波形的测试与调整

（1）波形的测试

1）测试仪器：示波器。

2）测试方法：用示波器测试观测信号的波形（电压波形或电流波形）。

测试时最好使用衰减探头，并将探头的地端和被测电路的地端连接好。

测量前，应预先校准示波器 Y 通道灵敏度，微调扩展旋钮和 X 轴扫描微调控制开关，否则测量不准确。

（2）波形的调整　调整前，先熟悉电路的工作原理和电路结构，熟悉电路中各元器件的作用及其对波形参数的影响情况。

当观测到波形有偏差时，要找出纠正偏差最有效又最方便调整的元器件。

电路的静态工作点对电路的波形也有一定的影响，故有时还需要对静态工作点进行微调。

2. 频率特性的测试与调整

频率特性常指幅频特性，是指信号的幅度随频率的变化关系。

（1）频率特性的测试　频率特性的测试实际上就是频率特性曲线的测试，常用的方法有：点频法、扫频法、方波响应测试。

1）点频法是用一般的信号源，向被测电路提供所需的输入电压信号，用电子电压表监测被测电路的输入电压和输出电压。这种方法多用于低频电路的频响测试。该方法使用的测试仪表是：正弦信号发生器、交流毫伏表或示波器。

2）扫频法是使用专用的频率特性测试仪（又叫扫频仪），直接测量并显示出被测电路的频率特性曲线的方法，在高频电路中常用。

3）方波响应测试是通过观察方波信号通过电路后的波形，来观测被测电路的频率响应。该方法可以更直观地观测被测电路的频率响应。

（2）频率特性的调整　频率特性的调整是指调整电路参数，使电路的频率特性曲线符合设计要求的过程。

调整的思路和方法基本上与波形的调整相似。只是在调整时，要兼顾高、中、低频段；应先粗调，后反复细调。

3.5.4　故障检修

1. 整机调试过程中的故障特点

故障以焊接和装配故障为主，一般都是机内故障，基本上不出现机外及使用不当造成的人为故障，不会有元器件老化故障。

新产品样机，则可能存在特有的设计缺陷或元器件参数不合理的故障。

2. 整机调试过程中故障出现的原因

1）焊接故障：如漏焊、虚焊、错焊、桥接等。

2）装配故障：机械安装位置不当、错位、卡死，电气连线错误、遗漏、断线，元器件安装位置及极性装反错误。

3）元器件失效。

4）电路设计不当或元器件参数不合理造成的故障，这是样机特有的故障。

3. 整机调试过程中的故障处理步骤

故障处理一般可分为四个步骤：观察→测试分析与判断故障→排除故障→功能与性能检验。

4. 整机调试过程中的故障查找方法

观察法、测量法、信号法、比较法、替换法、加热法与冷却法、计算机智能自动检测等方法。

3.5.5 产品的包装

在商品市场中，除少数散装货物，如原油、木材等，其他大部分商品，都必须经过包装才能进入流通市场，到达消费者手中。各种各样的产品，不但应具有妥善的外包装，以便于运输、储存和装卸，而且还必须有合适的内包装、装潢和文字说明，用以宣传商品、介绍商品和指导消费者合理地使用商品。可见，商品的包装和装潢，在流通领域中，是实现商品交换价值和使用价值的重要手段。包装除具有保护商品安全、方便运输和储存的功能外，还应有美化商品、吸引顾客、促进销售的重要功能。商品的包装、装潢已同商品质量、商品价格一起，成为商品竞争的三个主要因素。

1. 包装的种类

产品的包装是产品生产过程中的重要组成部分，进行合理包装是保证产品在流通过程中避免机械物理损伤，确保其质量而采取的必要措施。包装的种类有如下几种。

（1）运输包装 运输包装即产品的外包装。它的主要作用是确保产品数量与保护产品质量，便于产品贮存和运输，最终使产品完整无损地送到消费者手中。因此，应根据不同产品的特点，选用适当的包装材料，采取科学的排列和合理的组装，并运用各种必要的防护措施，做好产品的外包装。

（2）销售包装 销售包装即产品的内包装。它是与消费者直接见面的一种包装，其作用不仅是保护产品，便于消费者使用和携带，而且还要起到美化产品和广告宣传的作用。因此要根据产品的特点、使用习惯和消费者的心理进行设计。

（3）中包装 中包装起到计量、分隔和保护产品的作用，是运输包装的组成部分。但也有随同产品一起上货架与消费者见面的，这类中包装则应视为销售包装。

2. 包装要求

产品包装要求如下。

（1）对产品的要求 在进行包装前，合格的产品应按照有关规定进行外表面处理（消除污垢、油脂、指纹、汗渍等）。在包装过程中保证机壳、荧光屏、旋钮、装饰件等部分不被损伤或污染。

（2）包装与防护

1）合适的包装应能承受合理的堆压和撞击。产品外包装的强度要与内装产品相适应。在一般情况下，应以外包装损坏是否影响到内装商品为准，所以不能无限地加强包装牢固度，增加包装费用。

2）合理压缩包装体积。产品包装的类型，应考虑到人体功能。因为产品储存运输时可以用机械操作，一般为集合包装，但单件仍要人力搬运和开启，应力求轻而小。产品包装体积还要考虑产品的特点及对产品质量和销售的影响。产品包装体积的合理设计也要考虑便于集装箱运输，以降低运输费用。

3）防尘。包装应具备防尘条件，用发泡塑料纸（如 PEP 材料等）或聚乙烯吹塑薄膜等与产品外表面不发生化学反应的材料，进行整体防尘，防尘袋应封口。

4）防湿。为了防止流通过程中临时降雨或大气中湿气对产品的影响，包装件应具备一般防湿条件。必要时，应对装箱进行防潮处理。

5）缓冲。包装应具有足够的缓冲能力，以保证产品在流通过程中受到冲击、振动等外力时，免受机械损伤或因机械损伤使其性能下降或消失。缓冲措施离不开必要的衬垫即包装缓冲材料，它的作用是将外界传到内装产品的冲击力减弱到最低限度。包装箱要装满，不留空隙，减少晃动，可以提高防潮、防振效果。

（3）装箱及注意事项

1）装箱时，应清除包装箱内异物和尘土。

2）装入箱内的产品不得倒置。

3）装入箱内的产品、附件和衬垫以及使用说明书、装箱明细表、装箱单等内装物必须齐全。

4）装入箱内的产品、附件和衬垫，不得在箱内任意移动。

3. 封口和捆扎

当采用纸包装箱时，用 U 形钉或胶带将包装箱下封口封合。当确认产品、衬垫、附件和使用说明书等全部装入箱内并在相应位置固定后，用 U 形钉或胶带将包装箱的上封口封合。必要时，对包装件选择适用规格的打包带进行捆扎。

4. 储存和运输

产品储存和运输应注意。

（1）储存

1）环境条件。一般储存环境温度为 −15 ～ 45℃，相对湿度不大于 80%，并要求库房周围环境中无酸、碱性或其他腐蚀性气体，还应具备防尘条件。

2）储存期限。储存期限一般为一年，超过一年期应随产品一起进行检验合格后，方可再次进入流通过程中。

（2）运输　运输时，必须将包装件固定牢固。按照包装箱上的储运标志内容进行操作。

5. 包装材料

根据包装要求和产品特点，选择合适的包装材料。

（1）木箱　包装木箱一般用于体积大、笨重的机械和机电产品。木箱用材主要有木材（红松、白松、落叶松、马尾松等）、胶合板、纤维板、刨花板等，用来包装体积大、笨重的产品，要求含水量在 20% 以下，包装木箱重、体积大，而且受绿色生态环境保护限制，木材已成为国家紧缺物资。因此，现代化产品包装已有日益减少木箱包装的趋势。

（2）纸箱（盒）　包装纸箱一般用体积较小、质量较轻的产品（如家用电器等）。纸箱有单芯、双芯瓦楞纸板和硬纸板。纸箱的含水率小于 12%。使用瓦楞纸箱轻便牢固、弹性好，与木箱包装相比，其运输费用、包装费用低，材料利用率高，而且便于实现现代化包装。

（3）缓冲材料　缓冲材料（衬垫材料）的选择，应以最经济并能对电子产品提供起码的保护能力为原则，根据流通环境中冲击、振动、静压力等力学条件，宜选择密度为 20 ～ 30kg/m^3，压缩强度（压缩 50% 时）大于或等于 2.0×10^5 Pa 的聚苯乙烯泡沫塑料做缓冲衬垫材料。也可以使用优于上述性能的其他材料。衬垫结构一般以成型衬垫结构形式对电子产品进行局部缓冲包装，衬垫结构形式应有助于增强包装箱的抗压性能，有利于保护产品的凸出部分和脆弱部分。

（4）防尘、防湿材料　可选用物化性能稳定、机械强度大、透湿率小的材料，如有机塑料薄膜、有机塑料袋等密封式或外密封式包装。为使包装内空气干燥，可使用硅胶等吸湿干燥剂。

本 章 小 结

　　本章主要介绍了有关电子装配基本技能的知识，包括识图知识，通孔插装工艺，表面贴装工艺，整机的装配工艺和整机的调试、检验与防护。讲解这些知识的主要目的是指导学生实际动手进行无线电整机产品的装配，要想掌握这些基本技能需要不断进行实践。

练 习 题

　　1. 什么是焊接？通常可分为哪几类？

　　2. 焊接点形成应具备哪些条件？对焊接点有什么基本要求？

　　3. 选用电烙铁应注意哪些问题？

　　4. 为什么电子设备焊接一般都采用共晶状态的锡铅合金？

　　5. 助焊剂的作用是什么？一般可分为哪几类？

　　6. 简述五步操作法焊接的过程。

　　7. 简述手工焊接的注意事项。

　　8. 什么是 SMT？它有哪些特点。

　　9. 装配准备工艺包括哪些？请简单说明。

　　10. 整机装配的基本原则是什么？

　　11. 简述整机调试的一般工艺要求。

第4章

电子电路设计与制作

本章主要是以直流稳压电源设计与制作的整个过程为例，从电路的分析设计、方案确定、印制电路板的设计与制作到安装调试层层深入，逐步剖析电子电路设计与制作的全过程。

4.1 电子电路的设计概述

4.1.1 整机电路的设计

在设计一个电子电路系统时，首先必须明确系统的设计任务，根据任务进行方案选择，然后对方案中的各部分进行单元电路的设计、参数计算和元器件选择，最后将各部分连接在一起，画出一个符合设计要求的完整系统电路图。设计过程是知识的综合应用过程，包括对现有产品的分析、对元器件的应用及对电路结构设计的完善等方面内容。

1. 明确系统的设计要求

对系统的设计任务进行具体分析，充分了解系统的性能、指标、内容及要求，以便明确系统应完成的任务。

2. 方案的选择

这一步工作的要求是把系统要完成的任务分配给若干个单元电路，并画出一个能表示各单元功能的整机原理框图。

方案选择的重要任务是根据掌握的知识和资料，针对系统提出的任务、要求和条件，完成系统的功能设计。在这个过程中要敢于探索，勇于创新，争取设计的方案合理、可靠、经济、功能齐全、技术先进。并且对方案要不断进行可行性和优缺点的分析，最后设计出一个完整框图。框图应能正确反映系统所完成的任务和各组成部分的功能，清楚表示系统的基本组成和相互关系。

3. 单元电路的设计、参数计算和元器件选择

根据系统的技术指标和功能框图，明确各部分任务，进行各单元电路的设计、参数计算和元器件选择。

（1）单元电路设计　每个单元电路设计前都需明确本单元电路的任务，详细拟定出单元电路的性能指标，与前后级之间的关系，分析电路的组成方式，选择最佳电路形式。因为同样的电气功能，可以由很多种电路形式和结构来完成，在选择电路方案时要进行充分考虑。例如基本放大电路，如图 4-1a 所示，当晶体管放大倍数或工作环境温度发生变化时，电路的工作状态将发生较大变化，如果改用图 4-1b 所示的电路形式，电路的工作状态就会稳定得多。

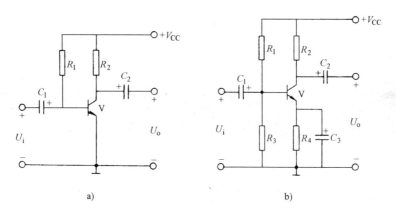

图4-1 基本放大电路

具体设计进行时，还可以参照经典的、成熟的、先进的电路形式，也可以进行创新或改进，但都必须保证性能要求。而且单元电路本身要求设计合理，各单元电路也要相互配合，同时，注意各部分的输入信号、输出信号和控制信号的关系。

（2）参数计算 为保证单元电路达到功能指标要求，就需要对参数进行计算，例如放大电路中各电阻阻值、放大倍数；振荡器中电阻、电容、振荡频率等参数。只有很好地理解电路的工作原理，正确利用公式，计算出来的参数才能满足设计要求。

参数计算时，可能计算出来的参数有多组数据，但应选择能较好完成电路设计功能与指标的那组。同时，还要注意如下几个问题。

1）元器件的工作电流、电压、频率和功耗等参数应能满足电路指标的要求。

2）元器件的极限参数必须留有足够的余量，一般应大于额定值的一定倍数（一般取1.5倍）。

3）电阻和电容的参数应选计算值附近的标称值。

（3）元器件选择 在进行电子制作时要正确地选用电子元器件，了解元器件的特性、规格和质量参数，熟悉它们的引脚排列。考虑到产品在实际工作中可能遇到的环境条件，在选用元器件时，工作参数要留有余地。

由于集成电路可以实现很多单元电路，甚至可实现整机电路的功能。所以，选用集成电路设计既方便又灵活。它不仅使系统体积缩小，而且性能可靠，便于调试及运用。在设计电路时颇受欢迎。集成电路的型号、原理、功能、特性和参数可查阅有关手册。选择的集成电路不仅要在功能和特性上实现设计方案，而且也要满足功耗、电压、价格等方面的要求。

4. 电路图的绘制

电路图通常是在系统框图、单元电路设计、参数计算和元器件选择的基础上绘制的。它是组装、调试和维修的依据。绘制电路图要注意以下几点。

1）布局合理、排列均匀、图面清晰，便于看图，利于对图的理解和阅读。

有时一个总电路由几部分组成，绘图时应尽量把总电路画在一张图上。如果电路比较复杂，需绘制几张图，则应把主电路画在同一张图上，而把一些比较独立或次要的部分画在另外的图样上，并在图的断口两端做上标记，标出信号从一张图到另一张图的引出点和引入点，以此说明各图样在电路连线之间的关系。

为了看清各单元电路的功能关系，每一个功能单元电路的元器件应集中布置在一起，并尽可能按工作顺序排列。

2）注意信号的流向，一般从输入端或信号源画起，由左至右或由上至下按信号的流向依次画出各单元电路，而反馈通路的信号流向则与此相反。

3）图形符号要标准，图中应加适当的标注。电路图中的中、大规模集成电路器件，一般用方框表示，在方框中标出它的型号，在方框的边线两侧标出每根线的引脚功能名称和引脚号。所有元器件的符号都应当标准化。

4）连接线应为直线，并且交叉和折弯应最少。通常连接线可以水平布置或垂直布置，一般不画斜线。互相连通的交叉线，应在交叉处用圆点表示。根据需要，可以在连接线上加注信号名或其他标记，表示其功能或去向。

设计的电路是否能满足设计要求，还必须通过组装、调试进行验证。最后，绘出的完整电路图要通过装配成产品后，再整理而成。

5. 电路方案试验

只有在电路方案试验成功后，才能设计印制电路板，制作实际的电子产品。

对于元器件比较少的简单电路，通常可以把整个电路一次搭出来，甚至可以直接设计印制电路板，制作出样机。而对元器件较多的复杂电路，通常是把整个电路分割成若干个功能块，分别进行电路方案试验，待每块电路都得到验证后，再把它们连接起来，试验整机的效果。对大功率电路和高频电路更要注意方案试验与实际产品在散热条件及分布参数等方面的差异，尽可能模拟真实条件。否则，电路试验的成功并不一定能带来产品的成功。

电路方案试验通常是在电路试验板上进行的。电路试验板起到固定、连接、承载各元器件的作用。有些初学者仅用导线把元器件搭接起来，这样很容易造成短路或断路，不易获得好的试验效果。

目前常用的电路试验板有两大类：一种是插接电路试验板，另一种是印制电路试验板。它们的共同特点是采用标准的 2.54mm（100mil）左右的孔间距离，可以插装集成电路和微型电子元器件。

在进行电路方案试验时，元器件的布局和连接要比较接近实际产品，电路连接可靠，特别是在制作单件电子产品时，使用印制电路试验板可以省略设计定型制板工作。

4.1.2　整机结构的设计

电子产品不仅要有良好的电气性能，还要有可靠的总体结构和牢固的机箱外壳，才能经受各种环境因素的考验，长期安全地使用。特别是家用电子产品更应该具有美观大方的造型与色彩，与家庭生活气氛相适应。因此，从整机结构上来说，对电子产品的一般要求是使用方便、操作安全、结构轻巧、外形美观、容易维修与互换。这些要求也是在电子设计中应该考虑的问题。

在制作电子产品的开始阶段，就应该同时设计它的整机结构，但由于电子制作往往在业余条件下进行，限于设计及加工的条件，经常有两种考虑：一是先设计试验内部的电路，使之完成预定的电气功能，然后根据电路板的尺寸再设计或选购机箱；二是根据手头现有的机箱设计内部电路并选择元器件，使给定的空间体积得到充分合理的利用。显然，这一步也是非常重要的。

1. 外形尺寸

电子产品的机壳通常是矩形六面体。它可以是金属材料也可以是塑料制品。机壳大致由机箱、底板和前后面板组成。前后面板多是长方形。一般要求机壳美观、精致、典雅。具体体积大小根据实际情况而定，一般体积较大或很少移动的电子设备，机壳的厚度可以大一些，以便增加稳定性；体积较小或经常移动的电子产品，机壳薄一些则便于携带。

2. 面板布局

电子产品机箱前面板上主要安装操作和指示器件。如电源开关、选择开头、调节旋钮、指示灯、数码管、显示屏、输入或输出插座和接线柱等。为适应人们的操作习惯，那些最经常调整的旋钮或按钮应该尽可能安装在前面板的右侧，左侧放置那些调整机会比较少的。机箱后面板上主要安装和外部连接的机件，如电源插座、输入输出插座、熔丝等。有的后面板上或左右侧有通风散热的窗孔。

3. 确定箱体

箱体要有足够的机械强度、耐振动、重量轻、拆装方便、美观防尘。金属材料的箱体便于接地，可以起到电屏蔽的作用。箱体侧板和底板上往往开有通风窗孔。为了防尘，箱体上盖板一般不开通风孔。大型机箱要安装供搬运时使用的把手，底部要有防振底脚。

4. 内部结构

机箱的内部结构安排主要是从操作、散热、安全、维修的角度考虑。要注意以下几个问题。

1）设计印制电路板时，合理布置板上各元器件，使它们的位置符合机箱前、后面板的操作要求。

2）散热角度考虑，发热元器件在箱内上部或空气流动途径的出口处，或者在保证良好电气绝缘情况，以金属机箱壳为散热器。

3）高压元器件应放置在箱内不易接触的地方，并与金属箱体保持一定距离，以免高压放电。

4）印制电路板在机箱内的位置及其固定方式，不仅要考虑散热和防振，还要注意维修是否方便。

5）机箱内部要防潮，防锈蚀，还要防止振动。

4.2　电子电路的设计实例

电路的设计、方案选择及参数与元器件的选择是电子电路设计的首要任务，直接决定设计的成败与否和电子产品性能的优劣，一个合格的电子电路设计在整个电子产品的设计过程是必不可少的，本节将以直流稳压电源设计过程为例，阐述电子电路设计的完整过程。

4.2.1　设计要求

在科研、生产等一些领域都会用到直流稳压电源。该课题的设计内容及要求如下。

1）设计一个 AC/DC 电路，输出电压在 12V 上下可调。当输入交流电压在 180～220V 变化时，输出直流电压保持为 12V ±0.2V。

2）当交流电压为 220V 时，要求额定负载（10Ω）的输出纹波电压不大于 5mV。

3）交流电源消耗：满载时不大于 150mA，空载时不大于 40mA。

4.2.2 方案的选择

设计 AC/DC 电路的实现方案有多种，如串联型直流稳压电源、开关直流稳压电源等，但它们的大体组成基本相同，而串联型直流稳压电源一般由交流电源滤波器、交流电压变换电路、整流电路、滤波电路和稳压电路等部分组成，框图如图 4-2 所示。

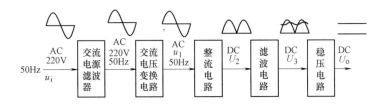

图 4-2　串联型直流稳压电源框图

1. 交流电源滤波器实现方案

方案一：采用单个瓷片电容来实现。方法虽然简单，但对干扰尖脉冲的滤波效果不是很好。

方案二：采用阻容来实现。虽然对尖脉冲滤波效果有所改善，但滤波的范围不宽。

方案三：采用互感滤波器来实现，该方案有前两种方案无法比拟的优点，如对干扰的尖脉冲的滤波效果好、滤出的干扰尖脉冲范围宽。但体积较大，较复杂。

2. 交流电压变换电路实现方案

方案一：采用电容分压式。该方案虽然体积小，重量轻，效率高，但对电容的耐压值要求较高，而一般应用在小功率且输出电压不是很高的场合。因而该方案不能满足设计要求。

方案二：采用电源变压器方式。该方案虽然存在一些不足，但能弥补方案一的缺陷，满足电路的设计要求，所以采用该方案较好。

3. 整流电路实现方案

方案一：采用半波整流电路方式。该方案虽然元器件少、简单，但纹波系数大，带负载能力差，满足不了设计要求。

方案二：采用全波整流电路方式。该方案虽然克服了方案一的缺点，是比较理想的方案，但是全波整流要求变压采用中心抽头方式，具有双电源。

方案三：采用桥式整流电路方式。它具有同全波整流电路一样的优点。只是电路形式不同，它是由单电源、四个二极管连接而成的。

4. 滤波电路实现方案

方案一：采用电容滤波电路。该方案电路简便，但输出电压随输出电流的变化下降较快，适用于负载电流较小，负载变化不大的场合。

方案二：采用 LC 滤波电路。该方案电路虽对负载的适应性较强。但体积大，成本高，适用于负载电流较大的场合。

方案三：采用 π 型滤波电路。该方案虽滤波效果好，但会降压，且损耗较大。

方案四：采用有源电子滤波电路。该方案虽电路较复杂一点，但它能克服以上几种方案的缺陷，能较好地达到设计要求。

5. 稳压电路实现方案

方案一：采用稳压管稳压电路。该方案稳压性能差，而且仅适用于负载电流不大和负载变化较小的场合。

方案二：采用串联型稳压电路。该方案稳压性能好，稳压范围宽，是一种比较理想的稳压方式。

4.2.3　设计参数计算和元器件选择

1. 交流电源滤波器

该电路的作用是滤除整流电路产生的尖脉冲以避免其反向传送到电力网上而干扰其他的电子设备。而这些尖脉冲频率一般在100kHz ~ 1.6MHz。根据经典电路和高频信号分析得互感滤波器中的一次、二次绕组的匝数比为1:1，中间采用高频特性良好的磁心材料，为了减

少分布电容，匝间距离较大，而且每一个绕组的电感量也不宜取得过大。因为 L 值过大将使匝数增加，分布电容增大，导致高频滤波特性变坏，一般采用两根导线并行绕在高频磁环上，绕 10 圈左右即可，电容 C_1、C_2 约为 $0.33\mu F/400V$。电路形式如图 4-3 中 L 所示。

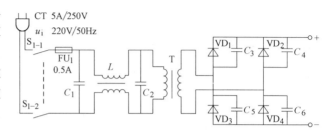

图 4-3　交流电源滤波、电压变换和整流电路

2. 交流电压变换电路和整流电路

由于输入电压为市电 220V/50Hz，输出电压为 12V，负载电阻为 100Ω，满载电流不大于 150mA，这样就可以通过桥式整流计算公式得出相关参数。

（1）变压器的参数　变压器二次电压的有效值为

$$U_2 = (U_O + U_x)/1.2 = (12 + 3)V/1.2 = 12.5V（U_x 为管压降与余量值,约为3V）$$

变压器二次电流的有效值 I_2 可按

$$I_2 = (1.5 \sim 2)I_L = 0.225 \sim 0.3A$$

这样一般选择变压器的功率容量为 $30V \cdot A$，二次电压取 13V。

（2）桥式整流二极管的参数　流过二极管的平均电流

$$I_d = I_L/2 = 12V/(2 \times 100\Omega) = 60mA$$

二极管承受的最大反向电压

$$U_{rm} = 1.414 \times U_2 = 1.414 \times 13V \approx 18V$$

因此可选用 1N4001 型二极管（其参数为 $I_F = 1A$，$U_{rm} = 50V$）。

3. 滤波电路

（1）单电容滤波电路的电容容量

$$C = 5T/(2R_L) = 5 \times 0.02/(2 \times 100)F = 500\mu F（T 为市电频率的倒数）$$

这样实际取值为 $1000\mu F/50V$。

（2）有源电子滤波电路的元件参数　由于直流输出脉动较大，仅靠电容滤波是不够的，为使纹波较小，达到设计要求，往往需要再加一级有源电子滤波电路，来提高滤波效果，如

图 4-4 所示。

根据有源电子滤波电路原理可知晶体管的发射极等效电容
等于 $(1+\beta)C_b$，则 R_b 取 $1 \sim 10\mathrm{k}\Omega$，$C_b$ 取 $10 \sim 100\mu\mathrm{F}$。

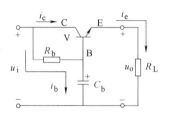

图 4-4 有源电子滤波电路

4. 稳压电路

稳压电路采用串联型可调式稳压电路，如图 4-5 所示，
它由 V_1、V_2 组成的调整管，及取样电路 R_1、RP 和 R_2，以
及产生基准电压的 VS 和比较放大管 V_3 等部分组成。这样
由于负载与调整管 C、E 极相串联，所以叫串联型稳压
电路。

串联型稳压电路的稳压原理是靠调整管来实现，调整管 C、E 极之间的电压随输出电压
而自动调整。输出电压由 R_1、RP、R_2 取样，与
基准电压 U_{REF} 比较，产生误差电压 ΔU_{BE3}，经
V_3 倒相放大，去控制 V_1、V_2 组成复合管的基
极电压，从而改变 U_{CE}，使输出电压保持稳定。

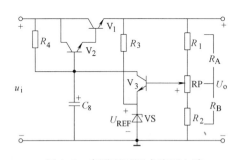

图 4-5 串联型可调式稳压电路

如图 4-5 所示，输出的直流电压可通过 RP
来调整。设 RP 的中间触点将 R_1、RP、R_2 的电
阻分为 R_A 和 R_B 两部分，根据串联电路的分压
原理可得

$$U_{\mathrm{B3}} = R_B \times U_o / (R_A + R_B)$$

$$U_o = (R_A + R_B) U_{\mathrm{B3}} / R_B$$

R_1、RP、R_2 的阻值不宜取得过大，过大会使放大管 V_3 的 I_{B3} 过小，控制灵敏度降低，但也
不能太小，否则损耗过大。一般 R_1 取 560Ω，RP 取 $1\mathrm{k}\Omega$，R_2 取 680Ω 左右。

R_3 为稳压管的限流电阻，取适当值，使稳压管有 $8 \sim 10\mathrm{mA}$ 左右的电流，可获得稳
定的基准电压，通常选择稳压管的稳压值为输出电压的 $0.5 \sim 0.8$，则 U_{REF} 取 $6.8\mathrm{V}$
左右。

V_3 是比较放大管，它的 β 越大，集电极负载电阻 R_4 越大，对误差电压的倒相放大能力
就越大，有利于提高电路的稳定性能。则 V_3 用 C9014 或 3DG12B。

R_4 与 C_8 在有源电子滤波电路中已经讲过，这里不再重复。

V_1 与 V_2 组成复合调整管，其参数的选取原则是：正常工作时，U_{CE} 应在 3V 以上，以
保证它工作于放大区，因而正常供电时，$U_i = U_{\mathrm{CE}} + U_o$，即 $U_{\mathrm{CE}} = U_i - U_o$，若电网电压允许
有 20% 的波动，则

$$U_{\mathrm{imax}} = 1.2(U_{\mathrm{CE}} + U_o)$$

如 $U_o = 12\mathrm{V}$，$U_{\mathrm{CE}} = 4\mathrm{V}$ 则

$$U_{\mathrm{imax}} = 1.2(12 + 4)\mathrm{V} = 1.2 \times 16\mathrm{V} \approx 20\mathrm{V}$$

$U_{\mathrm{(BR)CEO}} \geqslant U_{\mathrm{CEmax}} = (U_{\mathrm{imax}} - U_{\mathrm{omin}})$，取极限情况，输出端短路，则调整管的 C、E 极的
反向击穿电压 $U_{\mathrm{(BR)CEO}}$ 为

$$U_{\mathrm{(BR)CEO}} \geqslant U_{\mathrm{imax}}$$

调整管的极限电流一般取

$$I_{\mathrm{cm}} \geqslant 1.5 I_L$$

若 $I_L = 1.2\text{A}$，则

$$I_{cm} \geqslant 1.8\text{A}$$
$$P_{cm} = I_{cm} \times U_{CE} = I_{cm}(U_{imax} - U_{omin})$$

而 U_{omin} 为 8V，则

$$P_{cm} = 1.8\text{A} \times (20 - 8)\text{V} = 1.8 \times 12\text{W} = 21.6\text{W}$$

因此调整管一般选取大功率管，并加散热片。β 值选大些，会对提高电路的稳压性能有利（选用 3DD15D）。

4.2.4 电路图的绘制

根据方案设计的各部分单元电路，绘制出本课题的整个电路图如图 4-6 所示。

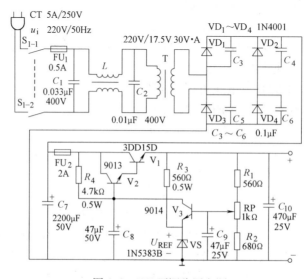

图 4-6　12V 可调稳压电源

上例表明了一般设计电子电路的方法与全过程。要掌握和提高设计水平，应在设计中多实践。

4.3　印制电路板的设计

在电子技术日益发达的今天，电路的结构是越来越复杂，印制电路板更是搭建整个电路系统必不可少的载体。印制电路板的设计从最开始的纯手工设计发展到了今天借助强大的 EDA（Electronic Design Automation）设计软件来辅助完成。本节将重点以直流稳压电源的印制电路板设计过程为例，简单介绍工业生产中印制电路板设计过程。

4.3.1 印制电路板手工设计

1. 印制电路板的布线形式

印制电路板的布线形式，一般有以下几种。

（1）弧线细条形　这种布线形式，除地线面积较大，其余均为任意形细弧线，适应于

直接在敷铜板上用油漆等绘制走线。

（2）大面积直线形　这种布线形式，连线面积大，铜箔附着力强，线条均呈直线状，适应于刀刻法制作，用于简单电路。

（3）大面积接地形　这种布线形式，地线面积占整个印制电路板面积的80%以上，使接地铜箔真正起到地线作用。由于信号连接线异常短捷，可减小分布电容、分布电感及介质损耗，而且铜箔附着力也强，尤其适合高频状态下工作的电路。

（4）直线细条形　这种布线形式，其连线为横平竖直，横线与竖线垂直，线条转角处可用弧线，也可用45°斜线连接，线条宽度则依据连线密度与电流大小而定，是目前印制电路板普遍采用的一种形式，非常整洁，美观。

2. 设计印制电路板的基本原则

（1）印制电路板面积的确定方法　确定印制电路板面积大小时，首先应依据电路原理图中的单元电路的个数、元器件的多少、体积大小、分体机还是整机等诸因素进行综合考虑，在保证元器件装得下、紧凑的原则下，来决定印制电路板的面积与形状。对于较复杂的电路，应考虑留有标注字符的位置。

（2）电子元器件的位置排列　根据电路的原理，确定电子元器件的总体排列顺序，一般首端为输入端，末端为输出端，或者按高频电路向低频电路的顺序进行位置排列。排列元器件位置时，应充分考虑每个单元电路彼此间的关系、所占空间的大小、上下、左右要兼顾，防止松紧不一。单元电路占的位置与面积应合理分布，它们之间连线要短捷。

以晶体管、集成电路为核心组成的单元电路，外围元器件应尽量顺序井然地安排在一起。根据前后、上下空间的大小，以或立或卧方式安放元器件，确定元器件排列位置。为防止元器件相互碰撞，在其之间要留有一定间距，尤其是发热元器件更该注意。对于接地公共端应尽量就近接在边框上。若公共地端在面板中间，可分别接在一条公共地线上，最后归总于边框形成一个子边框，将单元电路包围其中，这种布线形式，不仅能起到一定屏蔽作用，而且便于元器件安装，对工作频率较高的电路，尤显重要。

为保证电路工作稳定可靠，高频元器件的外引脚应被宽的接地线所环绕，同时不能在一个焊盘装有两个元器件的引脚，更不能重叠排列。对于线圈、变压器等感性元器件的排列，为防止相互间耦合及分布电容对电路影响，应尽量作垂直排列，或彼此之间距离远些，尤其在高频电路中更该注意。通常焊盘大小为 $1.25 \sim 2.5$mm，间距不小于 0.8mm。

3. 印制电路板线路的连接

当单元电路、元器件位置确定之后，元器件外引脚焊盘的位置也随之确定，则焊盘之间即可用印制线连接起来。对于数据信号传送的逻辑电路，印制线可细些，但宽度不能小于0.3mm，而对于放大、振荡电路等印制线可略宽些，一般在 0.5 ~ 1mm，线距不小于0.5mm。地线通常宽些，而某些地线应大面积布设。若遇到连线必须交叉设置时，少量的采用导线（间距大时）或裸线（邻近时）的跳线接至另一位置，在复杂电路用的双面金属线印制电路板中，便由印制线取代了。

4. 元器件字符的标注

对于电路简单，单元电路少的印制电路板（单面板），通常不进行字符标注，而对于复杂电路或多单元电路组成的电路，其印制电路板（包括双面）都进行字符标注，这样不仅安装时能"对号入座"，也为以后的调试、故障排除或他人组装带来很大方便。一般厂家生产的印制电路板上，都有元器件型号、序号及大小的标注。

5. 排版草图的绘制

当元器件排列好后，用单线不交叉连接好。然后，绘制单线不交叉图，当单线不交叉图绘好后，就已经大体上确定了元器件及导线的布局。但由于单线不交叉图中元器件和导线并非是严格按照比例绘制的，所以一般不能直接用于制板。在手工制板时，还需重新正规绘制出排版草图。

绘制排版草图最好分两步进行：第一步如图 4-7a 所示，先在图上布设元器件和导线，确定穿线孔的位置；第二步如图 4-7b 所示，再绘制焊盘和导线。

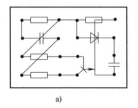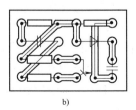

a)　　　　　　　　　b)

图4-7　排版草图绘制的步骤

（1）穿线孔的设置　元器件的穿线孔决定了元器件的安装位置。除了受元器件引脚尺寸的限制，而使得元器件采用参差排列外，在其他情况下，要尽量考虑到元器件装配时的整齐，并使相邻元器件的中心线尽可能对齐。对于安装在印制电路板边缘的元器件，在确定穿线孔时，要注意元器件的外壳不要超出印制电路板的尺寸线，并与四周保持一定的间隙，以免安装时放不进机壳（特别是小型电路）。同时，还要注意元器件不能遮盖板上的各种孔（安装孔、定位孔）。

（2）导线的设置　在排版草图中除了要绘制元器件的穿线孔外，还要画出导线的连接和走向。绘制时要使线条的走向合理，线条短捷明了，不要有过多弯折。由于手工制板主要以圆形接点为主，所以我们主要介绍圆形接点的导线布置，下面以图 4-8 为例说明。

图 4-8a 表示多个接点相连，导线不要以较小的夹角汇集至接点上。当元器件的穿线孔距离较近时，可以将它们连成一个较大的接点；当各穿线孔距离较远时，应尽可能简化导线的走向，使接点间连线最短。

图 4-8b 表示在长导线上遇到不在同一条直线上多个接点的连接。左图采用多次弯折，增加了导线的有效长度，因此建议按右图提供的两种方式连接。

图 4-8c 表示希望尽量缩短导线的连接路径。在此图例中斜边的长度总是大于直角边。但是对于对角线上两接点之间的连接则应采用斜线而不必再经直角转折。

图 4-8d 表明元器件和导线在布设时应尽可能使元器件排列整齐。

图 4-8e 表示导线在布设时，除非必要，一般不要使用弧形导线。有时在长导线布设的路径中，遇有圆形的孔时，为使导线不过多占用版面，可以采用圆形变弯折，如图 4-8f，导线在圆形布设时，尽可能使导线和圆形孔的圆心在同一点上。

图 4-8g 表示了在平行的长导线上接有跨距较大的元器件时，导线应采取的走向。

排版草图绘制好后，必须认真进行核对。要与电路原理图，板外元器件和接线草图、几何尺寸图、单线不交叉图等对照，如有错误应及时纠正。

（3）印制电路板草图绘制时的注意事项　在绘制印制电路板草图时，应注意以下事项。

1）熟悉电路原理。所谓熟悉电路原理，是知晓电路的组成及工作原理，如信号的来龙去脉，工作电流流向及元器件之间、单元电路之间的关系，以确保布线时的电气性能。

2）收集元器件资料。为确保元器件位置大小与正确排列，对电路中元器件、配件的外形尺寸和安装尺寸、引脚排列等情况，尽量收集全面，以供实施布线时参阅。

3）确定固定件位置。就是确定固定件与机壳相对位置，即电路中的电位器、可变电容、电池极片、拉线滑轮以及印制电路板固定孔等不能随意改变的位置，以防布线后将其印制线损坏或重新布线。对于固定件位置，除标出其外形或轮廓、定位其尺寸外，还应标出焊点。当部分"地盘"被固定件"占据"时，应适量留出一定宽度的边缘备用。

4）选择草图比例和草图纸张。印制电路板的草图是制作印制电路板的依据。为制作草图方便、精确，印制电路板的草图通常比实物大，绘制好后再拍照复印缩小成 1:1 的比例，则绘制稿中不足之处可以被缩小，得到相应的补偿。常用比例为放大 1 倍（即 2:1）或放大 5 倍（即 5:1）。放大倍数是依据连线或焊盘的间距而定。为使绘制的印制电路板草图准确，布线合理整洁、美观，最好采用浅色坐标纸。当坐标纸大格为 10mm × 10mm，小格为 2.5mm × 2.5mm，选其 2.5:1 的比例时，大格相当于 4mm × 4mm，小格相当于 1mm × 1mm，其他比例按此类推。

5）布线。当印制电路板的外形、孔位及固定件画好后，即可开始布线。

① 用另一张草图布线，待修改定型后再过渡到印制电路板草图上。

② 原理图把所需布线的电路分成若干单元，估算各单元所占的面积，依据元器件间连接情况分别布线。

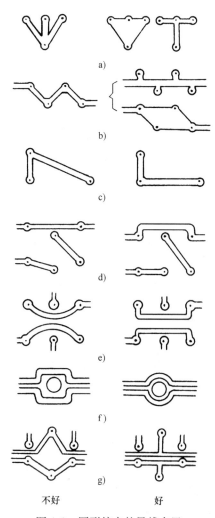

图 4-8　圆形接点的导线布置

③ 对于单元电路，优先考虑大尺寸元器件位置，而小元器件则"见缝插针"。先画圆盘（即焊接点），后绘制其间连线。

④ 在布线过程中，要根据元器件的排列松紧，连线密度及与其他单元的衔接等情况，进行反复调整，直到基本合理为止。

⑤ 绘制出的印制电路板草图，应依照电路原理图进行核对，以防出差错或遗漏。

⑥ 当单面印制电路板有连接线交叉时，应采用跨线、零欧电阻或元器件替代法来实现。为不影响美观，同一印制电路板中的跨线应尽量与电阻小型元件一致。绝缘跨线设在印制线一面，裸线则成"∩"形置于元器件面的两跨接点之间。元器件替代法，是将一个元器件的数值由两个元器件总值代替，其中一只元器件安装在跨接处。安装零欧电阻跨接，既简洁又不易被人察觉跨线的存在。可依据实际情况及身边材料，选其跨接方法。

⑦ 对于地线布置。为降低因集肤效应产生的地线阻抗，高频电路接地面积应大。对于高增益、高灵敏度电路各单元的接地应集中同一点，即"一点接地法"。为防止输出电流在

地线中的压降反馈到输入端而导致自激，前级接地点应为"低电位地"，后级接地点应为"高电位地"。偏置电流应从高电位地流向低电位地，否则将引入极大的噪声或自激。对于大电流流过的印制电路板地线，可用浸锡来减小电阻或用金属导线代替。地线面积大的有利于功率元器件的散热。

4.3.2 印制电路板自动设计（简介）

印制电路板的自动设计从确定板的尺寸大小开始，印制电路板的尺寸因受机箱大小限制，以能恰好放入机箱为宜。此外，还应考虑印制电路板与外接元器件（如电位器、按键、插口或其他印制电路板）的连接方式。印制电路板与外接元器件一般是通过塑料导线或金属隔离线进行连接的，有时也设计成插座形式连接。在设备内安装插入式印制电路板时，要加金属附件固定，以提高耐振、耐冲击性能。

1. 印制电路板自动设计的基本原则

印制电路板设计首先需要完全了解所选用元器件及各种插座的规格、尺寸、面积等。当合理、仔细地考虑各部件的位置安排时，主要是从电磁兼容性、抗干扰性的角度，以及走线要短、交叉要少、电源和地线的路径及去耦等方面考虑。各部件位置定出后，就是各部件的连线，按照电路图连接有关引脚即可。

印制电路板上各元器件之间的布线应遵循以下基本原则。

1）印制电路中不允许有交叉电路，对于可能交叉的线条，可以用"钻"、"绕"两种办法解决。即让某引线从别的电阻、电容、晶体管引脚下的空隙处"钻"过去，或从可能交叉的某条引线的一端"绕"过去。在特殊情况下，如果电路复杂，为简化设计也允许用导线跨接，以解决交叉电路的问题。

2）电阻、二极管、管状电容器等元器件有"立式"和"卧式"两种安装方式。立式指的是元器件体垂直于印制电路板安装、焊接，其优点是节省空间；卧式指的是元器件体平行并紧贴于印制电路板安装、焊接，其优点是元器件安装的机械强度较好。这两种不同的安装元器件在印制电路板上的元器件孔距是不一样的。

3）同一级电路的接地点应尽量靠近，并且本级电路的电源滤波电容也应接在该级接地点上。特别是本级晶体管基极、发射极的接地点不能离得太远，否则因两个接地点间的铜箔太长会引起干扰和自激。采用"一点接地法"的电路，工作较稳定，不易自激。

4）总地线必须严格按高频—中频—低频一级级地按弱电到强电的顺序排列，切不可随便乱接。级与级间的接线可长一些，特别是变频头、再生头、调频头的接地线安排要求更为严格，如有不当就会产生自激以致无法工作。调频头等高频电路常采用大面积包围式地线，以保证有良好的屏蔽效果。

5）强电流引线（公共地线、功放电源引线等）应尽可能宽些，以降低布线电阻及其电压降，减小寄生耦合而产生的自激。

6）阻抗高的走线尽量短，阻抗低的可以长一些，因为阻抗高的走线容易发射和吸收信号，引起电路不稳定。电源线、地线、无反馈元器件的基极走线、发射极引线等均属低阻抗走线。射极跟随器的基极走线、收录机两个声道的地线必须分开，各自成一路，一直到功放末端再合起来，如两路地线连接，则极易产生串音，使分离下降。

2. 印制电路板自动设计的基本要求

印制电路板自动设计的基本要求包括以下几个方面。

1）布线方向要求。从焊接面看，元器件的排列方位尽可能保持与原理图一致，布线方向最好与电路图走线方向相一致。因生产过程中通常需要在焊接面进行各种参数的检测，故这样做便于生产中的检查、调试及检修。

2）各元器件排列、分布要合理和均匀，力求整齐、美观、结构严谨。电阻、二极管的放置方式分为平放和竖放两种，在电路中元器件数量不多，而且电路板尺寸较大的情况下，一般是采用平放较好。1/4W 以下的电阻平放时，两个焊盘间的距离一般取 0.4in（10.16mm）；1/2W 的电阻平放时，两焊盘的间距一般取 0.5in（12.7mm）。二极管平放时，对于 1N400X 系列整流管，一般取 0.3in（7.62mm）；对于 1N540X 系列整流管，一般取 0.4 ~ 0.5in（10.16 ~ 12.7mm）。当电路元器件数较多，而且电路板尺寸不大的情况下，一般采用竖放，竖放时两个焊盘的间距一般取 0.1 ~ 0.2in（2.54 ~ 5.08mm）。

3）电位器的安放位置应当满足整机结构安装及面板布局的要求，因此应尽可能放在板的边缘，旋转柄朝外。

4）在使用 IC 座的场合下，一定要特别注意 IC 座上定位槽放置的方位是否正确，并注意各个 IC 脚位是否正确。例如：第 1 脚只有位于 IC 座的右下角或者左上角，而且紧靠定位槽（从焊接面看）。

5）进出接线端布置。相关联的两引线端不要距离太大，一般为 0.2 ~ 0.3in（5.08 ~ 7.62mm）左右较合适。进出线端尽可能集中在 1 ~ 2 个侧面，不要太过离散。

6）要注意引脚排列顺序，元器件引脚间距要合理。如电容两焊盘间距应尽可能与引脚的间距相符。

7）在保证电路性能要求的前提下，设计时应力求走线合理，少用外接跨线，并按一定顺序要求走线。走线尽量少拐弯，力求线条简单明了。

8）设计应按一定顺序方向进行，例如：可以按从左往右和由上而下的顺序进行。

9）导线的宽度决定了导线的电阻值，而在同样大的电流下，导线的电阻值又决定了导线两端的电压降。导线两端的电压降太大，可有会引起导线发热严重而损坏。有时候即便不会引起导线损坏，也会影响电路的工作性能。比如数字电路中压降过大，甚至会导致低电平被抬高到其电压范围以上，这样电路自然无法正常工作。因此流过导线的电流越大，导线就应该越宽。

导线的宽度可以按照如下方法计算。

一般来讲，每平方毫米导线流过 20A 电流是比较安全的。普通敷铜板的铜箔厚度一般为 0.035mm，那么可以计算得出 40mil（1.016mm）宽的导线大概可以流过 0.7A 的电流。因此应该首先对各部分电路的电流进行估算，然后决定各导线的宽度。通常情况下，数字信号导线宽度设为 10mil（0.254mm）左右，模拟电路导线宽度设为 20mil（0.508mm）左右，电源和地线设为 50mil（1.27mm）左右。在 DIP 封装的 IC 脚间走线，可应用 10-10 与 12-12 原则，即当两脚间通过两根线时，焊盘直径可设为 50mil（1.27mm），线宽与线距都为 10mil（0.254mm）；当两脚间只通过一根线时，焊盘直径可设为 64mil（1.6256mm），线宽和线距都为 12mil（0.3048mm）。当然这些数据只是些经验数据，如果实际电路中某部分电路的电流值很大，则一定要根据前面介绍的方法计算并单独调整。

3. 印制电路板自动设计的基本步骤

（1）准备原理图和网络表　只有绘制完原理图并生成网络表之后，才可能将元器件和网络表载入 CAD（Computer Aided Design）软件的 PCB 编辑器，从而进行电路板的设计。网络表是印制电路板自动布线的灵魂，更是联系原理图编辑器和 PCB 编辑器的桥梁和纽带。

（2）设置工作参数　工作参数的设置包括电路板类型的选择和工作层面的设定两大部分。在图层堆栈管理器内，根据用户设计的需要，可以将 PCB 设计成单面板、双面板和多层板 3 种。

（3）设置环境参数　在 PCB 编辑器中开始绘制电路板之前，用户可以根据自己的习惯定制环境参数，包括栅格大小、光标捕捉区域的大小、米制/英制转换和工作层面颜色等。总之，环境参数的设定应以个人习惯为原则，但是环境参数设计的好坏将直接影响电路板设计的效率。

（4）规划电路板　规划电路板包括以下内容。

1）电路板的选型：选择单面板、双面板或者多面板。

2）确定电路板的外形，包括设置电路板的形状、电气边界和物理边界等参数。

3）确定电路板与外界的接口形式，选择具体接插件的封装形式以及接插件的安装位置和电路板的安装方式等。

考虑到设计并行性，提倡电路板的规划工作有一部分应当放在原理图绘制之前，比如电路板类型的选择、电路板的插接件和安装形式等。在电路板的设计过程中，千万不能忽视这一步工作，否则有的后续工作将无法进行。比如，在设计电路板时选择了 12 针的双排插座，在电路板加工完后才知道市场上没有这种插接件，将对以后的生产带来极大的麻烦。

（5）载入网络表和元器件封装　PCB 编辑器中只有载入了网络表和元器件封装后才能开始绘制电路板，并且电路板的自动布线是根据网络表来进行的。

如在 CAD 软件 Protel DXP 中，利用系统提供的双向同步功能既可以在原理图编辑器中将元器件封装和网络表导出到 PCB 编辑器中，又可以在 PCB 编辑器中载入元器件封装和网络表。

（6）元器件布局　元器件布局应当从机械结构、散热、电磁干扰、将来布线的方便性等方面进行综合考虑。先布置与机械尺寸和安装尺寸有关的器件，然后是占空间大的大器件和电路的核心元器件，再是外围的小元器件。

（7）自动布线与手工调整　在 CAD 软件 Protel 99SE 中，采用 SITUS 拓扑算法，用户只需进行简单、直观的设置，自动布线器就会根据用户设置的设计法则和自动布线规则选择最佳的布线策略进行布线，使印制电路板的设计尽可能完美。自动布线后，用户对不满意的布线可以进行手工调整。

4.4　印制电路板的制作

印制电路是构建整个电路系统的载体，本节将结合手工制板、小型工业制板系统，通过实例来介绍印制电路板的制作过程。

4.4.1　手工制作印制电路板

手工制作印制电路板可分为复制印制电路板图、掩膜、腐蚀、钻孔和修板等过程，下面分别介绍。

1. 复制印制电路板图

制作印制电路板的材料采用铜箔层压板，又简称为敷铜板。国产敷铜板主要根据其板材料不同分为四种：酚醛纸质敷铜板、环氧酚醛玻璃布敷铜板、环氧玻璃布敷铜板和聚四氟乙烯玻璃布敷铜板。民用一般采用后三种，而酚醛纸质敷铜板（又称为纸质板）由于吸潮性、耐高温性、机械强度等指标较差，所以在超高频和使用环境恶劣的情况下不宜采用。

按照印制板尺寸图裁好敷铜板，然后在排版草图下垫一张复写纸，将排版草图复印到敷铜板的铜箔面上。特别是集成电路集成块的引脚穿线孔的位置要准确，如有偏移，容易造成引脚接点间短路，也会造成集成电路插入困难。

复印好排版草图后，用小冲子在敷铜板上的每个空线孔上冲一小凹洞，以便以后钻孔时定位。

2. 掩膜

所谓掩膜是在复制好电路图的敷铜板上需要保留的部位覆盖上一层保护膜，从而在腐蚀板的过程中被保留下来。掩膜的方法有不少，下面介绍几种。

（1）漆膜法　清漆一瓶、细毛笔一支、香蕉水一瓶。将少量清漆倒入一个小玻璃杯中，再掺入适量香蕉水将其稀释，然后用细毛笔蘸上清漆，按复印好的电路掩膜，在穿线孔处要描出接点。待电路描完后可让其自然干燥或加热烘干。待漆膜固化后再参照排版草图用裁纸刀将导线上的毛刺和粘连部分修理掉。最后再检查一遍，如无遗漏便可进行腐蚀了。

（2）胶纸法　在已复制好电路图的敷铜板上贴满透明胶带，如果有较大部位不需掩膜的也可不贴。用裁纸刀沿导线和接点边缘刻下，待全部刻完后将不需掩膜处的胶纸揭去后即可。

（3）喷漆法　找一张大小适中的投影胶片，按排版草图将需要掩膜的部分用刀刻去。刻好后即可将其覆盖在已裁好的敷铜板上，用市售罐装快干喷漆对电路板喷一遍。漆层不要太厚，过厚黏附力反而下降，待漆膜稍干后揭去胶片即可。该法适于小批量制作印制电路板，而且速度快。

3. 腐蚀

印制电路板的腐蚀液通常使用三氯化铁溶液。固体三氯化铁可在化工商店买到，由于其吸湿性很强，所以存放时必须放在密封的塑料瓶或玻璃瓶中。三氯化铁具有较强的腐蚀性，在使用过程中应避免溅到皮肤或衣服上。

配制腐蚀液可取 1 份三氯化铁固体与 2 份的水混合，将它们放在大小合适的玻璃烧杯或搪瓷盘中，加热至40℃左右，然后将掩好膜的敷铜板放入腐蚀液中浸没，并不时搅动液体使之流动，以加速其腐蚀。夹取印制电路板的夹子可用竹夹子，也可用自制竹片或竹筷子，但不宜使用金属夹。

为了提高腐蚀速度，可以采用电解法，其具体步骤如下。

1）在已掩膜的敷铜板上找一块较大面积的空白处，焊上一根约 20cm 长的焊锡丝，并在靠近铜箔的焊锡丝上涂上一层酒精松香液以防腐蚀。将稳压电源的正极夹在焊锡丝的上部。将另一段焊锡丝绕在一根长 10cm 的铁棒上，并留下 20cm 长的一根作连线，与稳压电源负极导线相连。

2）将敷铜板和负极铁棒浸没在三氯化铁溶液中，并注意两者不要相碰短路。

3）将稳压电源的电压调节旋钮调至最低后再接通电源，然后缓慢的调高电压。这时可看见负极板上有气泡产生，并伴有"吱吱"的响声。开始时由于接触面积较大，电解速度较快。随着时间的延长，电流会逐渐减小，这时可适当提高电压。

4）腐蚀过程是从印制电路板边缘开始的，即从有线条、接点的地方开始逐渐腐蚀。腐蚀的时间最好短些，避免导线边缘被溶液浸入形成锯齿，所以要经常观察腐蚀的进度。当未掩膜的铜箔被腐蚀掉时，应及时将印制电路板取出用清水冲洗干净，然后用细砂纸将印制电路板上的漆膜轻轻刮去。

4. 钻孔

在印制电路板上钻孔最好采用小型台钻。因为手枪电钻和手摇钻在工作中很难保持垂直，既容易钻偏，又容易折断钻头。在使用台钻时，大多选用 0.8mm 或 1.0mm 的钻头。由于钻头太细，所以既不易夹紧（特别是使用时间久又经常夹大钻头的钻夹头）又比较容易折断钻头（特别是手扶印制电路板时会发生偏移）。建议用质地较硬的纸在钻头杆上紧绕几层，让钻头大约只露出 3~4mm（对 2mm 厚的敷铜板而言）。这样既可使钻杆直径增大，增大夹持力，又可减少钻头折断的机会。此时即使折断了钻头，也只折断 4mm 长，还能利用剩余部分修磨后使用。

钻孔时，将掩膜时冲出的定位孔置于钻头之下再缓慢进钻。钻孔时要防止钻偏，特别是集成电路的穿线孔如被钻偏了，在安装时会很麻烦，甚至会出现在强行插入时把引脚折断而报废集成电路块的情况。

5. 修板

钻好孔后可用砂纸或小平锉将焊接面轻轻打磨一遍，如有腐蚀过程留下的铜斑或少量短路的部分可用小刀修去（先在两边用小刀刻断后再用刀剔去多余部分）。最后用酒精松香液在焊接面涂一遍，待酒精挥发后，便留下一层松香，既可助焊，又能防潮防腐。

至此，一块自己精心设计制作的印制电路板便完成了。需要指出的是，手工绘制印制电路板，适于一些简单电路的制作。若电原理图复杂，绘图工作量大，应采用微机自动布线设计软件设计印制电路板。

4.4.2　印制电路板的自动化制作

印制电路板的自动化制造过程虽一般由专业生产厂家完成，但对于电子设计人员来说，不但要知道怎样设计电路，还要了解印制电路板的制造过程。了解一些相关的技术知识，不仅有助于设计印制电路板时一些参数的设定、多种因素的综合平衡、最佳方案的确定，而且对产品的可靠性、经济性、使用寿命、工作环境等能做到心中有数。并且，印制电路板制造本身也是 EDA 的一部分。

1. 印制电路的制造工艺

从印制电路制造工艺的发展来看，基本上遵循以下几个原则。

1）应有利于精简生产工序，使生产过程便于实现机械化、自动化。

2）应有利于提高印制线路板布线密度、导线精度及其可靠性。

3）应有利于降低成本、减少浪费及环境污染。

我国印制电路技术的研究与应用主要从 20 世纪 50 年代开始的，下面将目前国内印制电路生产工艺按印制电路板（简称印制板）分类介绍。

（1）单面印制板　单面印制板一般用于民用产品，如收音机、电视机、电子仪器等。单面板图形比较简单，一般采用丝网漏印正像图形然后蚀刻出印制板，也可采用光化学生产，其工艺流程为：敷铜箔板下料→数控钻孔→电路板抛光→制作电路底片→线路感光油墨印刷→曝光→显影→镀锡→电路板蚀刻→电路板去膜→成品。

线路底片制作、数控钻孔工序一般由 CAD 软件控制来完成。在敷铜板下料、去除抗腐蚀印料、孔与外形加工等工序后都要进行清洗、干燥，在印制阻焊涂料、印制标记符号等工序后，都要进行固化、清洗和干燥，为了简明起见，流程中都不写出，这是一般常识，后面的流程以此类推。

（2）双面印制板　双面印制板主要用于性能较高的通信电子设备、高级仪器仪表等场合，其制作流程为：敷铜箔板下料→数控钻孔→电路板抛光→金属化孔→制作线路底片→图形转移→镀锡→电路板去膜→蚀刻→制作阻焊层→印制电路板丝网→成品。

（3）多层印制板　制作多层印制板，对设计电路者而言，Protel 99 等 PCB 软件可以比较方便地实现；但对制造厂家来说，当密度较大时，对工艺要求十分苛刻，如导线和金属化孔的定位、热压、黏合等工序要求的精度都很高，而电气性能的检测需用专门 CAD 软件，因而整个过程周期较长，成本也较高。制造多层印制板的工艺流程为：内层用敷铜箔板→冲定位孔→图像转移→蚀刻→去除抗蚀剂→氧化→层压→数控钻孔→清洁→金属化孔→图像转移→图形电镀铜→图形电镀铅锡合金→去膜→蚀刻→板边插头镀金（银）→外形加工→热熔→检验→印制阻焊层→印制标记符号→成品。

2. 单面印制电路板制造工艺

结合 PCB 制板实验室的小型工业制板系统，详细介绍单面印制电路板制造工艺及流程。

（1）敷铜箔板下料　下料又称裁板，在 PCB 制作前，应根据设计好的 PCB 图的大小来确定所需 PCB 基板的尺寸规格。敷铜板出厂的规格一般为：1200mm×1000mm。市面上一般提供的实验用敷铜板规格为：300mm×200mm 或 300mm×150mm，因此，裁板是制板的第一步。

裁板的基本原理是利用上刀片受到的压力及上下刀片之间的狭小夹角，将夹在刀片之间的材料剪断。常用的裁板设备有两种，一种是手动裁板机，一种是脚踏裁板机。手动裁板机主要适合于裁剪一些面积较小的敷铜板（宽度不超过 300mm，厚度不超过 2mm），具有体积小，重量轻，操作方便的特点。

精密手动裁板机（见图 4-9）采用高性能高速钢材质刀片，压杆部分采用杠杆式结构，使裁板非常省力向左移动定位尺，提起压杆，将待裁剪的敷铜板置于裁板机底板并靠近标尺，根据标尺刻度确定待裁剪尺寸，并将定位尺移动到敷铜板边沿，左手压板，右手将压杆压下，即可轻松地裁好板。

（2）数控钻孔　全自动数控钻床能根据 Protel 99 生成的 PCB 文件的钻孔信息，快速、精确地完成定位、钻孔等任务，如图 4-10 所示。用户只需在计算机上完成 PCB 文件设计并将其通过 RS-232 串行通信口传送给数控钻床，数控钻床就能快速地完成终点定位、分批钻孔等动作。该设备体积小，操作极其简单，可靠性高，是高校电子、机电、计算机、控制、

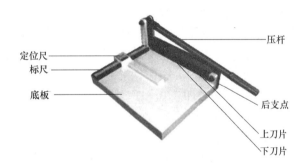

图 4-9　精密手动裁板机

图 4-10　全自动数控钻床

仪器仪表等相关专业实验室的理想数控钻孔工具。

钻孔流程：放置并固定敷铜板→手动任意定位原点→软件定置原点→软件自动定位终点→调节钻头高度→按序选择孔径规格→分批钻孔。数控钻床钻孔操作过程如图4-11所示，具体步骤如下。

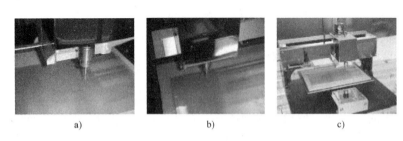

图 4-11　数控钻床钻孔的操作过程

1）将待钻孔的敷铜板平放在数控钻床平台的有效钻孔区域内，并用单面胶固定敷铜板。拖动Z轴主机和Y轴底板，将其移动到适当的位置，钻头垂直对准的点就是原点。按下控制软件的"设置原点"按钮，钻孔平面的原点即设置好。如果需要微调原点的位置，可在按下"设置原点"前调整主轴左移、主轴右移、底板前移、底板后移的偏移量来完成原点位置的调整。

2）完成原点定位后，应立即完成终点的定位，本数控机床的终点定位是自动完成的，即按下"终点设置"，数控钻床根据导入的 PCB 文件信息自动获取 X、Y 轴偏移量并自动移动到终点位置，待 X、Y 偏移停止，终点设置动作即完成。

3）原点、终点设置完后，按顺序选择所需钻孔的孔径，即开始分批钻孔。钻孔前，应先调整钻头的高度，使钻头尖距离待钻的敷铜板平面的垂直距离在 2mm 左右，然后，按下钻孔，即开始第一批孔的钻取。后续孔径的钻取无须重新定位，只需更换所需规格钻头并选择对应规格孔即可。

有两个问题要注意：第一，按要求更换所需规格钻头，一定不能一根钻头转到底；第二，在钻孔时，要保证钻头和敷铜板无晃动，不然钻头极易折断。

（3）电路板抛光　自动抛光机主要用于 PCB 基板表面抛光处理，清除板基表面的污垢及孔内的粉屑，为后序的化学沉铜工艺准备，如图 4-12 所示。

自动抛光机操作简单，内部结构紧凑，传动采用直流电机无级调速，速度任意可调，刷辊用 Y 系列电动机驱动，烘干采用远红外电加热管，使用寿命长，热效率高，经过抛光后的板子可直接丝印，简化了生产环节，对产品质量、节能方面有独特之处。

操作规程如下：

1）旋转刷辊调节手轮，调节刷辊与压辊至适当距离；

2）调节调压器调速旋钮，将电压调节至 45V 左右，使板材传送保持均匀的速度；

3）开启水阀，查看喷出的水流是否畅通，水流不畅或干刷易损坏刷辊；

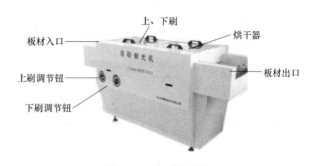

图 4-12　自动抛光机

4）启动刷辊，检查刷辊转速是否均匀；

5）开启风机及加热器开关，使温度达到设定温度；

6）启动传动开关，将敷铜板置于板材入口的传送轮上，将自动完成板材抛光；

7）抛光完毕，先关闭加热开关，后关闭传送开关，数秒后再关闭刷辊电源开关，最后关闭水阀，将调速旋钮调至 0V 位置。如长时间不使用机器，需切断机器输入电源。

抛光后板件放入烘干机 75℃烘干，或用电吹风直接吹干。

（4）制作线路底片　制作底片是图形转移的基础，根据底片输出方式可分为底片打印输出（采用激光或喷墨打印机将图形打印在胶片或热转印纸上）和光绘输出（采用激光光绘机将图形输出到激光胶片再通过显影、定影工序形成最终的图形）。如果对电路板精度要求不是太高，可选择低成本的图形输出方式是将图形打印到胶片或热转印纸上。

一般做单面板是将电路的底层信号线路（Bottom Layer 即底层）打印到胶片底片上。Protel 99 SE 软件生成底层线路图形的流程如下。

1）启动软件并打开 PCB 文件，如图 4-13 所示。

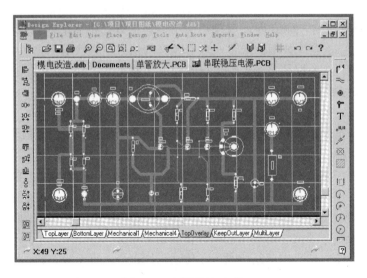

图 4-13　打开 PCB 文件

2）单击"Documents"，选择"File"菜单中"New"命令，在弹出的窗口中选择"PCB Printer"，如图4-14所示。

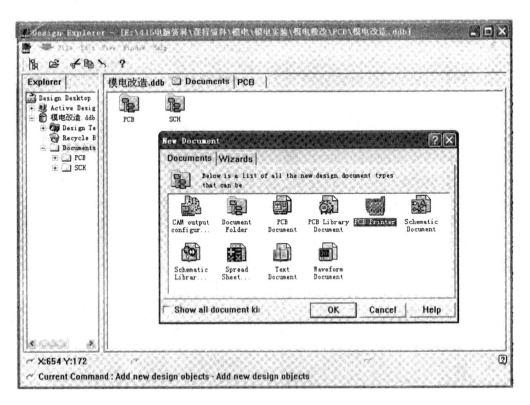

图 4-14　新建 PCB 文档

3）单击"OK"按钮，选择"串联稳压电源．PCB"，如图 4-15 所示。

4）单击"OK"按钮，出现图 4-16 所示界面。

5）右键单击左边功能框 BrowsePCBPrint 内的"Multilayer Composite Print"，并单击"Properties"，出现图 4-17 所示对话框。

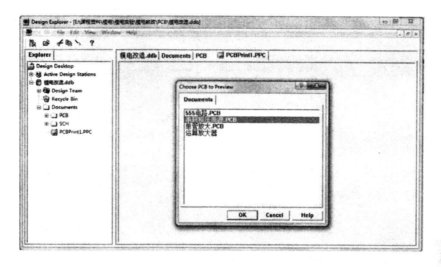

图 4-15　选择打印 PCB 文档

图 4-16　PCB 打印预览

6）分别单击"TopLayer"、"TopOverlay"、"MultiLayer"，然后单击"Remove"按钮出现图 4-18 所示界面。

7）单击"Close"按钮，出现图 4-19 所示界面。

8）单击打印快捷图标，输出底层信号层图片。

（5）电路感光油墨印刷　在制作过程中，电路图形感光油墨采用科瑞特专用液态感光电路油墨（Create—LSL2000，具有强抗电镀性）来制作电路板。感光油墨涂布方式有：丝网印刷方式，浸涂或旋转涂布法。通常采用丝网印刷方式，涂布后经烘干、曝光、显影即形成高精密度线路图形。

制作工艺说明：

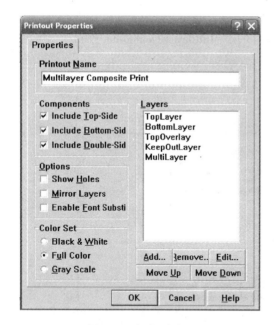

图 4-17 打印层设置

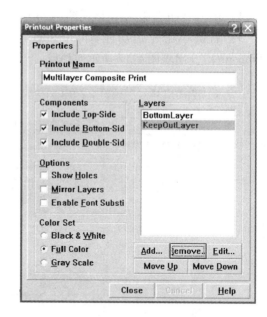

图 4-18 删除层

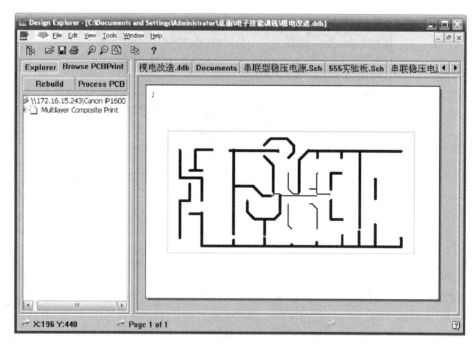

图 4-19 底层信号层 PCB 打印预览

1）丝网的主要作用是印刷液态电路感光油墨和液态阻焊感光油墨，其基本原理是利用丝网将油墨漏印到基板材料上形成均匀的湿膜层。

2）在丝网印刷前，需要抛光敷铜板、准备好感光油墨、清洗丝网并晾干、清洗刮胶器等。选择90T丝网，在使用前都需要清洗。清洗的方法是准备一小勺洗衣粉，先将丝网布的两面全部用水浸湿，再在两面均匀抹上洗衣粉，用手或干净抹布在两面洗擦，直到丝网布的两面水流不成股，成滴均匀分布即可。丝网的晾干不能用40℃以上的热风对吹，也不能直接用明火烘烤，在室温较高（20℃以上）的情况下，可以用电风扇对吹，或者自然晾干。也可以用专用丝网烘干箱来烘烤。

3）丝网印刷

① 先制作两个定位框：用报废的敷铜板作为基底，两块在下（完全重合），一块在上（与底下两块重合并留出2mm的宽度），用双面胶固定好，这样定位框便制作好了。定位框用于印刷时定位板材。

② 印刷前的准备：将待印刷的敷铜板安放在定位框上，板材另外两边下面垫2个顶针。调整丝印平台X、Y轴及旋转调节器，在丝印框另外1端下面垫8mm厚的衬板。

③ 油墨印刷：将经过抛光的敷铜板置于丝网下，均匀涂敷感光油墨于电路板边框外的丝网上，将刮刀与丝网成45°角，一般采用从身体近端往远端推油，推油1次，如图4-20所示。切忌来回刮胶、用力过猛或用力过轻。若刮双面板，翻过另外一面后即可再刮。油墨最好在黄色的荧光灯下涂敷。

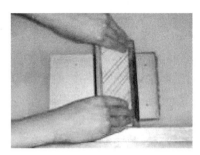

④ 丝印框清洗：将所有敷铜板刷完油墨后，要对刷油墨的丝印框用水清洗。

图 4-20　涂敷感光油墨的方法

⑤ 湿膜烘干：单面烘干条件是75℃，10min；双面烘干条件是75℃，20min。烘干后，取出板件冷却到室温后，就可以进行曝光。板件烘干后放置时间最好不超过12h。

（6）曝光　将曝光机的定位光源打开，通过定位孔将电路底片与已涂敷的板材须曝光的一面（电路底片的放置按照有图形面朝下，背图形面朝上的方法放置）用透明胶固定好，同时确保板件其他孔与电路底片的孔重合。然后按相同方法固定另一面底片，图4-21为固定好底片的样板。

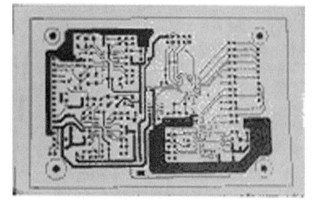

图 4-21　固定好底片的样板

将板件放在干净的曝光机上玻璃面上，盖上曝光机盖并扣紧，关闭进气阀，设置曝光机的真空时间为10s，曝光时间为60s。开启电源并按"启动"键，真空抽气机抽真空，10s后曝光开始，待曝光灯熄灭，曝光完成。打开排气阀，松开上盖扣紧锁，取出板件然后曝光另一面曝光机，如图4-22所示。

（7）显影　显影是将没有曝光的湿膜层部分除去得到所需电路图形的过程。要严格控制显影液的浓度和温度，显影液浓度太高或太低都易造成显影不净。显影时间过长或显影温度过高，会对湿膜表面造成劣化，在电镀或酸性蚀刻时出现严重的渗透或侧蚀。

1）配置显影液：显影液的浓度一般在1% ~2%之间，科瑞特公司生产的感光油墨要求显影液的浓度为1%。取20g显影粉，干净自来水2000ml装入显影罐中，把显影粉倒入其中并摇动，这样就按1%比例配置好了显影液。

2）显影：把显影液倒入机器显影箱中，设置好显影时间、温度、压力、水洗时间等参数（机器能保存参数），将电路板用夹子夹住放入显影机中，启动"显影"键后机器即可自动完成显影，显影完成后用自来水冲洗即可。显影过程时间为5 ~8min，图4-23为显影完毕后的实物图。

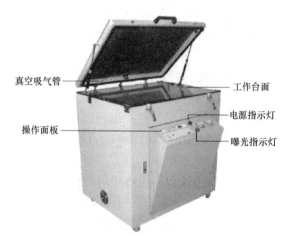

图4-22 曝光机

真空吸气管　工作台面　操作面板　电源指示灯　曝光指示灯

（8）镀锡 化学电镀锡主要是在电路板部分镀上一层锡，用来保护电路板部分不被蚀刻液腐蚀，同时增强电路板的可焊接性。

敷铜板被印刷上抗电镀感光电路油墨并经过热固化（或采用热转移方式将图形转移其上）后，需要将敷铜板置于化学镀锡设备中进行镀锡处理。化学镀锡主要有两个目的：①在电路及过孔上镀上一层耐碱性蚀刻的锡，以完成电路板线路制作；②将电路及焊盘镀上锡后，增强了电路

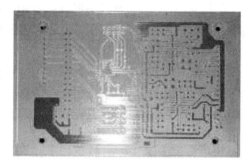

图4-23 显影后的电路板实物图

板的线路连接可靠性，同时增强了电路板的可焊接性。具体操作步骤如下。

1）用干净布涂稀硫酸，清除镀锌机导电铜棒上的脏物、铜绿、氧化物，使之表面能良好接触。

2）用干净布涂稀硫酸，清除锡锭挂钩内的脏物、铜绿、氧化物，使之表面能良好接触。

3）检查锡锭是否接触良好并紧固锡锭。

4）用不锈钢夹具将待镀锡的板材固定好，将板材部分浸入电镀液中，挂钩挂于阴极挂杆上。

5）根据待镀锡板材的大小，调节合适的电流，电流调节标准为：$1.5A/dm^2$，双面板需计算两面的面积。

6）电镀时间达到15min左右，取出被电镀板材即可。

（9）电路板去膜 因经过镀锡后留下的膜全部都要去掉才能露出铜层，而这些铜层都是非线路部分，需要蚀刻掉。所以，蚀刻前需要把电路板上所有的膜清洗掉，露出非电路铜层。

电路板上的膜是高分子化合物，膜经过烘干和曝光后，变成硬度较硬的干膜，除去其只能通过去膜液清洗。这里使用的去膜液为科瑞特公司生产制造，主要作用是使膜层膨胀再细分。

双手戴上手套，把去膜液倒入去膜槽中，6min 左右可以把膜全部清洗干净。

（10）电路板蚀刻　电路板完成显影后，需要进行蚀刻，蚀刻的主要作用是将电路以外的非电路部分铜箔去掉，留下锡保护的电路图形。由于铜易溶于碱性蚀刻液而锡不易溶于碱性蚀刻液，因此本制板工艺中需采用碱性蚀刻液，其主要成分为氯化氨。制作出来的印制电路板实物如图 4-24 所示。

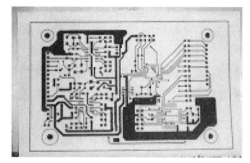

图 4-24　印制电路板实物

4.5　电子电路的调试与改进

电子电路设计完成后，便进行装配与调试过程。

4.5.1　电子电路的装配与制作

为了保证电子电路能稳定、可靠地长期工作，首先要对电子元器件进行检验与筛选。

1. 看外观质量是否合格

外形尺寸、引脚的位置及直径应符合元器件外形要求；电极引出线，不应有影响焊接的氧化层和伤痕；各种型号、规格标志应该清晰、牢固，对于有数值和极性符号标志的元器件，其标志不能模糊不清或脱落等。

2. 参数性能应符合要求

经过外观检验的元器件，应该进行电气参数测量。要根据元器件的质量标准或实际使用的要求，选用合适的仪器，使用正确的测量方法进行测量。测量结果应该符合该元器件的有关指标，并在标称值允许的偏差范围内。具体的测试方法，前面已经讲过，这里不再详述。

电子元器件检验与筛选完成之后，再拿到做好的印制电路板，就可以按照电路原理图装配电路了。不同的元器件装配方法在第 3 章已经介绍，具体的装配细节这里不再赘述。

4.5.2　电子电路的调试过程

本节以 4.2 节中设计的直流稳压电源为例介绍电子电路的调试过程。电路见图 4-6。

1. 调试方法

串联稳压电源一般采用逐级调试方法。稳压电源由变压、整流、滤波和稳压四部分组成。在条件允许的情况下，可将各级间连接处断开。先调试变压级，待变压级正常后，再将整流级连接上调试整流级，然后依次调试滤波、稳压级，直到全部正常。

若断开各部分电路困难，也可以逐级检测输入、输出电压来判断电路工作是否正常，但在分析判断时，需考虑前后级间相互影响。

调试时一般是用万用表测量各级的输入、输出电压值及用示波器观察各级输入、输出波形。若数值与波形符合要求，说明电路工作正常。如不符，则说明有故障存在，需检查电路并加以排除故障，使电路达到正常工作状态。

在调试过程中应注意以下问题。

1）注意万用表的档位，测整流电路输入端（整流前）应为交流档，整流后用直流档。

2）示波器应正确选用 Y 轴输入耦合开关的档位。测整流后各级电路波形时，需将耦合开关置于"DC"档位，测整流前各级电路时，应置于"AC"档位。

2. 调试前的准备

1）要检查装配完了的电子电路是否完全正确，特别要仔细检查一些电解电容极性是否正确，以防发生意外及损坏元器件，还要检查输出端或负载是否有短路现象。

2）测量静态电阻。包括电源输入端电阻、调整管 C、E 两端电阻等。

3）仪器仪表的准备。包括自耦变压器（500W）、交流电压表、直流电压表或万用表、交流毫伏表及负载电阻（10Ω/20W）等。

3. 调试步骤

（1）变压电路调试　通电后，先用万用表测量变压器二次绕组电压是否为交流 17.5V。如无电压，检查一次绕组电压有没有交流电压 220V，若也无电压，则说明电源未接通，再检查电源输入部分。若通电后，一次侧的熔丝烧毁，可能是变压器一次与二次绕组短路等故障所造成的。若通电后电压正常，则说明变压电路正常。

（2）整流、滤波电路调试　接通整流滤波电路，可能出现以下几种情况。

1）一次侧绕组熔丝立即熔断。出现这种情况通常是因桥式整流电路中有一只二极管击穿所致。可断电后分别检查各二极管，反向电阻近于零的即为损坏管，换上正常管即可。$C_3 \sim C_6$ 电容短路性损坏也可引起 FU_1 熔断，但此类情况很少发生。

2）整流后直流电压过低。此时整流电路负载为电解电容 C_7 和后面等效电阻，$U_{C7} \approx 1.414 U_2 \approx 25V$（$U_2$ 为变压器二次电压有效值）。若测得 U_{C7} 过低，通常有三个原因。一是整流二极管反向电阻过小所致。因二极管反向电阻过小，它在截止时，会对导通二极管的电流进行分流，使输出电流减小，设变压器二次侧瞬时极性为上负下正，VD_2、VD_3 导通，VD_1、VD_4 截止。VD_1 反向电阻过小，VD_1 就会流过 VD_2 中的电流进行分流，使流经 VD_3、C_7 电流变小，从而输出电压下降。二是 C_7 虚焊，电容两端电压为 $0.9 U_2$。三是滤波电容 C_7 的正向漏电电阻（万用表黑笔接 C_7 正极，红笔接 C_7 负极测得的电阻）过小所致，这时电容 C_7 等效为阻容性负载。若 $U_{C7} = 25V$，说明整流滤波电路无问题。

（3）稳压电路调试　接通稳压电路，调试过程中可能出现以下几种情况

1）输出电压 $U_o = 0V$，即无输出电压。首先断电测试 FU_2 是否熔断。若 FU_2 熔断，说明稳压电路有短路性故障，应检查有无错接、错焊之处；印制电路板导线有无短路现象；元器件是否有问题。若 FU_2 完好，说明稳压电路有开路性故障，应检查有没有漏焊、假焊之处。

2）输出 U_o 过低，$U_o = 2 \sim 3V$。故障原因：调整管 V_1 处于截止状态。这时 U_{CE1} 可高达 15V 以上。产生故障的直接原因是复合调整管基极电位过低，U_{B1} 过低，其原因很多，一般是因所用元器件质量问题和焊接错误所造成。

3）输出电压 U_o 过高，并且调不下来。如 U_o 在 15V 以上，则说明 V_1 已进入饱和状态。造成 V_1 进入饱和状态的直接原因是 V_2 基极电位过高。

4）输出电压基本正常，$U_o \approx 12V$。在这种情况下只要调整取样电路分压比即可，缓慢调节图 4-6 所示中的 RP 微调电位器即可得到 $U_o = 12V$ 左右可调的输出电压。

4.5.3　电子电路的性能测试

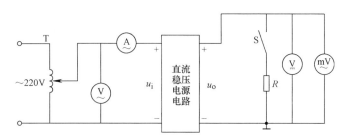

图 4-25　稳压电源测试电路

稳压电源测试电路如图 4-25 所示。电路经调试无误后，就可以测其性能指标，主要测试满载、空载时波纹电压。调试步骤如下。

1）开关 S 闭合，稳压电路输出端接入负载电阻 R，电路处于满载状态。这时调整交流自耦变压器 T，使交流输入电压 U_i 为 220V ；再调整直流稳压电源电路的 RP，使稳压电源输出的直流电压为 12V。

2）在满载情况下，调交流自耦变压器 T，使交流 U_i 在 190 ~ 240V 范围内变化，直流输出电压 U_o 应在 12V ± 0.2V 范围内，交流毫伏表指示小于 5mV。

3）开关 S 断开，稳压电源处于空载状态。这时调交流自耦变压器 T，使交流 U_i 在190 ~ 240V 范围内变化，直流输出电压 U_o 应在 11.8 ~ 12.2V 范围内，交流毫伏表指示应小于 5mV。

4.5.4　检修流程

在检修过程中，常采用的方法有电压法和波形法两种。检修电路见图 4-6。由于设备的原因，一般采用电压法，其流程如图 4-26 所示。

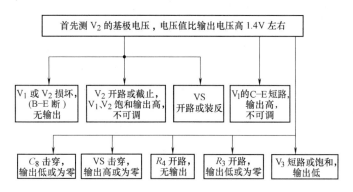

图 4-26　电压法检修流程

4.5.5　电路的改进

稳压电源工作时，如果输出端发生短路或输出电流远超过设计值，调整管就可能因通过电流过大而烧毁，而且烧毁的速度极快，用一般加熔丝的办法往往起不到保护作用。所以需在设计时进行改进。例如改进为截止式电子保护电路或限流式电子保护电路，如下面图4-27和图4-28所示。

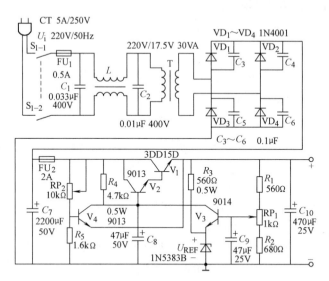

图4-27　截止式电子保护电路

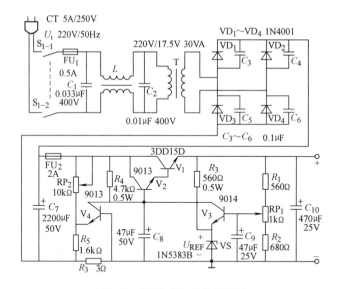

图4-28　限流式电子保护电路

本 章 小 结

本章主要介绍了有关电子电路设计与制作的相关知识，包括设计概述，设计实例，印制电路板手工、自动设计与制作，以及电子电路调试与改进。通过这些知识的讲解，加强培养学生的工程实践能力、创新意识、创造能力，以达到强化动手能力、突出实践应用、培养职业素养和开拓创新意识的目的。

练 习 题

1. 电子电路的设计工作包括哪些主要内容?

2. 设计一个音响放大器,要求具有电子混响延时、音调输出控制、卡拉 OK 伴唱等功能,并能够对传声器与放音机的输出信号进行放大。(主要技术指标:A. 额定功率,$P_o \leqslant 1W$;B. 负载阻抗,$R_L = 8\Omega$;C. 频率响应,$F_L \sim F_H = 40Hz \sim 10kHz$;D. 音调控制特性,1kHz 处增益为 0dB,100Hz 和 10kHz 处有 $\pm 12dB$ 的调节范围,$A_L = A_H \geqslant 20dB$,输入阻抗,$R_i \gg 20\Omega$)。

3. 手工设计印制电路板中排版草图的绘制应怎样进行?

4. 印制电路板自动设计的基本步骤有哪些?

5. 手工制作印制电路板有哪些过程?

6. 利用 CAD 软件绘制出图 4-29 所示的功率放大器电路原理图,并自动设计出印制电路板。

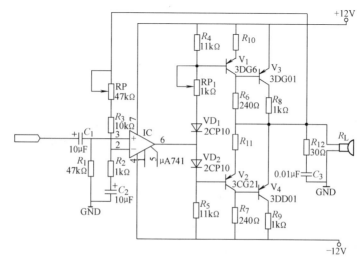

图 4-29　功率放大器电路原理图

▶ 第 5 章

电子电路实训

为了巩固基本概念，加深对元器件的认识和了解电路的作用，应当选择一些简单易做、容易收效的作品进行制作，本章主要对 12 个实用电子电路的工作原理、元器件的选择、安装与调试方法等进行介绍，供读者自己独立动手训练。

5.1 单管低频放大器的制作与调试

5.1.1 电路的工作原理

单管低频放大器电路如图 5-1 所示。它采用 RP、R_1 和 R_2 分压固定晶体管基极电位 U_b，再利用发射极电阻 R_4 获得 I_e 反馈信号，使基极电流 I_b 发生相应的变化，从而稳定静态工作点。该电路是最常用的一种典型放大电路。

其中 V 为晶体管，RP、R_1 为上偏置电阻，R_2 为下偏置电阻，电源电压经分压后得到基极电压 U_b，提供基极偏流。R_3 为集电极电阻，R_4 是发射极电阻，C_4 是射极电阻旁路电容，提供交流信号通道，减小信号放大过程中的损耗，使交流信号不因 R_4 的存在而降低放大器的放大能力。C_1、C_3 为耦合电容，C_2 为消振电容器，去除高频自激振荡。

5.1.2 元器件的选择

表 5-1 给出了单管低频放大器元器件的名称、型号和参数，以供参考。

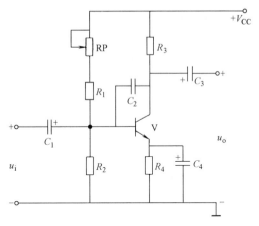

图 5-1 单管低频放大器电路

表 5-1 单管低频放大器元器件清单

元器件标号	元器件名称	型号与参数
V	晶体管	9013（或 9011、3DG12、3DG6）
R_1	电阻	10kΩ
R_2	电阻	5.1kΩ
R_3	电阻	3.3kΩ
R_4	电阻	1kΩ
RP	微调电位器	100kΩ
C_1、C_3	电解电容器	10μF/16V
C_2	瓷片电容器	300pF
C_4	电解电容器	100μF/10V

5.1.3　电路的安装、调试与检测

1）按图 5-2 正确安装各元器件。

2）检查各元器件装配无误后，用烙铁将断口 A、B、E、F、H、K、L、N、O、P、Q 各处连接好，接通 12V 电源。

3）调整放大电路的静态工作点：调节基极上偏置电阻 RP，使晶体管发射极电位为 1.5V 左右，用万用表测量晶体管各极对地直流电压值，并计算出集电极电流。数据记录于表 5-2 中。

4）测量电压放大倍数：使用低频信号发生器输出 1kHz、10mV 正弦信号，加至

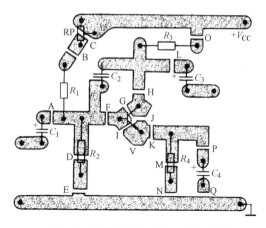

图 5-2　单管低频放大器电路装配图

放大电路输入端，放大器的输出端不接负载电阻，用毫伏表分别测出输入端和输出端的电压有效值，算出空载时的电压放大倍数；再在放大器的输出端接入 3.3kΩ 的负载电阻，用毫伏表分别测出输入端和输出端的电压有效值，算出负载时的电压放大倍数，结果分别填入表 5-2 中。

表 5-2　单管低频放大器电路测量数据记录表

测试状态	测试条件	测 试 值		
静态测试	$V_{CC}=12V, U_e=1.5V$	U_e	U_b	U_c
		I_e	I_c	
动态测试	$V_{CC}=12V, U_e=1.5V$	输入信号/mV	输出信号/mV	电压放大倍数
	空载			
	加负载			

5.1.4　技能训练

1）用烙铁将断口 C 封好，RP 短路，相当于晶体管基极上偏置电阻变小。用电压表测量并记录晶体管各极对地电压。通过测量数据分析晶体管所处的状态。然后用烙铁将断口 C 焊开。

2）用烙铁将断口 B 焊开，相当于晶体管基极上偏置电阻开路。用电压表测量并记录晶体管各极对地电压。通过测量数据分析晶体管所处的状态。然后用烙铁将断口 B 封好。

3）用烙铁将断口 D 封好，相当于晶体管基极下偏置电阻短路。用电压表测量并记录晶体管各极对地电压。通过测量数据分析晶体管所处的状态。然后用烙铁将断口 D 焊开。

4）用烙铁将断口 E 焊开，相当于晶体管基极下偏置电阻开路。用电压表测量并记录晶体管各极对地电压。通过测量数据分析晶体管所处状态。然后用烙铁将断口 E 封好。

5）用烙铁将断口 I 封好，相当于晶体管 B-E 击穿。用电压表测量并记录晶体管各极对

地电压。断开电源 V_{CC}，用万用表欧姆档测量晶体管的在路电阻值与正常情况晶体管在路电阻值的变化。然后用烙铁将断口 I 焊开。

6）用烙铁将断口 G 封好，相当于晶体管 B-C 击穿。用电压表测量并记录晶体管各极对地电压。断开电源 V_{CC}，用万用表欧姆档测量晶体管的在路电阻值与正常情况晶体管在路电阻值进行比较。然后用烙铁将断口 G 焊开。

7）用烙铁将断口 J 封好，相当于晶体管 C-E 击穿。用电压表测量并记录晶体管各极对地电压。断开电源 V_{CC}，用万用表欧姆档测量晶体管的在路电阻值与正常情况晶体管在路电阻值进行比较。然后用烙铁将断口 J 焊开。

8）用烙铁将断口 K 焊开，假设晶体管 B-E 开路。用电压表测量并记录晶体管集电极、基极和 R_4 两端的电压值。将测量数据与正常电压值进行比较。然后用烙铁将断口 K 封好。

9）用烙铁将断口 H 焊开，假设晶体管 B-C 开路。用电压表测量并记录晶体管基极、发射极和 H 断口上方的电压值。将测量数据与正常电压值进行比较。然后用烙铁将断口 H 封好。

10）用烙铁将断口 O 焊开，相当于 R_3 开路。用电压表测量并记录晶体管各极对地电压。然后用烙铁将断口 O 封好。

11）用烙铁将断口 M 封好，相当于 R_4、C_4 短路。用电压表测量并记录晶体管各极对地电压。通过测量数据分析晶体管所处的工作状态。然后用烙铁将断口 M 焊开。

12）将调试结果填入表 5-3 中。

表 5-3　单管低频放大器电路技训表

晶体管 V 各极对地电压/V	分析下列情况 U_e、U_b、U_c 的电压值/V			
	U_e	U_b	U_c	晶体管工作状态
RP 短路				
上偏置电阻 R_1 开路				
下偏置电阻 R_2 短路				
下偏置电阻 R_2 开路				
晶体管 B-E 击穿				
晶体管 B-C 击穿				
晶体管 C-E 击穿				
晶体管 B-E 开路				
晶体管 B-C 开路				
集电极电阻 R_3 开路				
R_4、C_4 短路				
调试中出现的故障及排除方法				

5.2　简易广告彩灯的制作与实训

5.2.1　电路的工作原理

图 5-3 所示为简易广告彩灯电路，调节 RP_1、RP_2，电路起振，左右两组发光二极管将

轮流发光，从而形成闪烁效果。

晶体管 V_1、V_2 组成低频振荡电路，电路左右对称，$RP_1/R_3/C_1$、$RP_2/R_4/C_2$ 确定振荡频率。在通电瞬间，电容 C_1、C_2 两端电压为零，晶体管 V_2、V_1 的基极电位为零，两个晶体管都处于截止状态，左右两边的发光二极管都不亮。由于电路元器件参数的差异性，假设 V_2 基极电位先到达 0.7V 而先于 V_1 导通，右边的发光二极管亮，同时 V_2 导通使其集电极电位下降，从而使 V_1 的基极电位也随之下降，V_1 继续处于截止状态，电源经 RP_2、R_4 向 C_2 充电。当 C_2 充到 0.7V 时 V_1 导通，左边的发光二极管亮，同时 V_1 导通使其集电极电位下降，从而使 V_2 的基极电位下降，V_2 处于截止状态，右边的发光二极管灭。如此重复，左右两边的发光二极管轮流亮灭。调节 RP_1、RP_2 的阻值，可调节发光二极管的亮灭频率，使闪烁效果肉眼能识别，则一个简易的广告彩灯就制作成功了。

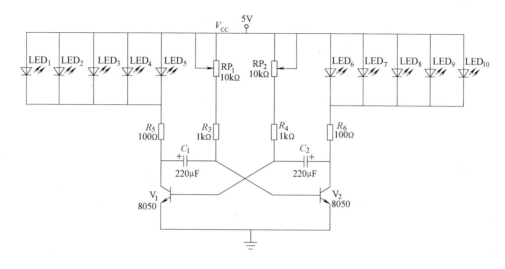

图 5-3　简易广告彩灯电路

5.2.2　元器件的选择

表 5-4 给出了简易广告彩灯电路元器件的名称、型号和参数，以供参考。

表 5-4　简易广告彩灯电路元器件清单

元器件标号	元器件名称	型号与参数
V_1、V_2	晶体管	8050
R_3、R_4	电阻	1kΩ
RP_1、RP_2	电位器	10kΩ
R_5、R_6	电阻	100Ω
C_1、C_2	电解电容器	220μF/16V
LED_1 ~ LED_5	发光二极管	Φ3 红
LED_6 ~ LED_{10}	发光二极管	Φ3 绿

5.2.3　电路的安装、调试与检测

1）按图5-4正确安装元器件。

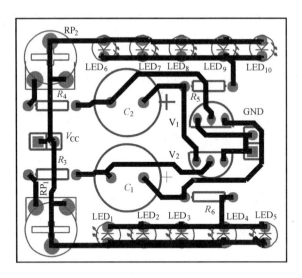

图5-4　广告彩灯电路装配图

2）检查各元器件安装无误后，注意发光二极管的极性，然后接通电源（可用三节1.5V电池）。

3）调节RP₁、RP₂，使发光二极管闪烁，并使两边发光二极管的闪烁效果基本一致，每秒钟大概闪烁3~5次。

5.2.4　注意事项

该电路容易起振，如出现灯亮而无闪烁效果，一般是由于振荡频率过高而使发光二极管的闪烁太快，人的肉眼分辨不出闪烁效果。只要调节 R_1、R_2 的阻值，增大其充电常数，闪烁速度就会变慢，人眼就能识别。

如出现灯不亮，先检查发光二极管是否接反了。再用万用表检查直流通路，测量各点的电位，结合在路测试各元器件，可很快找到故障点。

5.3　交流调光电路的制作与调试

5.3.1　电路的工作原理

交流调光电路如图5-5所示，它由双向晶闸管、双向触发二极管、电阻和电容组成。

电位器 RP₁ 和电阻 R_1 与电容 C_2 构成移相触发网络，当 C_2 的端电压上升到双向触发二极管 VD 的阻断电压时，VD 击穿，双向晶闸管 VT 被触发导通，灯泡点亮。调节 RP₁ 可改变 C_2 的充电时间常数，VT 的电压导通角随之改变，也就改变了流过灯泡的电流，结果使得白炽灯的亮度随着 RP₁ 的调节而变化。调光电路波形变化示意图如图5-6所示，其中 α 为控

制角，θ 为导通角。RP_1 上的联动开关在亮度调到最暗时可以关断输入电源，实现调光电路的开关控制。

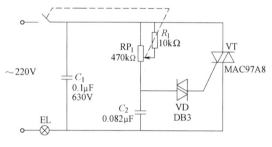

图 5-5 交流调光电路

由于被晶闸管斩波后的电压不再呈现正弦波形，由此产生大量谐波干扰，严重污染电网系统，所以要采取有效的滤波措施来降低谐波污染。图中 5-5 中 C_1 构成的滤波网络用来消除晶闸管工作时产生的这种干扰，以便使产品符合相关的电磁兼容要求，避免对电视机、收音机等设备的影响。

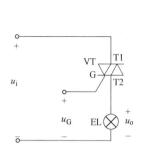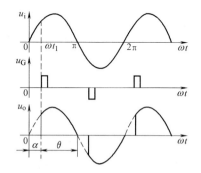

图 5-6 调光电路波形变化示意图

5.3.2 元器件的选择

表 5-5 给出了交流调光电路元器件的名称、型号和参数，以供参考。

表 5-5 交流调光电路元器件清单

元 件 标 号	元 件 名 称	型号与参数
EL	白炽灯	220V/36W
RP_1	电位器(带开关)	WH134-2 470kΩ
C_1	CBB 电容	0.1μF/630V
R_1	碳膜电阻	10kΩ
C_2	瓷介电容器	0.082μF
VD	双向触发二极管	DB3
VT	双向晶闸管	MAC97A8

5.3.3 电路的装配、调试与检测

1. 准备工作

1）准备好示波器、万用表等实训仪器。

2）按电路图准备一套电子元器件，并备妥如下工具：电烙铁（包括烙铁架）、尖嘴钳、斜口钳、焊锡、松香、镊子及万能板等。

2. 安装

1）设计装配图：根据图 5-5 所示电路原理图和万能板的尺寸，设计装配图，注意引出输入、输出线和测试点。

2）安装元器件：将检验合格的元器件按装配图安装在万能板上。安装时注意元器件的极性和集成电路的引脚排列。

3. 调试

（1）不通电检查　电路安装完毕后，对照电路原理图和装配图，认真检查接线是否正确，以及焊点有无虚、假焊。

（2）通电观察　电源接通之后不要急于测量数据和观察结果，首先要观察有无异常现象，包括有无冒烟，是否闻到异常气味，手摸元器件是否发烫，电源是否有短路现象等。如果出现异常，应立即关闭电源，待排除故障后方可重新通电。

4. 故障的诊断与处理

如出现故障，应开始学习故障诊断与处理的方法。如出现灯不亮，则可能故障原因：灯泡损坏、电源线断、开关失灵、双向触发二极管或双向晶闸管开路、C_2 击穿、电路板元器件脱焊断线、双向晶闸管装反等。若出现调光不正常，如调不到最亮或最暗，则故障可能在触发电路；如不能调光始终为最亮，则故障可能原因为：双向晶闸管 VT 被击穿、双向触发二极管 VD 短路、电容 C_2 开路或虚焊等。

5. 检测

接入交流电压 220V，调节电位器，观察灯泡亮度是否有变化，灯泡调到最暗时是否接近灭灯，亮暗变化是否均匀。

5.4　晶闸管直流调光电路的制作与调试

5.4.1　电路的工作原理

晶闸管是电力电子技术的基础。晶闸管直流调光电路如图 5-7 所示。

输入交流电压 220V 电源经变压器降压到 36V，经桥堆 VC 桥式整流后得到脉动的直流电压，大小为 $0.9 \times 36V \approx 32V$。主电路是由单向晶闸管 VT 与低压灯泡 EL 串联的支路。控制电路采用单结晶体管触发电路。单结晶体管触发电路的电源是由经稳压管 VS 稳压电路削波后得到的梯形波电压。R_1 为 VS 的限流电阻。

触发脉冲形成过程：梯形波电压经 RP、R_4 对电容 C_1 充电。当 C_1 两端电压上升到单结晶体管峰点电压 U_P 时，单结晶体管由截止变为导通，此时，电容 C_1 通过单结晶体管 E-B1、R_3 迅速放电，放电电流在 R_3 上形成一个尖顶脉冲。随着 C_1 的放电，当 C_1 两端电压降至单结晶体管谷点电压 V_r 时，单结晶体管截止，电容 C_1 又开始充电。重复上述过程，在 R_3 两端就输出一组尖脉冲（在一个梯形波电压周期内，脉冲产生的个数是由电容 C_1 充放电的次数决定的）。在周期性梯形波电压的连续作用下上述过程反复进行。

脉冲的同步：当梯形波电压过零时，电容 C_1 两端电压也降为零，因此电容 C_1 每次连续

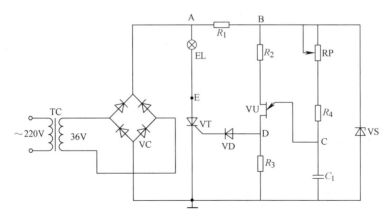

图 5-7　晶闸管直流调光电路

充放电的起始点也就是主电路电压过零点,这样就保证了输出脉冲电压的频率和电源频率同步。

脉冲的移相:在一个梯形波电压作用下,单结晶体管触发电路产生的第一个脉冲就能使晶闸管触发导通,后面的脉冲通常是无用的。由于晶闸管导通的时刻只取决于阳极电压为正半周时加到控制极的第一个触发脉冲的时刻,因此,电容 C_1 充电速度越快,第一个脉冲出现的时刻越早,晶闸管的导通角也就越大,灯泡 EL 上的平均电压也就越高,灯泡就越亮。反之,电容 C_1 充电越慢,第一个脉冲出现得越迟,灯泡 EL 上的平均电压也就越小,灯泡就越暗。由此,只要改变电位器 RP 的阻值大小就可以改变电容 C_1 的充电速度,也就改变了第一个脉冲出现的时刻,这就是脉冲移相。如此也就改变了灯泡的亮度。

5.4.2　元器件的选择

表 5-6 给出了晶闸管直流调光电路元器件的名称、型号和参数选择,以供参考。

表 5-6　晶闸管直流调光电路元器件清单

元器件标号	元器件名称	型号与参数	元器件标号	元器件名称	型号与参数
TC	变压器	220V/36V 100V·A	VC	桥堆	AM156
EL	白炽灯	36V/40W	VT	晶闸管	2P4M
VS	稳压管	2CW58	VU	单结晶体管	BT33F
R_1	电阻	2kΩ/1W	R_2	电阻	510Ω
R_3	电阻	510Ω/0.5W	R_4	电阻	510Ω
C_1	电容	0.47μF/50V	RP	电位器	150kΩ/2W
VD	二极管	1N4007			

5.4.3　电路的安装、调试与检测

1. 准备工作

1)准备好示波器、万用表等实训仪器。

2）按电路图准备一套电子元器件，并备妥如下工具：电烙铁（包括烙铁架）、尖嘴钳、斜口钳、焊锡、松香、镊子及万能板等。

2. 安装

1）设计装配图：根据电路原理图和万能板的尺寸，设计装配图。设计时应注意引出输入、输出线和测试点。也可按照图5-8装配电路。

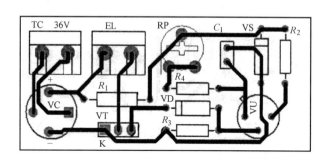

图5-8　晶闸管直流调光电路装配图

2）安装元器件：将检验合格的元器件按装配图安装在万能板上。安装时注意元器件的极性不能接错。

3. 调试

（1）不通电检查　电路安装完毕后，对照电路原理图和装配图，认真检查接线是否正确，以及焊点有无虚、假焊。特别要注意桥堆、晶闸管、稳压管等器件的极性不能接错。

（2）通电检查　接通电源后，首先观察有无异常现象，若无，则可以观察结果和测量数据了。如果出现异常，应立即关闭电源，重新进行不通电检查。

电路的正常现象是调节电位器RP，灯可以由暗到亮（或由亮到暗）连续可调。

4. 故障的诊断与处理

当电路出现不正常时，可根据电路的不同状态进行故障排除。

该电路的故障大致有：灯不亮、灯亮但不可调节等几种情况。下面以电路连接正确的情况下，灯亮但亮度不可调为例进行分析：

检查晶闸管的好坏：将晶闸管的控制极断开后通电，看灯是否亮。若亮，则说明晶闸管坏；若不亮，恢复晶闸管的控制极，测量稳压管上的压降有多大，调节RP，检查电容C_1上的电压是否有变化，再测量单结晶体管E-B1之间的电压是否在1V左右，B2、B1之间的电压有无变化（注意选用万用表的档位），如单结晶体管E、B1之间的电压较高或电压为零，则单结晶体管坏。

5. 检测

1）用万用表测量图中A～E各点对地电压，填入表5-7中。

表5-7　对地电压测量

测试点	U_A	U_B	U_C	U_D	U_E
电压值/V					

2）用示波器观测各点波形。各点电压波形参考图如图5-9所示。

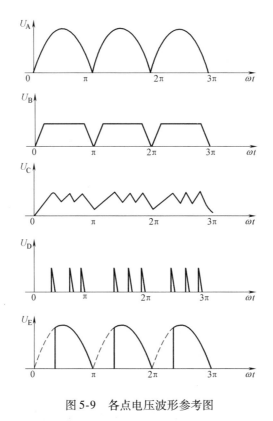

图 5-9　各点电压波形参考图

5.5　三端集成稳压电路的制作与调试

5.5.1　电路的工作原理

集成稳压电路具有体积小、重量轻、可靠性高、使用方便等优点，被广泛应用于稳压电源电路中。

三端集成稳压电路如图 5-10 所示。由变压器二次侧获得的交流电 u_2 经 $VD_1 \sim VD_4$ 桥式整流、C_1 电容滤波后得到较平滑的直流电，作为三端稳压器 CW7805 的输入电压。在 CW7805 的输出端输出稳定的 5V 电压，最大输出电流为 1.5A。图中 C_2 为抗干扰电容，用以旁路在输入导线过长时引入的高频干扰；C_3 具有改善输出瞬态特性和防止电路产生自激

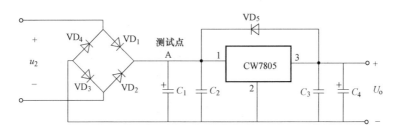

图 5-10　三端集成稳压电路

振荡的作用；C_4 采用电解电容，以减少电源引入的低频干扰对输出电压的影响；VD_5 是保护二极管，当输入端短路时，给 C_4 一个放电的通路，防止 C_4 两端电压击穿 CW7805。

为使 CW7805 正常工作，要求输入与输出最小电压差为 2 ~ 3V，最大输入电压不超过 35V。

5.5.2 元器件的选择

表 5-8 给出了三端集成稳压电路元器件的名称、型号和参数，以供参考。

表 5-8　三端集成稳压器元器件清单

元器件标号	元器件名称	型号与参数	元器件标号	元器件名称	型号与参数
VD_1 ~ VD_4	二极管	1N4001	C_2	瓷片电容	0.33μF
CW7805	三端集成稳压器	CW7805	C_3	瓷片电容	0.1μF
C_1	电解电容	220μF/25V	C_4	电解电容	470μF/16V

5.5.3 电路的安装、调试与检测

1. 准备工作

1）准备好示波器、万用表、调压器、电子电压表及变阻箱等实训仪器。

2）按电路图准备一套电子元器件，并备妥如下工具：电烙铁（包括烙铁架）、尖嘴钳、斜口钳、焊锡、松香、镊子及万能板等。

2. 安装

1）设计装配图：根据图 5-10 所示电路原理图和万能板的尺寸，设计装配图，注意引出输入、输出线和测试点。参考装配图如图 5-11 所示。

2）安装元器件：将检验合格的元器件按装配图安装在万能板上。安装时注意元件的极性和集成稳压器 CW7805 的引脚排列顺序。

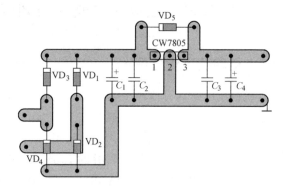

3. 调试

（1）不通电检查　电路安装完毕后，对照电路原理图和装配图，认真检查接线是否正确，以及焊点有无虚、假焊。

（2）通电观察　电源接通之后不要急于测量数据和观察结果，首先要观察有无异常现象，包括有无冒烟、是否闻到异常

图 5-11　三端集成稳压电路装配图

气味、手摸元器件是否发烫、电源是否有短路现象等。如果出现异常，应立即关闭电源，待排除故障后方可重新通电。

4. 故障的诊断与处理

如出现故障，例如电路通电后肉眼观察无异常，用万用表测 U_o 却无输出，可采用逐级检查的方法逐步缩小故障范围，直至找出故障点。用万用表（交流电压档）测量有无 u_2，若无 10V 左右电压则往前检查变压器有无输出；若有 $u_2 \approx 10V$，则测量有无 U_A（直流电压档），若无 14V 左右电压则故障应在整流部分；若有 $U_A \approx 14V$，则往后检查集成稳压器，直

至确定故障点。

5. 检测

1）接入交流电压使 $u_2 = 10V$（有效值），将 100Ω 变阻箱接于输出端，用示波器分别观察 u_2、U_A 和 U_o，画出波形并记录幅值，填于表 5-9 中。

2）用交流毫伏表测量 U_A 和 U_o 的纹波电压，并将结果记入表 5-9 中。

表 5-9　电压测量表

u_2		U_A			U_o		
波形	幅值	波形	平均值	纹波	波形	平均值	纹波
	10V						

3）稳压系数 S_r：$u_2 = 10V$，将 100Ω 变阻箱接于输出端，测出此时 U_o 的值。负载不变，改变变压器接线端使 u_2 变化 $\pm 10\%$，测出相应的 U_o 值填入表 5-10 中，并计算稳压系数 S_r。S_r 定义式如下：

$$S_r = \frac{\Delta U_o / U_o}{\Delta u_2 / u_2}$$

表 5-10　稳压系数测试表

测试条件	u_2 额定值	$u_2 = 10V$	$u_2 = 9V$	$u_2 = 11V$	S_r
	U_o				

5.6　开关稳压电源电路的制作与调试

5.6.1　电路的工作原理

开关电源的核心技术就是 DC/DC 变换电路。常见的 DC/DC 变换电路有非隔离型电路、隔离型电路和软开关电路。图 5-12 为非隔离型降压型开关稳压电源电路，分为主电路和控制电路两部分。

主电路如图 5-13 所示。其中 U_i 为输入直流电源，V 为晶体管开关（可以是大功率晶体

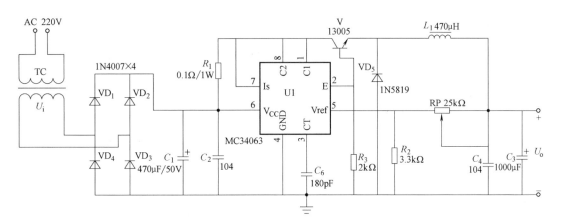

图 5-12　非隔离型降压型开关稳压电源电路

管，也可以是功率场效应晶体管），L_1 为储能电感，VD_5 为续流二极管。当 V 关断时，VD_5 为电感 L_1 释放储存的电磁能提供电流通道，输出端并联电容进行滤波。当开关管基极信号 u_B 为高电平时，驱动 V 导通，电源 U_I 向负载供电，电感储能，电流按指数规律上升。u_B 为低电平时，V 因无驱动而关断，因感性负载电流不能突变，负载电流通过续流二极管 VD_5 续流，电流按指数规律下降。为使负载电流连续且脉动小，一般需串联较大的电感 L_1，L_1 也称为平波电感。重复上述工作过程，当电路进入稳定工作状态时，经过电容的滤波作用，输出端就可以得到一个稳定的直流电压。输出电压大小与 u_B 脉冲信号的占空比有关，占空比越大，输出电压也随之增大。

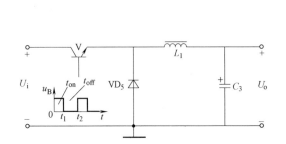

图 5-13　降压型开关稳压电源主电路

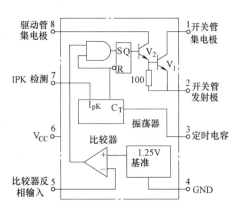

图 5-14　MC34063 引脚排列图

控制电路 MC34063 构成变换器控制电路。MC34063 是一单片双极型线性集成电路，专用于直流-直流变换器控制部分，其引脚排列如图 5-14 所示。片内包含温度补偿带隙基准源、占空比周期控制振荡器、驱动器和大电流输出开关，能输出 1.5A 的开关电流。它能使用最少的外接元器件构成开关式升压变换器、降压式变换器和电源反向器。

5 脚通过外接分压电阻 RP、R_2 监视输出电压。其中，输出电压 $U_o = 1.25$（$1 + RP/R_1$）。由公式可知输出电压仅与 RP、R_2 数值有关，因基准电压为 1.25V，恒定不变。若 RP、R_2 阻值稳定，则 U_o 也稳定。另外，当输出电流过大，而使 6、7 脚之间电压超过 300mV 时，芯片启动内部过电流保护功能，使开关信号的占空比减小，以使输出电压减小。

5.6.2　元器件的选择

表 5-11 给出了开关稳压电源电路元器件的名称、型号和参数选择，以供参考。

表 5-11　开关稳压电源电路元器件清单

元器件标号	元器件名称	型号与参数	元器件标号	元器件名称	型号与参数
TC	变压器	220V/36V 50VA	VD_5	肖特基二极管	1N5819
L_1	电感	470μH	V	开关管	13005
U1	开关芯片	MC34063	C_1	电解电容	470μF/50V
$VD_1 \sim VD_4$	整流二极管	1N4007	C_2	瓷片电容	104(0.1μF)
R_1	电阻	0.1Ω/1W	C_3	电解电容	1000μF/25V
RP	电位器	25kΩ/2W	C_4	瓷片电容	104(0.1μF)
R_2	电阻	3.3kΩ	C_6	瓷片电容	180 pF
R_3	电阻	2kΩ			

5.6.3　电路的安装、调试与检测

1. 准备工作

1）准备好万用表、示波器、毫伏表、功率电阻（10Ω/10W）等实训仪器仪表。

2）按电路明细表准备好相应电子元器件，并备妥如下工具：电烙铁（包括烙铁架）、尖嘴钳、斜口钳、焊锡、松香、镊子及万能板等。

2. 安装

1）设计装配图：根据电路原理图和万能板的尺寸，设计装配图。设计时应注意引出输入、输出线和测试点。可按图 5-15 进行布局装配。

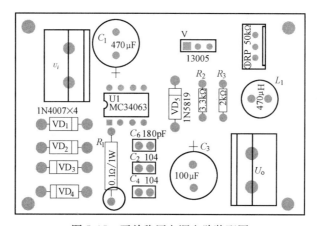

图 5-15　开关稳压电源电路装配图

2）安装元器件：将检验合格的元器件按装配图安装在万能板或印制电路板上。安装时注意元器件的极性不能接错。

3. 调试

1）不通电检查：电路安装完毕后，对照电路原理图和装配图，认真检查接线是否正确，以及焊点有无虚、假焊。特别要注意芯片、二极管、晶体管开关、电解电容等元器件的极性不能接错。

2）通电检查：接通电源后，首先观察有无异常现象，若无，则可以观察结果和测量数据了。如果出现异常，应立即关闭电源，重新进行不通电检查。由于电路板上引入了 220V 的市电，调试时一定要注意用电安全。

4. 检测

1）在常规交流输入状态下，调节 RP，测试空载时输出电压 U_o 最小值和最大值，填入表 5-12。

表 5-12　输出电压范围测试表

交流输入电压 U_i/V	空载 U_{oMIN}/V	空载 U_{oMAX}/V

2）接入固定负载（$R_L = 10Ω$），测量 $U_i = 36$V 及 $U_i = (36 \pm 10\%)$V 时的 U_i 和 U_o 的值，填入表 5-13，并根据 S_γ 定义计算 S_γ 的值。S_γ 定义见 5.5 节。

表 5-13　稳压系数测试表

测试条件 $R_L = 10\Omega$	测量值 U_i	测量值 U_o	计算值		
			ΔU_i	ΔU_o	S_γ
$U_i = 36V$		8V			
$U_i = (36 + 10\%)V$					
$U_i = (36 - 10\%)V$					

3）输入电压 $U_i = 36V$ 时，接入固定负载（$R_L = 10\Omega$），测量 $R_L = \infty$ 和 $R_L = 10\Omega$ 的 U_o 及 I_o 值，记录于表 5-14，根据 R_o 定义计算 R_o 的值。R_o 定义如下：

$$R_o = \frac{\Delta U_o}{\Delta I_o}$$

表 5-14　输出电阻测试表

测试条件 $R_L = \infty$、10Ω	测量值 （$R_L = \infty$）		测量值 （$R_L = 10\Omega$）		计算值		
	U_o	I_o	U_o	I_o	ΔI_o	ΔU_o	R_o
$U_i = 36V$	8V						

4）纹波电压是输出电压中所包含的交流分量的有效值或峰-峰值，可用毫伏表或示波器直接测量，测量结果记录于表 5-15 中。

表 5-15　输出纹波电压测试表

测试条件 $R_L = \infty$、10Ω	测量值 （$R_L = \infty$）		测量值 （$R_L = 10\Omega$）	
	有效值/mV	波形	有效值/mV	波形
$U_i = 36V, U_o = 8V$				

5.7　集成功放的制作与调试

5.7.1　电路的工作原理

集成功率放大（集成功效）电路由于其外围元器件较少，输出功率较大而广受欢迎，图 5-16 为利用 TDA2030 构成的单电源功放电路。

TDA2030 采用 V 型 5 脚单列直插式塑料封装结构，如图 5-17 所示，该集成电路广泛应用于汽车立体声收录音机、中功率音响设备，具有体积小、输出功率大且失真小等特点，并具有内部保护电路。

TDA2030 能在最低 ±6V、最高 ±22V 的电压下工作；在 ±19V、8Ω 阻抗时能够输出 16W 的有效功率，THD（失真度）≤0.1%。TDA2030 电路原理的分析与运放的分析方法基本相同，或者可以认为 TDA2030 就是一个输出功率较大的集成运放。所以本电路可看成一个集成运放同相比例放大电路，R_2、R_3 分压后给同相端提供直流偏置；R_1 是为了增大输入电阻；R_4、R_5、C_3 构成负反馈；R_6、C_6 为高频旁路，避免高频自激，C_7 为输出电容；二

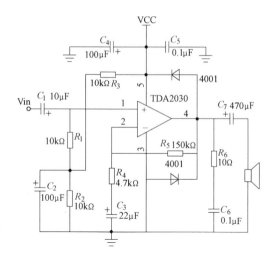

1 脚是同相输入端
2 脚是反相输入端
3 脚是负电源(或GND)输入端
4 脚是功率输出端
5 脚是正电源输入端

图 5-16　TDA2030 单电源功放电路　　　　图 5-17　TDA2030 外形和引脚排列图

极管起保护作用,当输出电压高于正电源或低于负电源时,二极管将导通而使输出端电压限制在正、负电源之间。在本电路中,静态时,1、2、4 脚的电位都为电源电压的一半;动态时将会有 $A_u = 1 + \dfrac{R_5}{R_4}$ 的增益,放大倍数约为 33 倍。

5.7.2　元器件的选择

表 5-16 给出了集成功放元器件的名称、型号和参数选择,以供参考。

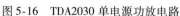

表 5-16　集成功放元器件清单

元器件标号	元器件名称	型号与参数	元器件标号	元器件名称	型号与参数
C_1	电解电容	$10\mu F/16V$	$R_1/R_2/R_3$	电阻	$10k\Omega$
C_2/C_4	电解电容	$100\mu F/25V$	R_4	电阻	$4.7k\Omega$
C_3	电解电容	$22\mu F/16V$	R_5	电阻	$150k\Omega$
C_7	电解电容	$470\mu F/16V$	R_6	电阻	10Ω
C_5/C_6	瓷片电容	$104(0.1\mu F)$		二极管	1N4001
	集成功放	TDA2030			

5.7.3　电路的安装、调试与检测

1. 安装

1)准备:按表 5-16 准备好相应元器件,手工焊接工具及调试用的万用表、示波器、信号源、毫伏表、扬声器及音频线等。

2)设计:根据电路原理图、元器件封装和万能板的尺寸,设计装配图。设计时应注意引出输入、输出线和测试点。

3)安装:将检验合格的元器件按装配图安装在万能板上。安装时注意二极管、电解电容等元器件的极性不能接错。

2. 调试

（1）不通电检查　电路安装完毕后，对照电路原理图和装配图，认真检查接线是否正确，以及焊点有无虚焊。再用万用表测量功放各引脚对地之间的电阻，填入表 5-17。

表 5-17　各引脚对地电阻

引脚编号	1	2	3	4	5
测量阻值/Ω					
理论值/Ω	20k	无穷大	0	无穷大	20k

（2）通电检查　电源接通之后观察有无异常现象，包括有无冒烟，是否闻到异常气味，手摸元器件是否发烫，电源是否有短路现象等。如果出现异常，应立即关闭电源，待排除故障后方可重新通电。

3. 检测

1）电路接入电源 $V_{CC}=12V$，用万用表测量功放各引脚的电位，填入表 5-18 中，并与理论值进行比较分析。

表 5-18　各引脚对地静态电位

引脚编号	1	2	3	4	5
测量值					
理论值	6V	6V	0	6V	12V

2）输入端输入幅度几十毫伏、频率为 1kHz 的正弦波信号，用示波器同时观察输入与输出波形，调节信号源输入信号幅度，使得输出波形 U_o 不失真，比较输入输出波形的相位。用毫伏表分别测量输出电压的大小，记入表 5-19 内。

表 5-19　电压放大倍数测试

测 试 条 件	测量数据		由 测 试 值 计 算	
输出波形不失真	U_i/V	U_o/V	$A_u=\dfrac{U_o}{U_i}$	理论计算

3）输入端通过手机加入音乐信号，调节手机音量的幅度，检验扬声器是否有声音，声音质量如何，是否有破音，是否有杂音，最大音量有多大。

5.8　数显逻辑笔的组装与调试

5.8.1　电路的工作原理

数显逻辑笔电路如图 5-18 所示。该逻辑笔具有如下功能：当接通电源时，电源指示灯亮；当未接测试信号时，数码管无显示；测试低电平时，数码管显示"L"；测试高电平时，数码管显示"H"。

根据电路框图 5-19 可知，该电路由信号输入电路、译码显示器电路和数码显示电路三

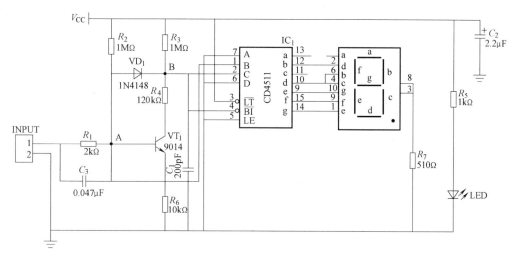

图 5-18　数显逻辑笔电路

部分构成。信号输入状态分为三种情况：输入端悬空、输入低电平及输入高电平。当输入端悬空时，晶体管处于饱和状态，U_A 为低电平，VD_1 截止，U_B 也为低电平；当输入低电平时，晶体管处于截止状态，U_A 为低电平，VD_1 截止，U_B 为高电平；当输入高电平时，晶体管处于饱和状态，U_A 为高电平，VD_1 导通，U_B 也为高电平。CD4511 是一片 CMOS BCD - 锁存/7 段译码/驱动器，用于驱动共阴极 LED，具有译码、驱动、保持和消隐等功能，LT 为灯测试端，低电平有效，本电路 LT 接电源，无灯测试功能；$\overline{BI}$ 为消隐端，低电平有效，当 $\overline{BI}$ =0 时，七段输出都为低电平，本电路 $\overline{BI}$ 接 B 点，在输入端悬空时实现消隐功能；LE 为数据锁存控制端，高电平时将数据锁存，只显示锁存前的数据，本电路 LE 接地，不具有锁存功能。分析结果如表 5-20。

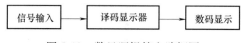

图 5-19　数显逻辑笔电路框图

表 5-20　数显逻辑笔输入状态分析表

测试状态	U_A	U_B	D	C	B	A	LE	$\overline{BI}$	$\overline{LT}$	CD 4511 状态
悬空	0	0	0	0	0	0	0	0	1	消隐
测高电平	1	1	0	1	1	0	0	1	1	译码显示"6"
测低电平	1	0	0	1	0	0	0	1	1	译码显示"4"

　　输入高电平时，CD4511 译码显示"6"，其输出端 C、D、E、F、G 为高电平，对应数码管的 b、c、e、f、g 为高电平，数码管显示为"H"；当输入低电平时，CD4511 译码显示"4"，其输出端 b、c、f、g 为高电平，对应数码管的 d、e、f 输入端为高电平，数码管显示为"L"。

5.8.2　元器件的选择

　　表 5-21 给出了数显逻辑笔电路元器件的名称、型号和参数选择，以供参考。

表5-21 数显逻辑笔电路元器件清单

元器件标号	元器件名称	型号与参数	元器件标号	元器件名称	型号与参数
R_1	电阻	2kΩ	C_2	电解电容	2.2μF
R_2/R_3	电阻	1MΩ	C_3	瓷片电容	0.047μF
R_4	电阻	120kΩ	VD_1	二极管	1N4148
R_5	电阻	1kΩ	LED	发光二极管	红
R_6	电阻	10kΩ	VT_1	晶体管	9014
R_7	电阻	510Ω	IC_1	集成电路	CD4511
C_1	瓷片电容	200pF		数码管	1位共阴管

5.8.3 电路的安装与调试

1. 安装

1）准备：按表5-21准备好相应元器件，手工焊接工具及调试用的万用表等。

2）设计：根据电路原理图、元器件封装和万能板的尺寸，设计装配图。设计时应注意引出输入、输出线和测试点。也可按照图5-20对电路进行布局。

3）安装：将检验合格的元器件按装配图安装在万能板或印制电路板上。安装时注意二极管、电解电容和数码管等元器件的极性不能接错。

2. 调试

（1）不通电检查 在组装好电路板后，需要对电路板进行检查。检查是保证电路正常工作必不可少的步骤。检查的主要内容包括元器件的参数、极性是否正确，走线是否正确、合理，焊点是否良好等。

（2）通电检查 为了保证调试工作的顺利进行，在电路调试之前，应进行相关技术准备，主要内容是：

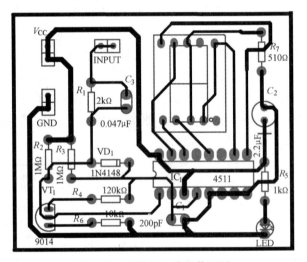

图5-20 逻辑笔电路板装配图

1）清楚电路的工作原理，了解电路发生动作时的状态。

2）准备好调试方案，即调试的步骤与方法。

3）准备好维修方案，即电路调试不正常时，如何分析和排除故障的方法。

调试步骤如下：

1）电路板接入+5V电源，首先观察有无异常现象，若无，则电源指示灯应该亮。如果出现异常，应立即关闭电源，重新进行不通电检查。

2）输入端悬空时，数码管不亮。

3）输入低电平时，数码管显示"L"。

4）输入高电平时，数码管显示"H"。

5.9　三角波发生器的制作与调试

5.9.1　电路的工作原理

　　三角波发生器电路如图 5-21 所示，该电路采用恒流对电容进行充放电，一般可得到三角波信号。本电路是一个具有恒流充电和恒流放电的变形多谐振荡器。恒流源 I_1 由 VT_1 控制，刚通电瞬间，C_2 两端电压为零，U1 的 3 脚呈高电平，VT_1 饱和导通，其集电极相当于接地，稳压管 VS_1 反向击穿，稳压值 $U_Z = 3.6V$，VT_2 导通处于恒流状态，恒流 $I_1 \approx (U_Z - U_{EB2})/R_1 = \pm(3.6 - 0.7)/2.2mA \approx 1.3mA$（$U_{EB2}$ 为 VT_2 的发射极到基极的导通压降），对 C_2 充电，C_2 两端电压线性上升；当 C_2 电压达到阈值电平 $2V_{DD}/3$（8V）时，U1 被复位，3 脚呈低电平，VT_1 截止，其集电极电位上升，VS_2 反向击穿进入稳压状态，C_2 通过 VT_3、RP_1 恒流放电，当放电至触发电平 $V_{DD}/3$（4V）时，U1 又被置位，输出高电平，开始第二周期的充电。

　　三角波周期近似估算：

$$\Delta U_o = I_1(\Delta t / C_2)$$

$$\Delta t = \Delta U_o(C_2 / I_1) \approx 4 \times (0.1/1.3)$$

$ms \approx 0.3ms$

$T = 2\Delta t = 0.6ms$，$f = 1.6kHz$。

　　式中，ΔU_o 为 C_2 充电电压变化量，Δt 为充电时间，I_1 为充电时恒流大小，T 为三角波周期，f 为三角波频率。

　　在充电时间内晶体管 VT_2 必须处于放大状态，也就是 VT_2 的基极电位应高于其集电极电位，也即（$V_{DD} - U_Z$）$> 2V_{DD}/3$，即 $V_{DD} > 3U_Z = 10.8V$，V_{DD} 取 12V。

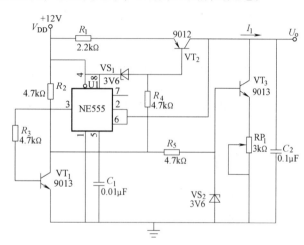

图 5-21　三角波发生器电路

5.9.2　元器件的选择

　　表 5-22 给出了三角波发生器元器件的名称、型号和参数，以供参考。

表 5-22　三角波发生器电路元器件清单

元器件标号	元器件名称	型号与参数	元器件标号	元器件名称	型号与参数
VT_1/VT_3	晶体管	9013	VS_1/VS_2	稳压二极管	3V6
VT_2	晶体管	9012	RP_1	精密电位器	3kΩ
U1	集成电路	NE555	R_1	电阻	2.2kΩ
C_1	瓷片电容	0.01μF	$R_2/R_3/R_4/R_5$	电阻	4.7kΩ
C_2	瓷片电容	0.1μF			

5.9.3　电路的安装与调试

1. 安装

1）准备：按表 5-22 准备好相应元器件，手工焊接工具及调试用的万用表、示波器等。

2）设计：根据电路原理图、元器件封装和万能板的尺寸，设计装配图。设计时应注意引出输入、输出线和测试点。

3）安装：将检验合格的元器件按装配图安装在万能板上。安装时注意稳压二极管、晶体管等元器件的类型、极性不能接错。

2. 调试

（1）不通电检查　在组装好电路板后，需要对电路板进行检查。检查是保证电路正常工作必不可少的步骤。检查的主要内容包括元器件的参数、极性是否正确，走线是否正确、合理，焊点是否良好等。

（2）通电检查　接入12V直流电源，用示波器观察输出波形，若输出端无波形输出，则说明电路未起振，其原因是放电电流太小，调节 RP_1，增大放电电流，电路一般都能起振，RP_1 也可以用一个小于 2.2kΩ 的固定电阻代替。再调节电位器，使输出波形左右对称，利用提供的仪表测试输出信号的波形和参数并填入表 5-23 中。

表 5-23　测试记录表

测试条件	U_o		
V_{DD}	波形	周期	峰-峰值
12V			

5.10　智力竞赛抢答器的制作与调试

5.10.1　电路的工作原理

可容纳四组参赛的数字式智力竞赛抢答器电路如图 5-22 所示，电路由按键电路、锁存电路、显示电路和语音电路四大部分组成。

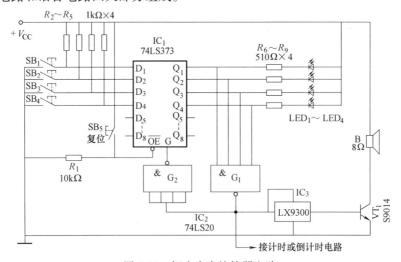

图 5-22　智力竞赛抢答器电路

电路中 74LS373 为锁存器，8 个 D 触发器彼此独立，$\overline{OE}$ 为选通端（输出控制），低电平选中。G 为使能端（输出允许），G 为高电平时，信号由 D 端向右传送到 Q 端；G 为低电平时，电路保持原状态不变，禁止数据传送。74LS373 引脚图如图 5-23 所示，功能表如表 5-24所示。（Q_0 为稳态输入条件建立之前的输出电平；Z 为高阻状态）

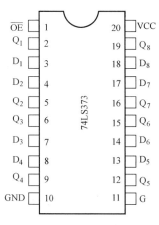

图 5-23　74LS373 引脚图

表 5-24　74LS373 功能表

$\overline{OE}$（输出控制）	G（输出允许）	D	Q（输出）
L	H	H	H
L	H	L	L
L	L	X	Q_0
H	X	X	Z

74LS20 为 2-四输入与非门。常态时 74LS373 的 $D_1 \sim D_4$ 均为高电平，$Q_1 \sim Q_4$ 也是高电平，发光二极管不亮。当某抢答者按下自己的按键（例如按下 SB_1）时，则 $D_1 = 0$，$Q_1 = 0$，LED_1 发光，指示第一路抢答。在 $Q_1 = 0$ 时，与非门 G_1 的输出为 1，此时 G_2 的输入端均为 1，故输出 0 电平到 G 端，使电路进入保持状态，其他各路的抢答不再生效。因此，该电路不会出现两人同时获得抢答优先权的情况。与此同时，G_1 输出的高电平，使语音芯片 IC_3 工作，使扬声器发声。

当裁判确认抢答者后，按下复位按钮（SB_5），G_2 输出高电平，因 $SB_1 \sim SB_4$ 无键按下，$D_1 \sim D_4$ 均为高电平，$Q_1 \sim Q_4$ 也都为高电平，电路恢复初始状态，LED 熄灭，准备接受下一次抢答。

5.10.2　元器件的选择

表 5-25 给出了智力竞赛抢答器元器件的名称、型号和参数，以供参考。

表 5-25　智力竞赛抢答器元器件清单

元器件标号	元器件名称	型号与参数	元器件标号	元器件名称	型号与参数
IC_1	8D 锁存器	74LS373-20P	$R_6 \sim R_9$	电阻	510Ω
IC_2	二四输入与非门	74LS20-14P	$SB_1 \sim SB_4, SB_5$	按钮开关	
IC_3	语音芯片	LX9300	$LED_1 \sim LED_4$	发光二极管	
R_1	电阻	10kΩ	VT_1	晶体管	S9014
$R_2 \sim R_5$	电阻	1kΩ	B	扬声器	8Ω/0.5W

5.10.3　电路的安装与调试

1. 安装

按元器件清单准备好电子元器件，并备妥常用焊接工具、测试仪器仪表、万能板等。根据电路原理图和万能板的尺寸，设计装配图。设计时应注意引出输入、输出线和测试点。将检验合格的元器件按装配图安装在万能板上。安装时注意元器件的极性不能接错。

2. 调试

确认电路板安装无误后，即可通电调试。本电路需要 5V 的直流电源。

此电路正常现象是当 SB₁ ~ SB₄ 中有按键按下时，扬声器发出声音，同时其他按键无效。按下复位键 SB₁ 后，扬声器停止发声，允许按键。

下面以按下 SB₁ ~ SB₄ 键中任意一个键时，扬声器不发声故障为例，介绍故障排除方法：

1）检查是否有电源。

2）采用从后往前的方式，按照图 5-24 逐级查找故障。

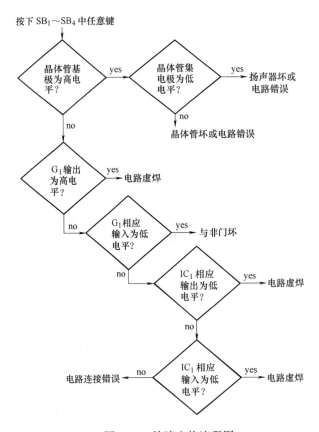

图 5-24 故障查找流程图

5.11 电源欠电压、过电压报警器的组装与调试

5.11.1 电路的工作原理

电源欠电压、过电压报警电路如图 5-25 所示，电路由变压、整流、滤波、逻辑控制和报警电路五部分构成。

电路中 T1 为 220V/15V、30VA 变压器，220V 输入电压正常时，整流滤波后的电压

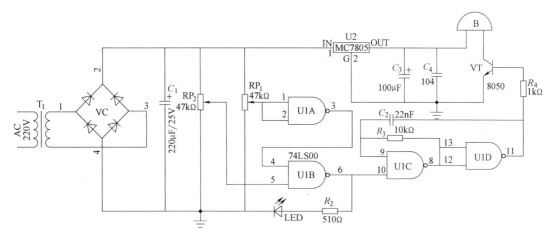

图 5-25　电源欠电压、过电压报警器电路

约为 17V，与非门 U1A 的输入为低电平，输出为高电平，与非门 U1B 的 5 脚为高电平，则 U1B 输出为低电平，LED 灯不亮，电路不报警；当电压高于 250V 时，与非门 U1A 的输入为高电平，输出为低电平，U1B 输出为高电平；或输入电压低于 180V，即与非门 U1B 的 5 脚为低电平，U1B 输出也为高电平，LED 灯亮，U1C 和 U1D 构成的振荡电路起振，电路报警。

5.11.2　元器件的选择

表 5-26 给出了电源欠电压、过电压报警器元器件的名称、型号和参数，以供参考。

表 5-26　电源欠电压、过电压报警器元器件清单

元器件标号	元器件名称	型号与参数	元器件标号	元器件名称	型号与参数
R_2	电阻	510Ω/0.25W	VT	晶体管	8050
R_3	电阻	10kΩ/0.25W	VC	桥堆	2W10
R_4	电阻	1kΩ/0.25W	LED	发光二极管	红 ϕ3mm
RP_1/RP_2	蓝白电位器	47kΩ	B	扬声器	8Ω/0.5W
C_1	电解电容	220μF/25V	U1	集成与非门	74LS00
C_2	瓷片电容	22nF	U2	三端稳压	MC7805
C_3	电解电容	100μF/16V	T_1	变压器	
C_4	瓷片电容	104(0.1μF)			

5.11.3　电路的安装与调试

1. 安装

按元器件清单准备好电子元器件，并备妥常用焊接工具、测试仪器仪表、万能板等。根据电路原理图和万能板的尺寸，设计装配图。设计时应注意引出输入、输出线和测试点。将检验合格的元器件按装配图安装在万能板上。安装时注意元器件的极性不能接错。

2. 调试

确认电路板安装无误后，即可通电调试。本电路的调试要注意方法，掌握调试步骤，只要方法得当，调试会很轻松。

第一步，利用调压器，使输入电源电压为 250V，调节 RP_1 使得 U1A 输出刚好由低电平转为高电平，电路刚好开始报警；第二步当输入电压为 180V 时，调节 RP_2 使得 U1B 的输出由低电平转为高电平，即电路也刚好开始报警；第三步当输入电压为 220V 正常电压时，电路应该不报警。

5.12 双路报警器的制作与调试

5.12.1 电路的工作原理

双路报警器电路如图 5-26 所示，电路由报警触发、灯光报警和声音报警三部分构成，双路报警器意指可以由 S_1、S_2 两路触发报警。

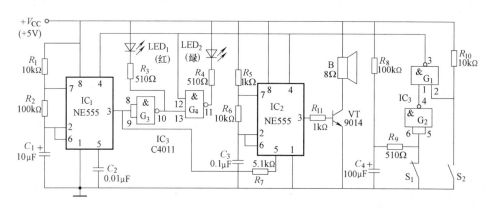

图 5-26 双路报警器电路

电路中与非门 G_1、G_2 构成报警触发电路。正常状态，开关 S_1 闭合，S_2 断开，G_2 输入低电平，输出高电平，G_1 的 1、2 脚输入都为高电平，G_1 输出低电平。也即 555 定时器 IC_1、IC_2 的复位端都为低电平，灯光报警、声音报警电路都不工作，电路不报警。当开关 S_1 断开，电源经 R_8 向 C_4 充电，使 G_2 输入电压慢慢到高电平，G_2 输出低电平，则 G_1 输出高电平，触发灯光报警、声音报警工作，电路报警，因此 S_1 具有延时触发报警功能；当 S_2 由断开变为闭合时，G_1 的 2 脚输入立即为低电平，G_1 输出高电平，马上触发灯光、声音报警电路。

灯光、声音报警电路都是由 555 定时器接成的多谐振荡器构成。IC_1 构成灯光报警电路，在正常状态时，IC_1 复位端为低电平，则输出为低电平，G_3 输出高电平，红灯不亮，G_4 的 12 脚为低电平，G_4 输出也为高电平，绿灯也不亮。进入触发状态时，IC_1 的 3 脚输出周期约为 1.3s 的近似方波信号，红绿灯轮流发光，形成警灯闪烁效果。

IC_2 构成声音报警电路，多谐振荡器输出频率约为 430Hz 的矩形波，进入触发状态时，由于 IC_1 的 3 脚的信号通过 R_7 接到 IC_2 的 5 脚电压控制端，使多谐振荡器输出频率在 430Hz 上下变化，产生"滴…嘟…滴…嘟"的警笛声。

5.12.2　元器件的选择

表 5-27 给出了双路报警器元器件的名称、型号和参数，以供参考。

表 5-27　双路报警器元器件清单

元器件标号	元器件名称	型号与参数	元器件标号	元器件名称	型号与参数
IC_1、IC_2	定时器	NE555	R_3/ R_4/ R_9	电阻	510Ω
IC_3	集成与非门	CD4011	R_5/ R_{11}	电阻	1kΩ
VT	晶体管	9014	R_7	电阻	5.1kΩ
R_1/R_6/ R_{10}	电阻	10kΩ	C_1	电解电容	10μF/16V
R_2/R_8	电阻	100kΩ	C_2	瓷片电容	103(0.01μF)
S_1/S_2	自锁开关	8×8	C_3	瓷片电容	104(0.1μF)
LED_1	发光二极管	Φ5 红	C_4	电解电容	100μF/16V
LED_2	发光二极管	Φ5 绿	B	扬声器	8Ω/0.5W

5.12.3　电路的安装、调试与检测

1. 安装

按元器件清单准备好电子元器件，并备妥常用焊接工具、测试仪器仪表等。本电路较复杂，利用万能板焊接比较困难，可设计制作印制电路板再进行焊接。电路装配图可参考图5-27。设计时应注意引出输入、输出线和测试点。将检验合格的元器件按装配图安装在电路板上。安装时注意元器件的极性不能接错。

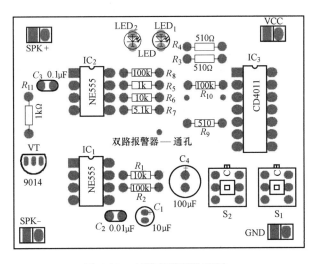

图 5-27　双路报警器装配图

2. 调试

（1）不通电检查　使用目测法检查电路板。首先，检查的主要内容包括元器件的参数、极性是否正确，走线是否正确、合理，焊点是否良好等。

其次，为了确保电路不短路，通电之前，还应用万用表测试电源与地线之间的电阻，至

少不为零才可以通电。

（2）通电检查　在确认元器件安装及走线无误后，闭合 S_1，断开 S_2，然后加入 +5V 直流电压。注意电源极性。

双路报警器功能测试：

1）上电状态测试

① 上电后，先观察电路是否有冒烟、发热等现象？

② 并观察扬声器是否有发声的现象？

③ 观察 LED_1 是否亮？ LED_2 是否熄灭？

2）S_1 路报警功能测试

① 断开 S_1，扬声器是否发声？

② 扬声器发声是否有延时？

③ 扬声器发声是否有频率的变化？

④ LED_1、LED_2 是否交替闪烁？

3）S_2 路报警功能测试

① 闭合 S_2，扬声器是否发声？

② 扬声器发声是否有延时？

③ 扬声器发声是否有频率的变化？

④ LED_1、LED_2 是否交替闪烁？

4）停止报警功能测试

闭合 S_1，断开 S_2，报警声是否停止？

3. 检测

在电路工作正常后，请测试并记录下相关数据，填入表 5-28 中。

表 5-28　双路报警器测试数据表

测试内容 测试状态	G_2 输出电压/V	G_1 输出电压/V	G_3 输出电压/V	G_4 输出电压/V	发光二极管状态	
					红	绿
上电后						
S1 断开						
S2 闭合						
二者复位						

本 章 小 结

本章介绍了 12 个电子电路的设计与制作过程，实训的内容包括电路的工作原理，元器件的选择，电路的装配、调试与检测和技能训练，是对前四章技能的综合应用。涉及模拟、数字电路等部分，实训内容范围广，难易得当，建议教师与学生根据实际情况进行有选择性的实训练习。

附 录

附录 A 国外半导体器件命名方法

1. 日本半导体器件命名法

日本半导体器件型号均按日本工业标准 JIS—C—7012 规定的日本半导体分立器件型号命名方法命名。

日本半导体分立器件型号由五个基本部分组成，这五个基本部分的符号及其意义见表 A-1。

日本半导体分立器件的型号，除上述五个基本部分外，有时还附加有后缀字母及符号，以便进一步说明该器件的特点。这些字母、符号和它们所代表的意义，往往是各公司自己规定的。

后缀的第一个字母，一般是说明器件特定用途的。常见的有以下几种。

M：表示该器件符合日本防卫厅海上自卫参谋部的有关标准。

N：表示该器件符合日本广播协会（NHK）的有关标准。

H：是日立公司专门为通信工业制造的半导体器件。

K：是日立公司专门为通信工业制造的半导体器件，并采用塑封外壳。

Z：是松下公司专门为通信设备制造的高可靠性器件。

G：是东芝公司为通信设备制造的器件。

S：是三洋公司为通信设备制造的器件。

后缀的第二个字母常用来作为器件的某个参数的分档标志。例如，日立公司生产的一些半导体器件，是用 A、B、C、D 等标志说明该器件的 β 值分档情况。

表 A-1 日本半导体器件型号组成部分的符号及其意义

第一部分		第二部分		第三部分		第四部分		第五部分	
用数字表示器件有效电极数目或类型		日本电子工业协会（JEIA）注册标志		用字母表示器件使用材料极性和类型		器件在日本电子工业协会（JEIA）登记号		同一型号的改进型产品标志	
符号	意义	符号	意义	符号	意义	符号	意义	符号	意义
0 1 2 3 $n-1$	光敏二极管或晶体管及其组合管 二极管 晶体管或具有三个电极的其他器件 具有四个有效电极的器件 ： 具有 n 个有效电极的器件	S	已在日本电子工业协会（JEIA）注册的半导体器件	A B C D F G H J K M	PNP 高频晶体管 PNP 低频晶体管 NPN 高频晶体管 NPN 低频晶体管 P 控制极晶闸管 N 控制极晶闸管 N 基极单结晶体管 P 沟道场效应晶体管 N 沟道场效应晶体管 双向晶闸管	多位数字	该器件在日本电子工业协会（JE-IA）的登记号，性能相同而厂家不同的生产的器件可使用同一个登记号	A B C D ： ：	表示这一器件是原型号的改进产品

2. 欧洲半导体器件命名法

德国、法国、意大利、荷兰、匈牙利、罗马尼亚、波兰等国，大都使用国际电子联合会的标准半导体分立器件型号命名方法。这种命名法由四个基本部分组成，这四个基本部分的符号及其意义见表 A-2。

表 A-2　欧洲半导体器件型号组成部分的符号及其意义

第一部分		第二部分				第三部分		第四部分	
用数字表示器件使用的材料		用字母表示器件的类型及主要特征				用数字或字母表示登记号		用字母表示同一器件进行分档	
符号	意义	符号	意义	符号	意义	符号	意义	符号	意义
A	器件禁带宽度为 0.6 ~ 1.0eV 的半导体材料，如锗	A	检波二极管 开关二极管 混频二极管	M	封闭磁路中霍尔元件	三位数字	代表通用半导体器件的登记号	A B C	表示同一型号的半导体器件按某一参数进行分档的标志
		B	变容二极管	P	光敏器件管 ($f_a \geqslant 3$)				
B	器件禁带宽度为 1.0 ~ 1.3eV 的半导体材料，如硅	C	低频小功率晶体管 $R_{tj} >$ 15℃/W	Q	发光二极管				
		D	低频大功率晶体管 $R_{tj} >$ 15℃/W	R	小功率晶闸管 $R_{tj} >$15℃/W				
C	器件禁带宽度大于 1.3eV 的半导体材料，如镓	E	隧道二极管	S	小功率开关管 $R_{tj} >$15℃/W				
		F	高频小功率晶体管 $R_{tj} >$ 15℃/W	T	大功率开关管 $R_{tj} <$15℃/W	一个字母两位数字	代表专用半导体器件的登记号(同一类型器件使用一个登记号)		
D	器件禁带宽度大于 0.6eV 的半导体材料，如锑化铝	G	复合器件及其他器件	U	大功率开关率 $R_{tj} <$15℃/W				
		H	磁敏二极管	X	倍增二极管				
R	器件使用复合材料，如霍尔元件和光电池	K	开放磁路中的霍尔元件	Y	整流二极管				
		L	高频大功率晶体管 $R_{tj} <$ 15℃/W	Z	稳压二极管				

3. 美国半导体器件命名法

美国许多电子公司分别研制与生产了各种各样的半导体分立器件，并将其生产专利输往各国。这些半导体器件的型号原来都是由厂家自己命名的，所以十分混乱。为了解决美国半导体分立器件型号统一的问题，美国电子工业协会（EIA）制定了一个标准半导体分立器件型号命名法，推荐给半导体器件生产厂家使用。由于种种原因，虽有大量半导体器件按此命名法命名，但未能完全统一各厂家产品的型号，所以美国半导体器件型号有以下两点不足之处。

1）有不少美国半导体分立器件型号仍按各厂家自己的型号命名法命名，而未按此标准命名，故仍较混乱。

2）由于这一型号命名法制定较早，又未作过改进，所以型号内容很不完备。

美国电子工业协会（EIA）的半导体分立器件型号命名方法规定，半导体分立器件型号由五部分组成，第一部分为前缀，第五部分为后缀，中间三部分为型号的基本部分。这五部分的符号及意义见表 A-3。

表 A-3　美国半导体器件型号组成部分的符号及其意义

第一部分		第二部分		第三部分		第四部分		第五部分	
用符号表示器件类型		用数字表示 PN 结数目		美国电子工业协会（EIA）注册标志		美国电子工业协会（EIA）登记号		用字母表示器件分档	
符号	意义	符号	意义	符号	意义	符号	意义	符号	意义
JENA 或 J	军用品	1	二极管	N	该器件已在美国电子工业协会（EIA）注册登记	多位数字	该器件在美国电子工业协会（EIA）的登记号	A B C D	同一型号器件的不同档别
		2	晶体管						
无	非军用品	3	三个 PN 结器件						
		n	n 个 PN 结器件						

附录 B　国内外常用二极管参数表

表 B-1　国内型号常用检波二极管主要参数

型号	最高反向电压/V	最高整流电流/mA	最高工作频率/MHz	型号	最高反向电压/V	最高整流电流/mA	最高工作频率/MHz
2AP1	20	16	150	2AP16	50	20	40
2AP2	30	16		2AP17	100	15	
2AP3	30	25		2AP21	10	50	100
2AP4	50	16		2AP22	30	16	
2AP5	75	16		2AP23	40	25	
2AP6	100	12		2AP24	50	16	
2AP7	100	12		2AP25	50	16	
2AP8	20	35		2AP26	100	16	
2AP9	15	5	100	2AP27	150	8	
2AP10	30	5		2AP28	100	16	
2AP11	10	25	40	2AP30A	10	2	400
2AP12	10	40		2AP30B	10	2	
2AP13	30	20		2AP30C	10	2	
2AP14	30	30		2AP30D	10	2	
2AP15	30	30		2AP30E	10	2	

表 B-2　国外型号常用检波二极管主要参数

型号	反向电压/V	最小正向电流/mA	最小反向电流/mA	平均整流电流/mA	浪涌电流/A	最小正向电压/V
1N34	60	5	0.5	50	0.5	1
1N34A	60	5	0.5	50	0.5	1
1N6	40	0.4	0.5	50	0.3	0.5
1S34	75	4	0.5	30	0.3	1
1S34A	75	5	0.5	30	0.3	1
1N34	60	5	0.5	50	0.5	1

表 B-3　国内型号常用硅整流二极管主要参数

型　号	参考旧型号	最高反向峰值电压 U_{RM}/V	额定正向整流电流 I_F/A	正向压降 U_F/V	正向电流 I_R/μA	反向电流 I_R/μA	不重复正向浪涌电流 I_{SUR}/A	频率 f/kHz	额定结温 T_{JM}/℃
2CZ53A	2CP31	25							
2CZ53B	2CP21A 2CP31A	50							
2CZ53C	2CP21 2CP31B	100							
2CZ53D	2CP21 2CP31C 2CP31D	200							
2CZ53E	2CP23 2CP31E 2CP31F	300							
2CZ53F	2CP24 2CP31G 2CP31H	400	0.30	≤1.0	100	5	6	3	150
2CZ53G	2CP25 2CP31I	500							
2CZ53H	2CP26	600							
2CZ53J	2CP27 2CP21F	700							
2CZ53K	2CP28 2CP21G	800							
2CZ53L	2CP21H	900							
2CZ53M	2CP21I	1000							
2CZ53N		1200							
2CZ53P		1400							
2CZ54B	2CP1A	50							
2CZ54C	2CP1	100							
2CZ54D	2CP2	200							
2CZ54E	2CP3	300	0.50	≤1.0	500	10	10	3	150
2CZ54F	2CP4	400							
2CZ54G	2CP5	500							
2CZ54H	2CP1E	600							
2CZ54K	2CP1G	800							
2CZ55B	2CZ11K	50							
2CZ55C	2CZ11A	100							
2CZ55D	2CZ11B	200	1	≤1.0	500	10	10	3	150
2CZ55E	2CZ11C	300							
2CZ55F	2CZ11D	400							
2CZ55G	2CZ11E	500							
2CZ56B	2CZ12	50							
2CZ56C	2CZ12A	100							
2CZ56D	2CZ12B	200							
2CZ56E	2CZ12C	300	3	≤0.8	1000	20	65	3	140
2CZ56F	2CZ12D	400							
2CZ56G	2CZ12E	500							
2CZ56H	2CZ12F	600							
2CZ56K	2CZ12H	800							

（续）

型　号	参考旧型号	最高反向峰值电压 U_{RM}/V	额定正向整流电流 I_F/A	正向压降 U_F/V	正向电流 $I_R/\mu A$	反向电流 $I_R/\mu A$	不重复正向浪涌电流 I_{SUR}/A	频率 f/kHz	额定结温 $T_{JM}/℃$
2CZ57B	2CZ13	50							
2CZ57C	2CZ13A	100							
2CZ57D	2CZ13B	200							
2CZ57E	2CZ13C	300	5	≤0.8	1000	20	105	3	140
2CZ57F	2CZ13D	400							
2CZ57H	2CZ13F	600							
2CZ57K	2CZ13H	800							
2CZ82A	2CP10	25							
2CZ82B	2CP11	50							
2CZ82C	2CP12	100							
2CZ82D	2CP14	200	100	≤1.0	100	5	2	3	130
2CZ82E	2CP16	300							
2CZ82F	2CP18	400							
2CZ82G	2CP19	500							
2CZ82H	2CP20	600							
2CZ83B	2CP21A	50							
2CZ83C	2CP21	100							
2CZ83D	2CP22	200							
2CZ83E	2CP23	300	300	≤1.0	100	5	6	3	130
2CZ83F	2CP24	400							
2CZ83G	2CP25	500							

表 B-4　国外型号常见硅整流二极管主要参数

型号＼参数	国内参考型号	最高反向峰值电压 U_{RM}/V	额定电流 I_F/A	最大正向压降 U_F/V	最高结温 $T_{JM}/℃$
1N4001		50			
1N4002		100			
1N4003	2CZ11～2CZ11J	200			
1N4004	2CZ55B～M	400	1.0	≤1.0	175
1N4005		600			
1N4006		800			
1N4007		1000			
1N5391		50			
1N5392		100			
1N5393		200			
1N5394		300			
1N5395	2CZ86B～M	400	1.5	≤1.0	175
1N5396		500			
1N5397		600			
1N5398		800			
1N5399		1000			
1N5400		50			
1N5401		100			
1N5402		200			
1N5403	2CZ12～2CZ/2J	300			
1N5404	2DZ2～2DZ2D	400	3.0	≤1.2	170
1N5405	2CZ56B～M	500			
1N5406		600			
1N5407		800			
1N5408		1000			

表 B-5 其他部分 1N 系列二极管主要参数

型 号	用 途	极限工作电压/V	极限工作电流/A	型 号	用 途	极限工作电压/V	极限工作电流/A
1N4008	高速开关	12	0.1	1N4141	整流	200	3
1N4009	高速开关	25	0.1	1N4142	整流	400	3
1N4136	整流	200	70	1N4143	整流	600	3
1N4137	整流	400	70	1N4144	整流	800	3
1N4138	整流	600	70	1N4145	整流	1000	3
1N4139	整流	50	3	1N4146	整流	1200	3
1N413B	整流	200	1.5	1N4147	高速开关	30	0.03
1N4140	整流	100	3	1N4148	高速开关	75	0.15

附录 C 国内外常用晶体管参数表

表 C-1 部分进口高频小功率晶体管的主要参数

型 号	材料与极性	耗散功率 P_{CM}/mW	集电极最大电液 I_{CM}/mA	特征频率 f_T/MHz	最高反向电压 U_{CBO}/V	电流放大系数 h_{FE}
2SA1015	硅 PNP	400	150	80	50	70 ~ 200
2SC11815	硅 NPN	400	150	80	50	70 ~ 200
2SA562	硅 PNP	500	500	200	35	70 ~ 200
2SC1959	硅 NPN	500	500	200	35	70 ~ 200
2SA673	硅 PNP	500	500	180	50	>40
2SC1213	硅 NPN	500	500	180	50	>40
2SA733	硅 PNP	250	100	180	50	205
2SC1685	硅 NPN	250	100	150	60	650
2SA608	硅 PNP	400	100	180	50	100 ~ 320
2SC536	硅 NPN	400	100	180	50	100 ~ 320
9011	硅 NPN	400	30	370	25	40 ~ 200
9012	硅 PNP	400	− 100	120	− 25	64 ~ 202
9013	硅 NPN	400	− 100	120	25	64 ~ 202
9014	硅 NPN	310	50	80	18	60 ~ 1000
9015	硅 PNP	910	− 50	150	− 18	60 ~ 1000
S9011	硅 NPN	400	30	150	30	30 ~ 200
S9012	硅 PNP	625	− 100	150	− 20	60 ~ 300
S9013	硅 NPN	625	− 100	140	20	60 ~ 300
S9014	硅 NPN	625	− 100	8	45	60 ~ 300
S9015	硅 PNP	450	− 100	80	− 45	60 ~ 600
TEC9011	硅 NPN	400	50	100	30	39 ~ 198
TEC9012	硅 PNP	625	− 100	100	− 25	96 ~ 300
TEC9013	硅 NPN	625	100	100	25	96 ~ 300
TEC9014	硅 NPN	450	150	150	50	60 ~ 1000
TEC9015	硅 PNP	450	− 150	150	− 50	60 ~ 1000
2N5551	硅 NPN	310	600	180	100	60 ~ 1000
2N5401	硅 PNP	310	− 600	− 160	100	60 ~ 1000
BC147	硅 NPN	250	100	50	150	>125

（续）

型　号	材料与极性	耗散功率 P_{CM}/mW	集电极最大电流 I_{CM}/mA	特征频率 f_T/MHz	最高反向电压 U_{CBO}/V	电流放大系数 h_{FE}
BC148	硅 NPN	250	100	30	150	>125
BC158	硅 PNP	250	−100	−30	150	>75
BC157	硅 PNP	250	−100	−50	150	>75
BC238	硅 NPN	300	100	300	30	120
BC327	硅 PNP	625	−500	100	−50	125
BC328	硅 PNP	625	−500	100	−30	125
BC328-25	硅 PNP	600	−800	100	−25	125
BC337	硅 NPN	625	500	210	50	125
BC338	硅 NPN	625	500	210	30	125
BC338-25	硅 NPN	600	800	100	25	125
BC548	硅 NPN	500	100	300	30	125
BC558	硅 PNP	500	−100	300	−30	75

表 C-2　部分国产高频中、大功率晶体管的主要参数

型　号	材料与极性	耗散功率 P_{CM}/W	最大集电极电流 I_{CM}/A	最高反向电压 U_{CBO}/V	特征频率 f_T/MHz	电流放大系数 h_{FE}
3DG27A ~ 3DG27F	硅 NPN	1	0.5	60 ~ 250	>80	≥20
3DG8050	硅 NPN	2	1.5	25	150	40 ~ 200
3DG41A ~ 3DG41G	硅 NPN	1	0.1	20 ~ 260	>100	≥20
3DG83A ~ 3DG83E	硅 NPN	1	0.1	50 ~ 200	50 ~ 100	≥20
3DG9113	硅 NPN	2	1.5	25	140	30 ~ 300
3DA87A ~ 3DA87E	硅 NPN	1	0.1	50 ~ 300	40 ~ 100	30 ~ 300
3DA93A ~ 3DA93D	硅 NPN	1	0.1	80 ~ 250	>100	30 ~ 300
3DA88A ~ 3DA88E	硅 NPN	2	0.1	80 ~ 300	40 ~ 100	30 ~ 300
3DA151A ~ 3DA151D	硅 NPN	1	0.1	100 ~ 250	≥50	30 ~ 250
3DA152A ~ 3DA152J	硅 NPN	3	0.3	30 ~ 250	≥50	30 ~ 250
3DA14A ~ 3DA14D	硅 NPN	5	1	30 ~ 90	≥100	≥10
3DA30A ~ 3DA30D	硅 NPN	50	6	30 ~ 80	≥50	≥15
3DA1A ~ 3DA1C	硅 NPN	7.5	1	40 ~ 70	50 ~ 70	≥10
3DA2A、3DA2B	硅 NPN	5	0.75	40 ~ 70	100 ~ 150	≥15
3DA3A、3DA3B	硅 NPN	20	2.5	60 ~ 80	70 ~ 80	≥10
3DA4A ~ 3DA4C	硅 NPN	20	2.5	60 ~ 80	30 ~ 70	≥15
3DA5A ~ 3DA5F	硅 NPN	12.5	1	45 ~ 80	100 ~ 150	≥15
3DA101、3DA102、3DA104、3DA106	硅 NPN	7.5	1	40 ~ 70	50 ~ 150	≥15
3DA103	硅 NPN	3	0.3	50	≥200	≥20
3DA105A、3DA105B	硅 NPN	4	0.4	45 ~ 60	≥600	≥10
3DA107A、3DA107B	硅 NPN	15	1.5	40 ~ 60	≥400	≥10
3DA108A、3DA108B	硅 NPN	1.5	0.2	40	≥400	≥10
3CA1A ~ 3CA1F	硅 PNP	1	−0.1	−30 ~ 150	50	≥20

（续）

型　号	材料与极性	耗散功率 P_{CM}/W	最大集电极 电流 I_{CM}/A	最高反向电压 U_{CBO}/V	特征频率 f_T/MHz	电流放大系数 h_{FE}
3CA2A ~ 3CA2F	硅 PNP	2	− 0. 25	− 30 ~ 150	50	≥20
3CA3A ~ 3CA3E	硅 PNP	5	− 0. 5	− 30 ~ 150	30	≥20
3CA4A ~ 3CA4E	硅 PNP	7. 5	− 1	− 30 ~ 150	30	≥10
3CA5A ~ 3CA5E	硅 PNP	15	− 1. 5	− 30 ~ 150	30	≥10
3CA6	硅 PNP	20	− 20	− 40 ~ 120	30	≥10
3CG8550	硅 PNP	2	1. 5	− 25	150	40 ~ 200
3CG9112	硅 PNP	2	1. 5	− 25	50	30 ~ 300

表 C-3　部分进口高频中、大功率晶体管的主要参数

型　号	材料与极性	耗散功率 P_{CM}/W	最大集电极 电流 I_{CM}/A	最高反向电压 U_{CEO}/V	特征频率 f_T/MHz	电流放大系数 h_{FE}
S8050	硅 NPN	1	1. 5	25	100	85 ~ 300
S8550	硅 PNP	1	− 1. 5	− 25	100	85 ~ 300
BD135	硅 NPN	1. 2	1. 5	45	75	40 ~ 250
BD136	硅 PNP	1. 2	1. 5	− 45	75	40 ~ 250
2SA634	硅 PNP	10	2	40	60	40 ~ 250
2SA636	硅 PNP	10	1	70	50	40 ~ 250
2SA683	硅 PNP	1	− 1. 5	− 30	200	75
2SA692	硅 PNP	1	− 1. 5	− 60	100	35 ~ 320
2SA715	硅 PNP	10	1. 5	35	160	70 ~ 240
2SA962	硅 PNP	1	1. 5	60	100	40 ~ 320
2SB548	硅 PNP	10	0. 8	100	80	>60
2SB649A	硅 PNP	1	1. 5	180	140	>60
2SB734	硅 PNP	1	− 1	− 60	80	40 ~ 200
2SB940	硅 PNP	30	2	200	240	40 ~ 200
2SC1162	硅 NPN	10	1. 5	35	180	35 ~ 320
2SC1173	硅 NPN	10	3	30	150	40 ~ 400
2SC1507	硅 NPN	15	0. 2	300	50	40 ~ 200
2SC1514	硅 NPN	1. 2	0. 1	300	80	30 ~ 200
2SC1520	硅 NPN	10	0. 2	250	50	40 ~ 200
2SC1566	硅 NPN	1. 2	0. 1	250	100	>40
2SC1683	硅 NPN	20	0. 5	200	150	60 ~ 200
2SC1723	硅 NPN	15	0. 2	300	70	40 ~ 200
2SC1819	硅 NPN	15	0. 1	300	100	50 ~ 250
2SC1846	硅 NPN	1. 2	1	45	200	60 ~ 340
2SC1927	硅 NPN	25	1	300	80	35 ~ 330
2SC1929	硅 NPN	25	1	300	80	35 ~ 330
2SC2224	硅 NPN	10	0. 2	200	100	160
2SC2238	硅 NPN	25	1. 5	160	100	40 ~ 250
2SC2258	硅 NPN	1	0. 1	250	100	40 ~ 250

（续）

型　号	材料与极性	耗散功率 P_{CM}/W	最大集电极电流 I_{CM}/A	最高反向电压 U_{CEO}/V	特征频率 f_T/MHz	电流放大系数 h_{FE}
2SC2717	硅 NPN	7.5	0.8	35	300	40~250
2SC2594	硅 NPN	10	5	40	150	40~250
2SC2621	硅 NPN	10	0.2	300	50	40~250
2SC2371	硅 NPN	10	0.1	300	>80	40~250
2SC2923	硅 NPN	15	0.2	300	140	40~250
2SC3063	硅 NPN	1.2	0.1	300	200	40~250
2SD882	硅 NPN	10	3	40	90	100~320
2SD773	硅 NPN	1	2	20	110	250
2SD966	硅 NPN	1	5	60	200	50~300
2SD1078	硅 NPN	20	2	50	130	50~300
2SD1264A	硅 NPN	30	2	200	240	50~300
2SD1266A	硅 NPN	35	3	60	25	50~300
2SD1271A	硅 NPN	40	7	130	30	50~300
2SD1378	硅 NPN	10	0.7	80	120	50~300
2SD1442	硅 NPN	30	7	40	150	50~300
2SD1443	硅 NPN	40	10	40	120	50~300
2SD1444	硅 NPN	30	7	40	150	50~300

表 C-4　部分进口中、低频小功率晶体管的主要参数

型　号	材料与极性	耗散功率 P_{CM}/mW	最大集电极电流 I_{CM}/mA	最高反向电压 U_{CBO}/V	特征频率 f_T/MHz
2SA940	硅 PNP	1500	−1500	−150	4
2SC2073	硅 NPN	1500	−1500	−150	4
2SC1815	硅 PNP	400	150	60	8
2SC2462	硅 NPN	150	100	50	1
2SC2465	硅 PNP	200	20	20	0.55
2SC3544	硅 NPN	250	50	30	2
2SB134、2SB135	锗 PNP	100	−50	−30	0.8
2N2944~2N2946	硅 PNP	400	−100	−15	5~15
2N2970、2N2971	硅 PNP	150	−50	−20	8

表 C-5　常用国产低频大功率晶体管的主要参数

型　号	材料与极性	耗散功率 P_{CM}/mW	最大集电极电流 I_{CM}/mA	最高反向电压 U_{CBO}/V	特征频率 f_T/MHz	电流放大系数 h_{FE}
3DD14A~3DD14I	硅 NPN	50	3	500~1500	≥1	≥10
3DD15A~3DD15F	硅 NPN	50	5	60~500	≥1	≥20
3DD50A~3DD50J	硅 NPN	50	5	100~1000	≥1	≥20
3DD52A~3DD52E	硅 NPN	50	3	300~1500	≥1	≥10
DF104A~DF104D	硅 NPN	50	2.5	800~1800	≥5	≥5
DD01A~DD01F	硅 NPN	15	1	100~400	≥5	≥20

（续）

型　号	材料与极性	耗散功率 P_{CM}/mW	最大集电极电流 I_{CM}/mA	最高反向电压 U_{CBO}/V	特征频率 f_T/MHz	电流放大系数 h_{FE}
DD03A ~ DD03C	硅 NPN	30	3	60 ~ 250	≥1	25 ~ 120
DA102A ~ 3DA102H	硅 NPN	50	4	100 ~ 1000	≤1	≥5
3AD6A ~ 3AD6C	锗 PNP	10	2	50 ~ 70	≥0.004	20 ~ 100
3AD30A ~ 3AD30C	锗 PNP	20	4	50 ~ 70	≥0.002	20 ~ 100
3AD58A ~ 3AD58I	硅 NPN	50	3	300 ~ 1400	≥1	7 ~ 50
3CD6A ~ 3CD6E	硅 PNP	50	5	30 ~ 150	≥1	10 ~ 180

表 C-6　部分进口中、低频大功率晶体管的主要参数

型　号	材料与极性	耗散功率 P_{CM}/mW	最大集电极电流 I_{CM}/mA	最高反向电压 U_{CBO}/V	特征频率 f_T/MHz	电流放大系数 h_{FE}
2SA670	硅 PNP	25	3	50	15	35 ~ 220
2SAI304A	硅 PNP	25	1.5	150	4	40 ~ 200
2SB337	锗 PNP	12	−7	−40	0.3	50 ~ 165
2SB407	锗 PNP	30	−7	−30	0.35	80
2SB556K	硅 PNP	40	−4	−70	7	60 ~ 200
2SB686	硅 PNP	60	−6	−100	10	60 ~ 200
2SD553Y	硅 NPN	40	7	70	10	20 ~ 150
2SD880	硅 NPN	30	3	60	3	20 ~ 150
2SD1133	硅 NPN	40	4	70	7	100
2SD1266	硅 NPN	30	3	50	3	20 ~ 150
2SD1585	硅 NPN	15	3	60	16	20 ~ 150
2SC1827	硅 NPN	30	4	80	10	60 ~ 200
2SC1983R	硅 NPN	30	3	80	15	60 ~ 200
2SC2168	硅 NPN	30	2	200	10	60 ~ 200
BD201 ~ BD203	硅 NPN	55	8	60	0.025	>30
BD204	硅 PNP	55	−8	60	0.025	>30
BD233	硅 NPN	25	2	45	3	40 ~ 250
BD234	硅 PNP	25	−2	−45	3	40 ~ 250

表 C-7　常用大功率互补对管的主要参数

NPN 管型号	PNP 管型号	耗散功率 P_{CM}/mW	最大集电极电流 I_{CM}/mA	最高反向电压 U_{CBO}/V	特征频率 f_T/MHz	国内代换型号
2SC1585	2SA908	200	15	150	10	3DK209/3CD11E
2SC2337	2SA1007	100	10	150	70	3DK108E/3CD8F
2SC2430	2SA1040	100	10	120	60	3DK108D/3CD8E
2SC2431	2SA1041	100	15	120	60	3DK109B/3CD11D
2SC2433	2SA1043	100	30	120	60	3DK109D/3CD10D
2SC2460	2SA1050	100	12	140	70	3CD9E
2SC2461	2SA1051	150	15	150	60	3DK109D/3CD11E

（续）

NPN 管型号	PNP 管型号	耗散功率 P_{CM}/mW	最大集电极电流 I_{CM}/mA	最高反向电压 U_{CBO}/V	特征频率 f_T/MHz	国内代换型号
2SC2522	2SA1072	120	10	120	80	3DK209C/3CD10D
2SC2523	2SA1073	120	12	160	80	3DK209C/3CD10D
2SC2525	2SA1075	120	12	120	80	3DK209C/3CD10D
2SC2526	2SA1076	120	12	160	80	3DK209C/3CD11D
2SC2527	2SA1077	60	10	120	80	3DK208C/3CD8E
2SC2564	2SA1094	120	12	140	90	3DK109E/3CD11E
2SC2825	2SA1102	70	6	60	35	3DK108E/3CD8F
2SC2565	2SA1095	150	15	160	80	3DK109E/3CD11E
2SC2851	2SA1106	140	10	100	30	3DK108E/3CD8F
2SC2607	2SA1116	150	15	200	20	3DK109E/3CD11E
2SC2608	2SA1117	200	17	200	20	3DK109F/3CD10E
2SC2681	2SA1141	100	10	115	80	3K108E/3CD8E
2SC2707	2SA1147	180	15	150	40	3DK209C/3CD11D
2SC2837	2SA1186	150	10	100	60	3DK108E/3CD8F
2SC2921	2SA1215	150	15	160	60	3DK109F/3CD10E
2SC2922	2SA1216	200	17	180	50	3DK109F/3CD10E
2SC2987A	2SA1227A	120	12	160	50	3DK108G/3CD9F
2SC3182	2SA1265	140	10	100	30	3DK108E/3CD8F
2SC3264	2SA1295	200	17	230	35	3DK109H/3CD10G
2SC3280	2SA1301	120	12	160	30	3DK109E/3CD8E
2SC3281	2SA1302	150	15	200	30	3DK109F/3CD11E
2SC3854	2SA1490	260	8	80	20	3DK1091/3CD10F
2SC3855	2SA1491	200	10	100	20	3DK1091/3CD10F
2SC3856	2SA1492	200	15	130	20	3DK109D/3CD10C
2SC3857	2SA1493	150	15	200	20	3DK109F/3CD11E
2SC3858	2SA1494	200	17	200	20	3DK109G/3CD11F
2SC3907	2SA1556	130	12	180	30	3DK108E/3CD9F
2SC4278	2SA1633	140	10	100	20	3DK109F/3CD10E
2SC4467	2SA1964	120	8	80	20	3DD69D/3CD8D
2SD387A	2SB539A	100	10	130	17	3DK109F/3CD10E
2SD665	2SB645	150	15	200	12	3DK109F/3CD11E
2SD551	2SB681	100	12	150	13	3DK108F/3CD9E
2SD733	2SB697	100	12	160	15	3DK108F/3CD9E
2SD1047	2SB817	100	12	160	15	3DK108F/3CD9E
2SD1238	2SB922	80	12	120	20	3DK108E/3CD9D
2N3055	MJ2955	115	15	100	> 0.8	3DD69D/3CD8D

表 C-8　常用中、小功率互补对管的主要参数

NPN 管型号	PNP 管型号	耗散功率 P_{CM}/W	最大集电极电流 I_{CM}/A	最高反向电压 U_{CBO}/V	特征频率 f_T/MHz	国内代换型号
2SC945	2SA733	0.25	0.1	60	250	
2SC1162	2SA715	10	1.5	35	160	FA433/CD77-2A
2SC2073	2SA940	1.5	1.5	150	4	DS15/CS15
2SC2235	2SA965	0.9	0.8	120	120	3DG182H/3CG180F
2SC2238	2SA968	25	1.5	160	100	3DK205F/3CA10F
2SC2240	2SA970	0.3	0.1	120	50	3DG170H/3CG170C
2SC1815	2SA1015	0.4	0.15	60	80	3DG1815/3CG1015
2SC1775A	2SA872A	0.3	0.05	50	200	3DG110C/3CG170C
2SC2412	2SA1037	0.2	0.5	20	140	3DK4B/3CK9D
2SC390	2SA1039	0.15	0.02	20	500	3DG112A/3CG112A
2SC2875	2SA1175	0.3	0.1	60	80	3DG170A/3CG170A
2SC2705	2SA1145	0.8	0.05	150	200	3DG1821/3CG180G
2SC2856	2SA1191	0.4	0.1	120	310	3DG180J/3CG180F
2SD669A	2SB649A	1	1.5	180	140	3DK164/CA73-2G
2SD756	2SB716	0.75	0.05	120	150	3DG84D/3CG170F
BD230	BD231	10	1.5	100	>50	3DA87B/3CA5D
BD139-10	BD140-10	8	1	100	50	3DK104D/3CA4D
2N5401	2N5551	0.31	0.6	>160	100	3DG84G/3CA3F
2N3019	2N4033	0.8	1	80	150	2G072C/3CA4C
MJE340	MJE350	20	0.5	300		3DK205F/3CA10
S8050	S8550	1	1.5	25	100	3DG8050/3CG8050

表 C-9　常用国产小功率开关晶体管的主要参数

型　号	耗散功率 P_{CM}/mW	最高反向电压 U_{CBO}/V	最大集电极电流 I_{CM}/mA	开通时间 t_{ON}/ns	关断时间 t_{OFF}/ns	特征频率 f_T/MHz
3AK5A ~ 3AK5G	50	30 ~ 35	35	≤30 ~ 90	≤30 ~ 200	≥20 ~ 100
3AK12 ~ 3AK14	120	30	60	≤80	≤150	≥50 ~ 100
3AK20A ~ 3AK20C	50	≥25	20	≤40	≤150	≥150 ~ 100
3AK21 ~ 3AK27	100	25	30	≤60 ~ 80	≤60 ~ 140	≥100 ~ 150
3CK11A ~ 3CK11C	100	≥30	20	≤80	≤50 ~ 150	≥150
CK74-1A ~ CK74-1F	300	≥15 ~ 40	50	≤40	≤60 ~ 100	≥200
CK74-2A ~ CK74-2F	500	≥15 ~ 40	100	≤40	≤150	≥150
CK74-3A ~ CK74-3F	1000	15 ~ 65	800	≤40	≤200	≥150
3DK1A ~ 3DK1F	100	≥20	30	≤20 ~ 60	≤30 ~ 80	≥200
3DK2A ~ 3DK2C	200	30	30	≤15 ~ 30	≤30 ~ 60	≥150

（续）

型　号	耗散功率 P_{CM}/mW	最高反向电压 U_{CBO}/V	最大集电极电流 I_{CM}/mA	开通时间 t_{ON}/ns	关断时间 t_{OFF}/ns	特征频率 f_T/MHz
3DK3A、3DK3B	100	10~15	30	≤15~20	≤20~30	≥200
3DK4A~3DK4C	700	40~60	800	≤50	≤100	≥100
3DK5A~3DK5D	100	20~30	30	≤80	≤30~60	≥150
3DK6A~3DK6C	100	10~15	20	≤80	≤20~30	≥200
3DK12A、3DK12B	75	≥30	30	≤80	≤40~60	≥150
3DK13A、3DK13B	100	≥10~15	30	≤80	≤20~30	≥200
3DK15A、3DK15B	75	≥25	30	≤80	≤40~70	≥150
3DK22A~3DK22F	150	≥30	50	≤30~80	≤60~180	≥100
3DK23A~3DK23D	300	25~100	100	≤30~80	≤180	≥100
3DK41~3DK44	300	20~60	200	≤30~80	≤180	≥100
3DK51~3DK53	75	20~30	30	≤30~80	≤30~60	≥150

表 C-10　部分高反压大功率开关晶体管的主要参数及封装形式

型　号	耗散功率 P_{CM}/W	最大集电极电流 I_{CM}/A	最高反向电压 U_{CBO}/V	封装形式
2SC1942	100	3	800	金属封装
2SC3153	100	6	900	塑料封装
2SC819	50	3.5	1500	金属封装
2SD820、3DD820	50	5	1500	金属封装
2SD850、3DD850	25	3	1500	金属封装
2SD905、3DD906	50	8	1400	塑料封装
2SD1401	80	3.5	1500	金属封装
2SD1403	50	6	1500	塑料封装
2SD1431、3DD1431	80	5	1500	塑料封装
2SD1432	80	6	1500	塑料封装
2SD1433	80	7	1500	塑料封装
2SD1497	50	6	1500	塑料封装
2SD1553、2SD1541	50	3	1500	塑料封装
2SD1455	50	5	1500	塑料封装
2SD1556	50	6	1500	塑料封装
2SD1887	70	10	1500	塑料封装
2SD1941	50	6	1500	塑料封装
2SD1959	50	10	1400	塑料封装
2SD3505	50	6	900	塑料封装
BU208	12	5	1500	金属封装
BUT11	80	5	1500	塑料封装

附录 D   常用模拟集成电路

表 D-1   模拟集成电路引脚排列

电路名称	型 号	引 脚 排 列 图
通用运算放大器	CF741	OA₁ 1 8 IN− 2 7 V+ IN+ 3 6 OUT V− 4 5 OA₂
双通用运算放大器	CF747	1IN− 1 14 1OA₁ 1IN+ 2 13 1V+ 1OA2 3 12 1OUT V− 4 11 2OA2 5 10 2OUT 2IN+ 6 9 2V+ 2IN− 7 8 2OA₁
高精度运算放大器	CF714	OA₁ 1 8 IN− 2 7 V+ IN+ 3 6 OUT V− 4 5 OA₂
四通用单电源运算放大器	CF124 CF224 CF324	1OUT 1 14 4OUT 1IN− 2 13 4IN− 1IN+ 3 12 4IN+ V+ 4 11 GND 2IN+ 5 10 3IN+ 2IN− 6 9 3IN− 2OUT 7 8 3OUT
高输入阻抗 MOSFET 输入运算放大器	CF3140 CF3140A CF3140B	OA₁ 1 8 ST IN− 2 7 V+ IN+ 3 6 OUT V− 4 5 OA₂

（续）

电路名称	型　号	引 脚 排 列 图
低功耗运算放大器	CF253	COMP₁ 1 8 COMP₂; IN− 2 7 V+; IN+ 3 6 OUT; V− 4 5 BI
高速运算放大器	CF715	COMP₄ 1 14 COMP₃; COMP₁ 2 13 V+; CAS 3 12 COMP₂; IN− 4 11 OUT; IN+ 5 10 V−; 6 9; 7 8
时基电路	555（556）	555: GND 1 8 V_{CC}; $\overline{TR}$ 2 7 C; OUT 3 6 TH; R_D 4 5 CO。 556: 1C 1 14 V_{CC}; 1TH 2 13 2C; 1CO 3 12 2TH; $1\overline{R_D}$ 4 11 2CO; 1OUT 5 10 $2\overline{R_D}$; $1\overline{TR}$ 6 9 2OUT; GND 7 8 $2\overline{TR}$
锁相环电路	4046	锁定状态指示 1 16 V_{DD}; PC1_OUT 2 15 稳压输出 (+6V); 相位比较输入 3 14 信号输入; 输出 VCO 4 13 PC2_OUT; 禁止振荡 5 12 R_2; C_{1a} 6 11 R_1; C_{1b} 7 10 SF_OUT; V_{SS} 8 9 VCO 控制
集成功率放大器	LM380（386）	LM380: 旁路 1 14 V_{CC}; 同相输入 2 13 NC; 散热片 3 12 散热片; 散热片 4 11 散热片; 散热片 5 10 散热片; 反相输入 6 9 NC; GND 7 8 输出。 LM386: 增益 1 8 增益; IN− 2 7 旁路; IN+ 3 6 V_{CC}; GND 4 5 OUT
集成电压比较器	LM311（339）	LM311: GND 1 8 V+; IN+ 2 7 OUT; IN− 3 6 OA₂; V− 4 5 OA₁。 LM339: 2OUT 1 14 3OUT; 1OUT 2 13 4OUT; V+ 3 12 GND; 1IN− 4 11 4IN+; 1IN+ 5 10 4IN−; 2IN− 6 9 3IN+; 2IN+ 7 8 3IN−

（续）

电路名称	型　号	引脚排列图
集成稳压器	固定输出电压（78 系列、79 系列、78L 系列、79L 系列）	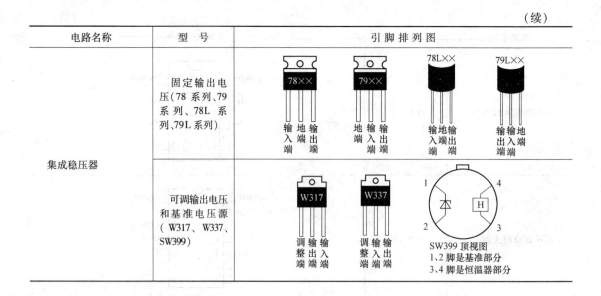
	可调输出电压和基准电压源（W317、W337、SW399）	

附录 E　常用 TTL（74 系列）数字集成电路

表 E-1　常用 TTL（74 系列）数字集成电路型号及引脚排列

电路名称	型号与引脚排列图	电路名称	型号与引脚排列图
四 2 输入与非门	1A 1, 1B 2, 1Y 3, 2A 4, 2B 5, 2Y 6, GND 7 ／ 14 V_{CC}, 13 4B, 12 4A, 11 4Y, 10 3B, 9 3A, 8 3Y　00 37 03 26 38 (OC)	四 2 输入或非门	1Y 1, 1A 2, 1B 3, 2Y 4, 2A 5, 2B 6, GND 7 ／ 14 V_{CC}, 13 4Y, 12 4B, 11 4A, 10 3Y, 9 3B, 8 3A　02 28 33(OC)
六反相器（注：有 * 号为施密特触发输入）	1A 1, 1Y 2, 2A 3, 2Y 4, 3A 5, 3Y 6, GND 7 ／ 14 V_{CC}, 13 6A, 12 6Y, 11 5A, 10 5Y, 9 4A, 8 4Y　04 05(OC) 06 14* 16	四 2 输入与门	1A 1, 1B 2, 1Y 3, 2A 4, 2B 5, 2Y 6, GND 7 ／ 14 V_{CC}, 13 4B, 12 4A, 11 4Y, 10 3B, 9 3A, 8 3Y　08 09(OC)
三 3 输入与非门	1A 1, 1B 2, 2A 3, 2B 4, 2C 5, 2Y 6, GND 7 ／ 14 V_{CC}, 13 1C, 12 1Y, 11 3C, 10 3B, 9 3A, 8 3Y　10 12(OC)	双 4 输入与非门（有施密特触发器）	1A 1, 1B 2, NC 3, 1C 4, 1D 5, 1Y 6, GND 7 ／ 14 V_{CC}, 13 2D, 12 2C, 11 NC, 10 2B, 9 2A, 8 2Y　13 20 22(OC)

（续）

电路名称	型号与引脚排列图	电路名称	型号与引脚排列图
三 3 输入或非门	27 1A[1] V_{CC}[14] 1B[2] 1C[13] 2A[3] 1Y[12] 2B[4] 3C[11] 2C[5] 3B[10] 2Y[6] 3A[9] GND[7] 3Y[8]	四 2 输入或门	32 1032 7032 1A[1] V_{CC}[14] 1B[2] 4B[13] 1Y[3] 4A[12] 2A[4] 4Y[11] 2B[5] 3B[10] 2Y[6] 3A[9] GND[7] 3Y[8]
4 线-10 线译码器	42 145 $\overline{Y}_0$[1] V_{CC}[16] $\overline{Y}_1$[2] A_0[15] $\overline{Y}_2$[3] A_1[14] $\overline{Y}_3$[4] A_2[13] $\overline{Y}_4$[5] A_3[12] $\overline{Y}_5$[6] $\overline{Y}_9$[11] $\overline{Y}_6$[7] $\overline{Y}_8$[10] GND[8] $\overline{Y}_7$[9]	3 线-8 线译码器	138 A_0[1] V_{CC}[16] A_1[2] $\overline{Y}_0$[15] A_2[3] $\overline{Y}_1$[14] $\overline{S}_3$[4] $\overline{Y}_2$[13] $\overline{S}_2$[5] $\overline{Y}_3$[12] S_1[6] $\overline{Y}_4$[11] $\overline{Y}_7$[7] $\overline{Y}_5$[10] GND[8] $\overline{Y}_6$[9]
双 2 线-4 线译码器	139 $1\overline{S}$[1] V_{CC}[16] $1A_0$[2] $2\overline{S}$[15] $1A_1$[3] $2A_0$[14] $1\overline{Y}_0$[4] $2A_1$[13] $1\overline{Y}_1$[5] $2\overline{Y}_0$[12] $1\overline{Y}_2$[6] $2\overline{Y}_1$[11] $1\overline{Y}_3$[7] $2\overline{Y}_2$[10] GND[8] $2\overline{Y}_3$[9]	BCD 七段译码器/驱动器	46 47 48 246(OC) 247(OC) 248 249(OC) A1[1] V_{CC}[16] A2[2] $\overline{Y}_f$[15] $\overline{LT}$[3] $\overline{Y}_g$[14] $\overline{BI}/\overline{RBO}$[4] $\overline{Y}_a$[13] $\overline{RBI}$[5] $\overline{Y}_b$[12] A_3[6] $\overline{Y}_c$[11] A_0[7] $\overline{Y}_d$[10] GND[8] $\overline{Y}_e$[9]
双下降沿 JK 触发器	73(边沿) $1\overline{CP}$[1] 1J[14] $1\overline{R}_D$[2] $1\overline{Q}$[13] 1K[3] 1Q[12] V_{CC}[4] GND[11] $2\overline{CP}$[5] 2K[10] $2\overline{R}_D$[6] 2Q[9] 2J[7] $2\overline{Q}$[8]	双主从 JK 触发器	76 72 1K[1] V_{CC}[14] 1Q[2] $1\overline{S}_D$[13] $1\overline{Q}$[3] $\overline{R}_D$[12] 1J[4] 2J[11] $2\overline{Q}$[5] $2\overline{S}_D$[10] 2Q[6] CP[9] GND[7] 2K[8]
双上升沿 D 触发器	74（边沿） $1\overline{R}_D$[1] V_{CC}[14] 1D[2] $2\overline{R}_D$[13] 1CP[3] 2D[12] $1\overline{S}_D$[4] 2CP[11] 1Q[5] $2\overline{S}_D$[10] $1\overline{Q}$[6] 2Q[9] GND[7] $2\overline{Q}$[8]	四 2 输入异或门	86 386 136(OC) 1A[1] V_{CC}[14] 1B[2] 4B[13] 1Y[3] 4A[12] 2A[4] 4Y[11] 2B[5] 3B[10] 2Y[6] 3A[9] GND[7] 3Y[8]

（续）

十进制异步加计数器（90）

引脚排列图 90：

$\overline{CP_0}$	1	14	$\overline{CP_1}$
R_{01}	2	13	NC
R_{02}	3	12	Q_0
NC	4	11	Q_3
V_{CC}	5	10	GND
S_{91}	6	9	Q_1
S_{92}	7	8	Q_2

R_{01}	R_{02}	S_{91}	S_{92}	Q_3	Q_2	Q_1	Q_0
1	1	0	×	0	0	0	0
1	1	×	0	0	0	0	0
×	×	1	1	1	0	0	1
×	0	×	0	计		数	
0	×	0	×	计		数	
0	×	×	0	计		数	
×	0	0	0	计		数	

十进制同步加/减计数器（190）

引脚排列图 190：

D_1	1	16	V_{CC}
Q_1	2	15	D_0
Q_0	3	14	CP
$\overline{CT}$	4	13	$\overline{RC}$
$\overline{U}/D$	5	12	CO/BO
Q_2	6	11	$\overline{LD}$
Q_3	7	10	D_2
GND	8	9	D_3

$\overline{LD}$	$\overline{CT}$	$\overline{U}/D$	CP	D_3	D_2	D_1	D_0	$Q_3^{n-1} Q_2^{n-1} Q_1^{n+1} Q_0^{n+1}$	注
0	×	×	×	d_3	d_2	d_1	d_0	$d_3\quad d_2\quad d_1\quad d_0$	并行异步置数
1	0	0	↑	×	×	×	×	加法计数	CO/BO $= Q_3^n Q_2^n Q_1^n Q_3^n$
1	0	1	↑	×	×	×	×	减法计数	CO/BO $= \overline{Q_0^n}\ \overline{Q_2^n}\ \overline{Q_1^n}\ \overline{Q_0^n}$
1	1	×	×	×	×	×	×	保持	

$\overline{RC} = \overline{CP \cdot CO/BO \cdot CT}$，当 CT = 1，CO/BO = 1 时，$\overline{RC} = CP$

十进制同步加计数器

引脚排列图 160异步清零 / 162异步清零：

$\overline{CR}$	1	16	V_{CC}
CP	2	15	CO
D_0	3	14	Q_0
D_1	4	13	Q_1
D_2	5	12	Q_2
D_3	6	11	Q_3
CT_P	7	10	CT_T
GND	8	9	$\overline{LD}$

时序波形图：清零 $\overline{CR}$；置数 $\overline{LD}$；D_0 D_1 D_2 D_3；CP；CT_P；CT_T；Q_0 Q_1 Q_2 Q_3；进位 CO。 异步清零　同步清零　预置(7)　7 8 9 0 1 2 3　计数　禁止

十进制同步加/减计数器（双时钟）（192）

引脚排列图 192：

D_1	1	16	V_{CC}
Q_1	2	15	D_0
Q_0	3	14	CP
CP_D	4	13	CR
CP_U	5	12	CO/BO
Q_2	6	11	$\overline{LD}$
Q_3	7	10	D_2
GND	8	9	D_3

CP_U	CP_D	$\overline{LD}$	CR	功能
↑	1	1	0	加法计数
1	↑	1	0	减法计数
×	×	0	0	预置
×	×	×	1	清零

4 位二进制同步加/减计数器（双时钟）（193）

引脚排列图 193：

D_1	1	16	V_{CC}
Q_1	2	15	D_0
Q_0	3	14	CR
CP_D	4	13	$\overline{BO}$
CP_U	5	12	CO
Q_2	6	11	$\overline{LD}$
Q_3	7	10	D_2
GND	8	9	D_3

CR	$\overline{LD}$	CP_U	CP_D	功能
1	×	×	×	清零
0	0	×	×	预置
0	1	↑	1	加法计数
0	1	1	↑	减法计数
0	1	1	1	保持

（续）

电路名称	型号与引脚排列图	
八 D 型锁存器	OE 1 / 20 V_{CC} 1Q 2 / 19 8Q 1D 3 / 18 8D 2D 4 / 17 7D 2Q 5 373 (3S) / 16 7Q 3Q 6 / 15 6Q 3D 7 / 14 6D 4D 8 / 13 5D 4Q 9 / 12 5Q GND 10 / 11 G	$\overline{OE}$—三态输出使能 G—锁存使能 373 功能表

373 功能表

$\overline{EN}$	G	D	Q
0	1	1	1
0	1	0	0
0	0	×	Q_0
1	×	×	Z

Q_0—给定输入控制之前 Q 的输出

4 位双向移位寄存器（并行存取）

$\overline{CR}$ 1 / 16 V_{CC}
D_{SR} 2 / 15 Q_0
D_0 3 / 14 Q_1
D_1 4 194 / 13 Q_2
D_2 5 / 12 Q_3
D_3 6 / 11 CP
D_{SL} 7 / 10 M_1
GND 8 / 9 M_0

$\overline{CR}$	M_1	M_0	D_{SR}	D_{SL}	CP	D_0	D_1	D_2	D_3	Q_0	Q_1	Q_2	Q_3	注
0	×	×	×	×	×	×	×	×	×	0	0	0	0	清零
1	×	×	×	×	0	×	×	×	×	Q_0	Q_1	Q_2	Q_3	保持
1	1	1	×	×	↑	D_0	D_1	D_2	D_3	D_0	D_1	D_2	D_3	并行输入
1	0	1	1	×	↑	×	×	×	×	1	Q_0	Q_1	Q_2	右移输入 1
1	0	1	0	×	↑	×	×	×	×	0	Q_0	Q_1	Q_2	右移输入 0
1	1	0	×	1	↑	×	×	×	×	Q_1	Q_2	Q_3	1	左移输入 1
1	1	0	×	0	↑	×	×	×	×	Q_1	Q_2	Q_3	0	左移输入 0
1	0	0	×	×	×	×	×	×	×	Q_0	Q_1	Q_2	Q_3	保持

附录 F　常用 CMOS（4000 系列）数字集成电路

表 F-1　常用 CMOS（4000 系列）数字集成电路型号及引脚排列

电路名称	型号与引脚排列图	电路名称	型号与引脚排列图
四 2 输入与非门	1A 1 / 14 V_{DD} 1B 2 / 13 4B 1Y 3 / 12 4A 2Y 4 4011 / 11 4Y 2A 5 / 10 3Y 2B 6 / 9 3B V_{SS} 7 / 8 3A	四 2 输入或非门	1A 1 / 14 V_{DD} 1B 2 / 13 4B 1Y 3 / 12 4A 2Y 4 4001 / 11 4Y 2A 5 / 10 3Y 2B 6 / 9 3B V_{SS} 7 / 8 3A
六反相器（注：有 * 号为施密特触发输入）	1A 1 / 14 V_{DD} 1Y 2 / 13 6A 2A 3 / 12 6Y 2Y 4 4069 40106* / 11 5A 3A 5 / 10 5Y 3Y 6 / 9 4A V_{SS} 7 / 8 4Y	四 2 输入与门	1A 1 / 14 V_{DD} 1B 2 / 13 4B 1Y 3 / 12 4A 2Y 4 4081 / 11 4Y 2A 5 / 10 3Y 2B 6 / 9 3B V_{SS} 7 / 8 3A

（续）

电路名称	型号与引脚排列图	电路名称	型号与引脚排列图
三 3 输入与非门	4023	双 4 输入与非门	4012
四 2 输入异或门	4030 4070	双 4 输入与门	4082
三 3 输入或非门	4025	四 2 输入或门	4071
三 3 输入或门	4075	双 4 输入或非门	4002
4 线-10 线译码器	4028	8 线-3 线优先编码器	4532

4023 三 3 输入与非门： 2A[1], 2B[2], 1A[3], 1B[4], 1C[5], 1Y[6], V_{SS}[7], 2C[8], 2Y[9], 3Y[10], 3A[11], 3B[12], 3C[13], V_{DD}[14]

4012 双 4 输入与非门： 1Y[1], 1A[2], 1B[3], 1C[4], 1D[5], NC[6], V_{SS}[7], NC[8], 2A[9], 2B[10], 2C[11], 2D[12], 2Y[13], V_{DD}[14]

4030 4070 四 2 输入异或门： 1A[1], 1B[2], 1Y[3], 2Y[4], 2A[5], 2B[6], V_{SS}[7], 3A[8], 3B[9], 3Y[10], 4Y[11], 4A[12], 4B[13], V_{DD}[14]

4082 双 4 输入与门： 1Y[1], 1A[2], 1B[3], 1C[4], 1D[5], NC[6], V_{SS}[7], NC[8], 2A[9], 2B[10], 2C[11], 2D[12], 2Y[13], V_{DD}[14]

4025 三 3 输入或非门： 2A[1], 2B[2], 1A[3], 1B[4], 1C[5], 1Y[6], V_{SS}[7], 2C[8], 2Y[9], 3Y[10], 3A[11], 3B[12], 3C[13], V_{DD}[14]

4071 四 2 输入或门： 1A[1], 1B[2], 1Y[3], 2Y[4], 2A[5], 2B[6], V_{SS}[7], 3A[8], 3B[9], 3Y[10], 4Y[11], 4A[12], 4B[13], V_{DD}[14]

4075 三 3 输入或门： 2A[1], 2B[2], 1A[3], 1B[4], 1C[5], 1Y[6], V_{SS}[7], 2C[8], 2Y[9], 3Y[10], 3A[11], 3B[12], 3C[13], V_{DD}[14]

4002 双 4 输入或非门： 1Y[1], 1A[2], 1B[3], 1C[4], 1D[5], NC[6], V_{SS}[7], NC[8], 2A[9], 2B[10], 2C[11], 2D[12], 2Y[13], V_{DD}[14]

4028 4 线-10 线译码器： Y_4[1], Y_2[2], Y_0[3], Y_7[4], Y_9[5], Y_5[6], Y_6[7], V_{SS}[8], Y_8[9], A_0[10], A_3[11], A_2[12], A_1[13], Y_1[14], Y_3[15], V_{DD}[16]

4532 8 线-3 线优先编码器： I_4[1], I_5[2], I_6[3], I_7[4], ST[5], Y_2[6], Y_1[7], V_{SS}[8], Y_0[9], I_0[10], I_1[11], I_2[12], I_3[13], Y_{EX}[14], Y_3[15], V_{DD}[16]

（续）

电路名称	型号与引脚排列图	电路名称	型号与引脚排列图
双 2 线-4 线译码器	4555 1 $1\overline{S}$ — 16 V_{DD} 2 $1A_0$ — 15 $2\overline{S}$ 3 $1A_1$ — 14 $2A_0$ 4 $1Y_0$ — 13 $2A_1$ 5 $1Y_1$ — 12 $2Y_0$ 6 $1Y_2$ — 11 $2Y_1$ 7 $1Y_3$ — 10 $2Y_2$ 8 V_{SS} — 9 $2Y_3$	BCD 七段译码器/驱动器	4511 1 A_1 — 16 V_{DD} 2 A_2 — 15 Y_f 3 $\overline{LT}$ — 14 Y_g 4 $\overline{BI}$ — 13 Y_a 5 LE — 12 Y_b 6 A_3 — 11 Y_c 7 A_0 — 10 Y_d 8 V_{SS} — 9 Y_e
双 JK 触发器	4027 1 $1Q$ — 16 V_{DD} 2 $1\overline{Q}$ — 15 $2Q$ 3 $1CP$ — 14 $2\overline{Q}$ 4 $1R_D$ — 13 $2CP$ 5 $1K$ — 12 $2R_D$ 6 $1J$ — 11 $2K$ 7 $1S_D$ — 10 $2J$ 8 V_{SS} — 9 $2S_D$	双主从 D 触发器	4013（主从） 1 $1Q$ — 14 V_{DD} 2 $1\overline{Q}$ — 13 $2Q$ 3 $1CP$ — 12 $2\overline{Q}$ 4 $1R_D$ — 11 $2CP$ 5 $1D$ — 10 $2R_D$ 6 $1S_D$ — 9 $2D$ 7 V_{SS} — 8 $2S_D$
四 D 触发器	40175 1 $\overline{R}_D$ — 16 V_{DD} 2 $1Q$ — 15 $4Q$ 3 $1\overline{Q}$ — 14 $4\overline{Q}$ 4 $1D$ — 13 $4D$ 5 $2D$ — 12 $3D$ 6 $2\overline{Q}$ — 11 $3\overline{Q}$ 7 $2Q$ — 10 $3Q$ 8 V_{SS} — 9 CP	八进制计数/分配器	4022 1 Y_1 — 16 V_{DD} 2 Y_0 — 15 CR 3 Y_2 — 14 CP 4 Y_5 — 13 INH 5 Y_6 — 12 CO 6 NC — 11 Y_4 7 Y_3 — 10 Y_7 8 V_{SS} — 9 NC
十进制计数/脉冲分配器	4017 1 Y_5 — 16 V_{DD} 2 Y_1 — 15 CR 3 Y_0 — 14 CP 4 Y_2 — 13 INH 5 Y_6 — 12 CO 6 Y_7 — 11 Y_9 7 Y_3 — 10 Y_4 8 V_{SS} — 9 Y_8	可预置 N 分频计数器	4018 1 D_S — 16 V_{DD} 2 D_1 — 15 CR 3 D_2 — 14 CP 4 $\overline{Q}_2$ — 13 $\overline{Q}_5$ 5 $\overline{Q}_1$ — 12 D_5 6 $\overline{Q}_3$ — 11 $\overline{Q}_4$ 7 D_3 — 10 LD 8 V_{SS} — 9 D_4
14 位二进制计数器/分频器	4060 1 Q_{11} — 16 V_{DD} 2 Q_{12} — 15 Q_9 3 Q_{13} — 14 Q_7 4 Q_5 — 13 Q_8 5 Q_4 — 12 CR 6 Q_6 — 11 $\overline{CR}_i$ 7 Q_3 — 10 $\overline{CP}_o$ 8 V_{SS} — 9 CP_o	四双向模拟开关	4066 1 OUT_1/IN_1 — 14 V_{DD} 2 IN_1/OUT_1 — 13 U_{C1} 3 IN_2/OUT_2 — 12 U_{C4} 4 OUT_2/IN_2 — 11 IN_4/OUT_4 5 U_{C2} — 10 OUT_4/IN_4 6 U_{C3} — 9 OUT_3/IN_3 7 V_{SS} — 8 IN_3/OUT_3

（续）

电路名称	型号与引脚排列图	输入					计数器功能	显示
		CP_U	CP_D	LE	$\overline{CT}$	CR		
十进制计数/锁存/七段译码/驱动器	40110 引脚图：Y_a 1, Y_g 2, Y_f 3, $\overline{CT}$ 4, CR 5, LE 6, CP_D 7, V_{SS} 8 / 16 V_{DD}, 15 Y_b, 14 Y_c, 13 Y_d, 12 Y_e, 11 BO, 10 CO, 9 CP_U	↑	×	L	L	L	加1	随计数器显示
		×	↑	L	L	L	减1	随计数器显示
		↓	↓	×	×	L	保持	保持
		×	×	×	×	H	清除	0
		×	×	×	H	L	禁止	不变
		↑	×	H	L	L	加1	不变
		×	↑	H	L	L	减1	不变

电路名称	型号与引脚排列图	CP_U	CP_D	$\overline{LD}$	CR	功能
十进制异步加/减计数器（双时钟）	40192 引脚图：D_1 1, Q_1 2, Q_0 3, CP_D 4, CP_U 5, Q_2 6, Q_3 7, V_{SS} 8 / 16 V_{CC}, 15 D_0, 14 CR, 13 $\overline{BO}$, 12 $\overline{CO}$, 11 $\overline{LD}$, 10 D_2, 9 D_3	↑	1	1	0	加计数
		1	↑	1	0	减计数
		×	×	0	0	预置
		×	×	×	1	清零

电路名称	型号与引脚排列图	时序图
十进制加计数器	40160/40162 引脚图：$\overline{CR}$ 1, CP 2, D_0 3, D_1 4, D_2 5, D_3 6, CT_P 7, GND 8 / 16 V_{CC}, 15 CO, 14 Q_0, 13 Q_1, 12 Q_2, 11 Q_3, 10 CT_T, 9 $\overline{LD}$（40160 异步清零，40162 同步清零）	清零$\overline{CR}$，置数$\overline{LD}$，D_0～D_3，CP，CT_P，CT_T，Q_0～Q_3，进位CO；异步清零* 同步清零* 预置(7) 7 8 9 0 1 2 3 计数 禁止

电路名称	型号与引脚排列图	CR	$\overline{LD}$	CP_U	CP_D	功能
4位二进制同步加/减计数器（双时钟）	40193 引脚图：D_1 1, Q_1 2, Q_0 3, CP_D 4, CP_U 5, Q_2 6, Q_3 7, GND 8 / 16 V_{CC}, 15 D_0, 14 CR, 13 $\overline{BO}$, 12 $\overline{CO}$, 11 $\overline{LD}$, 10 D_2, 9 D_3	1	×	×	×	清零
		0	0	×	×	预置
		0	1	↑	1	加计数
		0	1	1	↑	减计数
		0	1	1	1	保持

电路名称	型号与引脚排列图	ENAB	S_2	S_1	S_0	Y	W
8路双向模拟开关	4051 引脚图：X_4 1, X_6 2, X 3, X_7 4, X_5 5, ENAB 6, V_{EE} 7, V_{SS} 8 / 16 V_{DD}, 15 X_2, 14 X_1, 13 X_0, 12 X_3, 11 S_0, 10 S_1, 9 S_2	1	×	×	×	无	
		0	0	0	0	X_0	
		0	0	0	1	X_1	
		0	0	1	0	X_2	
		0	0	1	1	X_3	
		0	1	0	0	X_4	
		0	1	0	1	X_5	
		0	1	1	0	X_6	
		0	1	1	1	X_7	

（续）

电路名称	型号与引脚排列图	4098/4528/4538/14528/14538 功能表					
		TR +	TR −	$\overline{R}_D$	Q	$\overline{Q}$	功能
双可重触发单稳多谐振荡器	1C_{ext} ① 16 V_{DD} 1R_{ext}/C_{ext} ② 15 2C_{ext} 1$\overline{R}_D$ ③ 14 2R_{ext}/C_{ext} 1TR+ ④ (4098/4528/4538/14528/14538) 13 2$\overline{R}_D$ 1TR− ⑤ 12 2TR+ 1Q ⑥ 11 2TR− 1$\overline{Q}$ ⑦ 10 2Q V_{SS} ⑧ 9 2$\overline{Q}$	H	↑	H	⊓	⊔	单稳
		L	↑	H	L	H	禁止
		↓	H	H	L	H	禁止
		↓	L	H	⊓	⊔	单稳
		×	×	L	L	H	清除

电路名称	型号与引脚排列图	4047 功能表								
		AST	$\overline{AST}$	TR +	TR −	RET	R_D	功　能		振荡周期或脉冲宽度
单稳态/非稳态多谐振荡器	C_{ext} ① 14 V_{DD} R_{ext} ② 13 Q_{OSC} R_{ext}/C_{ext} ③ 12 RET $\overline{AST}$ ④ (4047) 11 $\overline{Q}$ AST ⑤ 10 Q TR− ⑥ 9 R_D V_{SS} ⑦ 8 TR+	H	×	L	H	L	L	非稳态多谐振荡器	自由振荡	
		×	L	L	H	L	L		自由振荡	$T_A = 4.4RC$
		↑	H	L	H	L	L		原码选通	$T = 2.2RC$
		L	↓	L	H	L	L		反码选通	
		L	H	↑	L	L	L	单稳态多谐振荡器	正沿触发	
		L	H	H	↓	L	L		负沿触发	
		L	H	↑	L	↑	L		再触发	$t_w = 2.48RC$
		×	×	×	×	×	H		复位	

参考文献

［1］ 张有松，朱龙驹. 韶山 4 型电力机车［M］. 北京：中国铁道出版社，1998.

［2］ 王港元，等. 电子技能基础［M］. 2 版. 成都：四川大学出版社，2001.

［3］ 陈梓城. 电子技术实训［M］. 2 版. 北京：机械工业出版社，2008.

［4］ 刘宇刚. 电子技术基础实验指导书［M］. 重庆：重庆大学出版社，2013.

［5］ 胡斌，胡松. 电子工程师必备—元器件应用宝典［M］. 北京：人民邮电出版社，2012.

［6］ 门宏. 怎样识读电子电路图［M］. 北京：人民邮电出版社，2010.

［7］ 郭根芳. 电工操作与电子技术实践［M］. 北京：清华大学出版社，2013.

［8］ 刘进峰. 电子制作实训［M］. 2 版. 北京：中国劳动社会保障出版社，2014.

［9］ 陈学平，童世华. 电子技能实训教程［M］. 北京：电子工业出版社，2013.

［10］ 杨利军，李移伦，张文初. 应用电子技术［M］. 长沙：湖南大学出版社，2011.

［11］ 王俊峰. 学电工技术入门到成才［M］. 2 版. 北京：电子工业出版社，2010.